PowerPoint 2013 实用幻灯片制作案例课堂

唐　琳　李少勇　编著

清华大学出版社
北　京

内 容 简 介

本书内容新颖、版式美观、步骤详尽。全书共 90 个精彩实用案例，主要涉及制作和编辑文本幻灯片、图形幻灯片、表格和图表幻灯片、多媒体幻灯片、美化幻灯片、幻灯片动画，列举了旅游宣传片、企业培训方案、教学课件、酒后驾车宣传片、保险行业演示文稿等范例。这些案例按知识点的应用范围和难易程度进行安排，从易到难、从入门到提高，循序渐进地介绍了各类幻灯片的制作，可帮助读者举一反三、触类旁通。

本书定位于初、中级用户，可作为从事商务贸易、演讲、产品推广和文秘等相关工作的办公人员学习、制作幻灯片的参考用书。

图书在版编目(CIP)数据

PowerPoint 2013 实用幻灯片制作案例课堂/唐琳，李少勇编著. —北京：清华大学出版社，2015(2018.1 重印)

ISBN 978-7-302-40497-2

Ⅰ. ①P…　Ⅱ. ①唐…　②李…　Ⅲ. ①图形软件　Ⅳ. ①TP391.41

中国版本图书馆 CIP 数据核字(2015)第 136818 号

责任编辑：张彦青
装帧设计：杨玉兰
责任校对：马素伟
责任印制：刘海龙
出版发行：清华大学出版社
　　　　　网　　址：http://www.tup.com.cn, http://www.wqbook.com
　　　　　地　　址：北京清华大学学研大厦 A 座　　　　邮　编：100084
　　　　　社 总 机：010-62770175　　　　　　　　　　邮　购：010-62786544
　　　　　投稿与读者服务：010-62776969, c-service@tup.tsinghua.edu.cn
　　　　　质量反馈：010-62772015, zhiliang@tup.tsinghua.edu.cn
印 装 者：北京九州迅驰传媒文化有限公司
经　　销：全国新华书店
开　　本：190mm×260mm　　　印　张：31.5　　　字　数：765 千字
　　　　　(附 DVD 1 张)
版　　次：2015 年 7 月第 1 版　　　　　　　　　印　次：2018 年 1 月第 2 次印刷
印　　数：3001～3400
定　　价：59.00 元

产品编号：063685-01

在现代商务交流活动中，人们不再满足于枯燥乏味的纸质文件，而是寻求更多可视化的沟通和表达方式。PowerPoint 因其丰富的多媒体特性已经成为日常工作、学习中不可或缺的一部分，它使信息的交流更加直观、有效。

本书注重理论与实践相结合，实用性和可操作性强，通过 90 个精彩实例详细介绍了 PowerPoint 2013 强大的幻灯片编辑功能。本书并不是简单地罗列 PowerPoint 的功能，而是精心安排内容，力求在学习的过程中培养用户的设计和操作能力。相对于同类 PowerPoint 实例书籍，本书具有以下特色。

- 信息量大：90 个实例为读者架起了一座快速掌握 PowerPoint 使用与操作的桥梁，90 种制作方法使初学者可以融会贯通、举一反三。

- 实用性强：实例经过精心设计、选择，不仅效果精美，而且非常实用。

- 注重方法的讲解与技巧的总结：特别注重对各实例制作方法的讲解与技巧总结。在介绍实例制作的详细操作步骤的同时，对于一些重要而常用的实例做了较为精辟的总结。

- 操作步骤详细：各实例的操作步骤介绍非常详细，即使是初级入门者，只需按照书中介绍的步骤进行操作，也能做出相同的效果。

- 适用广泛：实用性和可操作性强，适用于日常工作、学习使用，也可以作为职业学校和计算机学校相关专业的教材。

本书的出版凝聚了许多人的汗水和思想，在这里衷心感谢为本书出版付出辛勤劳动的编辑老师、光盘测试老师，感谢你们！

本书主要由唐琳、杨月、张朋、张恺、张炜、叶丽丽、李晓龙、张波、王海峰、王玉、魏延波、刘晶、王海峰、和弨蓬编写，由王雄健、刘峥、罗冰、郑艳录制多媒体教学视频，其他参与编写工作的人员还有韩宜波、李春辉、刘斌、孟祥丽、刘希望、黄永生、田冰、徐昊，北方电脑学校的温振宁、刘涛、王新颖、宋明、刘景君老师，德州职业技术学院的闫鲁超、樊琳和焦建老师，感谢苏利、张树涛、李绍臣为本书提供了大量的图像素材以及视频素材，感谢各位在书稿前期材料的组织、版式设计、校对、编排以及大量图片的处理方面所做的工作。

　　由于时间仓促，疏漏之处在所难免，恳请读者和专家指教。如果您对书中的某些技术问题持有不同的意见，欢迎与作者联系。E-mail：Tavili@tom.com。

编　者

目录

第 1 章 PowerPoint 的基本操作..................1

案例精讲 01 PowerPoint 2013
的安装.........................2

案例精讲 02 PowerPoint 2013
的启动与退出.................3

案例精讲 03 创建自定义模板.........4

案例精讲 04 插入图片...............6

案例精讲 05 插入音频和视频.........8

案例精讲 06 插入 Excel 表格.......10

案例精讲 07 插入 SmartArt 图形...12

案例精讲 08 插入图表..............14

案例精讲 09 打包演示文稿..........15

第 2 章 文本幻灯片的编辑与制作..............19

案例精讲 10 制作公司会议
演示文稿.................20

案例精讲 11 制作论文封面
演示文稿.................23

案例精讲 12 制作培训计划
演示文稿.................26

案例精讲 13 制作公司简介
演示文稿.................29

案例精讲 14 制作绿色环保
幻灯片...................30

案例精讲 15 制作企业价值观
演示文稿.................33

案例精讲 16 制作个人简历
幻灯片...................35

案例精讲 17 制作人物介绍
幻灯片...................38

案例精讲 18 制作如梦令演示文稿......42

第 3 章 制作图形幻灯片...................45

案例精讲 19 制作八大菜系幻灯片......46

案例精讲 20 制作关于色彩幻灯片......52

案例精讲 21 制作绿色家居幻灯片......58

案例精讲 22 制作水果大全幻灯片......65

案例精讲 23 制作企业分类幻灯片......72

案例精讲 24 制作甜品与健康
幻灯片...................77

案例精讲 25 制作洗车流程图
幻灯片...................82

案例精讲 26 制作家庭装修流程图
幻灯片...................86

案例精讲 27 制作公司组织结构图
幻灯片...................91

案例精讲 28 制作服装面料幻灯片......96

第 4 章 制作表格和图表幻灯片...................101

案例精讲 29 制作 KTV 消费指南......102

案例精讲 30 制作健身俱乐部
课程表..................110

案例精讲 31 制作精品特惠房源表....115

案例精讲 32 制作收据单..................119

案例精讲 33 制作值日表..................125

案例精讲 34 制作广告公司收入
统计表..................137

案例精讲 35 制作服装销售金额
统计表..................141

案例精讲 36 制作气温折线图
幻灯片..................145

目录
Contents

案例精讲 37　创建网购人群年龄

　　　　　　分布饼图幻灯片 152

案例精讲 38　图书销量统计条形图

　　　　　　幻灯片 154

第 5 章　制作多媒体幻灯片 159

案例精讲 39　制作美丽的舞蹈

　　　　　　幻灯片 160

案例精讲 40　制作卷轴画幻灯片 164

案例精讲 41　制作生日贺卡幻灯片 166

案例精讲 42　制作 Flash 游戏

　　　　　　幻灯片 173

案例精讲 43　制作古诗朗诵幻灯片 176

案例精讲 44　制作球场介绍

　　　　　　演示文稿 179

第 6 章　美化幻灯片 187

案例精讲 45　美化茶文化演示文稿 188

案例精讲 46　编辑端午节演示文稿 192

案例精讲 47　制作数据分析

　　　　　　演示文稿 194

案例精讲 48　美化美食文化

　　　　　　演示文稿 201

案例精讲 49　美化文化礼仪

　　　　　　演示文稿 205

案例精讲 50　编辑生活帮助

　　　　　　演示文稿 209

案例精讲 51　制作环境保护讲座

　　　　　　幻灯片 223

第 7 章　幻灯片动画 235

案例精讲 52　制作闪烁星空幻灯片 236

案例精讲 53　制作梦幻月夜幻灯片 246

案例精讲 54　制作产品界面展示

　　　　　　动画 254

案例精讲 55　制作掉落文字动画

　　　　　　演示文稿 267

案例精讲 56　制作加载动画

　　　　　　幻灯片 275

案例精讲 57　制作倒计时幻灯片 282

案例精讲 58　制作产品展示幻灯片 287

第 8 章　旅游宣传片 299

案例精讲 59　制作开始页幻灯片 300

案例精讲 60　制作过渡页幻灯片 311

案例精讲 61　制作旅游目的地

　　　　　　动画 322

案例精讲 62　制作景区欣赏动画 330

案例精讲 63　制作景区简介动画 334

案例精讲 64　制作结束页幻灯片 338

第 9 章　企业培训方案 343

案例精讲 65　制作目录幻灯片 344

案例精讲 66　制作员工培训内容

　　　　　　幻灯片 351

案例精讲 67　制作培训目的幻灯片 356

案例精讲 68　制作培训流程幻灯片 361

第 10 章　教学课件 377

案例精讲 69　制作开始页 378

案例精讲 70　制作目录页 382

案例精讲 71　制作"课文学习" 390

案例精讲 72　制作"人物简介" 401

案例精讲 73　制作"课堂讨论" 412

案例精讲 74　添加"知识拓展" 415

案例精讲 75　制作"板书设计" 418

案例精讲 76　制作"互动问答" 423

案例精讲 77　制作"课堂总结" 434

案例精讲 78　制作"课堂作业" 436

目录
Contents

案例精讲 79　制作结束页 437

第 11 章　酒后驾车宣传片 441

案例精讲 80　制作开始动画 442

案例精讲 81　制作酒驾动画 445

案例精讲 82　制作安全提示动画 453

案例精讲 83　制作结束动画 455

第 12 章　保险行业演示文稿 459

案例精讲 84　制作首尾幻灯片 460

案例精讲 85　制作保险现状分析幻灯片464

案例精讲 86　制作动员幻灯片 475

案例精讲 87　制作业绩成功分析
　　　　　　　幻灯片 486

案例精讲 88　制作总结幻灯片 492

案例精讲 89　设置幻灯片的
　　　　　　　切换效果 493

案例精讲 90　打包成 CD 495

第 1 章
PowerPoint 的基本操作

本章重点

- PowerPoint 2013 的安装
- PowerPoint 2013 的启动与退出
- 创建自定义模板
- 插入图片
- 插入音频和视频
- 插入 Excel 表格
- 插入 SmartArt 图形
- 插入图表
- 打包演示文稿

在学习制作演示文稿之前，需要先了解一些常用的基本方法与技巧。本章将通过多个案例，讲解 PowerPoint 的基本知识，如插入图片、音频、视频和表格等，使读者掌握 PowerPoint 中的一些基本操作方法。

案例精讲 01　PowerPoint 2013 的安装

案例文件：无

视频文件：视频教学\Cha01\PowerPoint 2013 的安装.avi

制作概述

本例将讲解如何安装 PowerPoint 2013。首先需要下载或购买软件的应用程序，然后进行安装。

学习目标

● 学习 PowerPoint 2013 的安装过程。
● 掌握 PowerPoint 2013 的安装方法。

操作步骤

安装 PowerPoint 2013 的具体操作步骤如下。

step 01 将 Office 2013 的安装光盘放入光驱，在"我的电脑"窗口中双击光盘驱动器，然后双击 setup.exe 文件启动安装程序，如图 1-1 所示。

step 02 当必要的文件准备完成后，将会弹出如图 1-2 所示的界面，在该界面中选中"我接受此协议的条款"复选框。

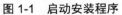

图 1-1　启动安装程序　　　　　　　　图 1-2　查看安装协议

step 03 单击"继续"按钮，在弹出的界面中单击"自定义"按钮，如图 1-3 所示。

step 04 在弹出的界面中切换到"文件位置"选项卡，指定安装路径，如图 1-4 所示。

step 05 设置完成后，单击"立即安装"按钮，即可进行安装，如图 1-5 所示。

step 06 安装完成后，即可弹出如图 1-6 所示的界面，在该界面中单击"关闭"按钮即可。

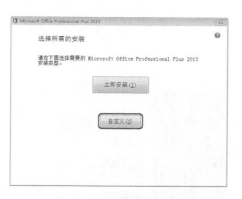

图1-3　单击"自定义"按钮

图1-4　选择安装的路径

图1-5　查看安装进度

图1-6　完成安装界面

案例精讲 02　PowerPoint 2013 的启动与退出

> 案例文件：无
>
> 视频文件：视频教学\Cha01\PowerPoint 2013 的启动与退出.avi

制作概述

本例将讲解如何启动、退出 PowerPoint 2013 程序。在"开始"菜单中选择 PowerPoint 2013 命令可以启动软件，而单击软件右上角的"关闭"按钮即可退出程序。

学习目标

● 学习 PowerPoint 2013 的启动与退出。

操作步骤

启动与退出 PowerPoint 2013 的具体操作步骤如下。

`step 01` 选择"开始"|"所有程序"|Microsoft Office 2013 命令，在弹出的下拉列表中选择 PowerPoint 2013，如图 1-7 所示。

`step 02` 启动 PowerPoint 2013 程序后的界面如图 1-8 所示。

图 1-7　选择需要打开的应用程序　　　　　　　　　图 1-8　程序界面

step 03　单击界面右上角的"关闭"按钮 ⊠，如图 1-9 所示，可以关闭应用程序。

图 1-9　单击"关闭"按钮

案例精讲 03　创建自定义模板

📝 案例文件：CDROM\素材\Cha01\创建自定义模板.pptx

💿 视频文件：视频教学\Cha01\创建自定义模板.avi

制作概述

本例将介绍如何创建自定义模板，完成后的效果如图 1-10 所示。

图 1-10　自定义模板效果图

学习目标

学习如何创建自定义模板。

操作步骤

创建自定义模板的具体操作步骤如下。

step 01 按 Ctrl+O 键，在打开的界面中选择"计算机"选项，然后单击右侧的"浏览"按钮，如图 1-11 所示。

step 02 弹出"打开"对话框，在该对话框中选择随书附带光盘中的"CDROM\素材\Cha01\创建自定义模板.pptx"素材文件，如图 1-12 所示。

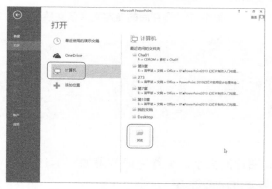

图 1-11 单击"浏览"按钮

图 1-12 选择素材文件

step 03 单击"打开"按钮，即可打开选择的素材文件，效果如图 1-13 所示。

step 04 单击"文件"按钮，在打开的界面中选择"另存为"选项，并在右侧的区域中选择"计算机"选项，然后单击"浏览"按钮，如图 1-14 所示。

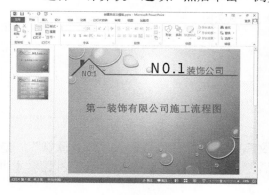

图 1-13 打开的素材文件

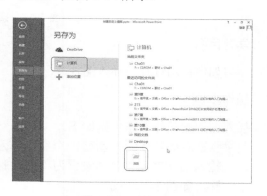

图 1-14 另存文件

step 05 弹出"另存为"对话框，在"文件名"文本框中输入"装饰公司模板"，在"保存类型"下拉列表框中选择"PowerPoint 模板(*.potx)"选项，如图 1-15 所示。

step 06 单击"保存"按钮返回到演示文稿中，此时演示文稿就自动生成了一个扩展名为 potx 的自定义演示文稿，如图 1-16 所示。

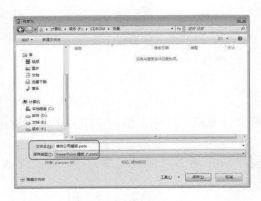

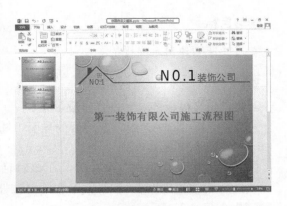

图 1-15　保存模板　　　　　　　　图 1-16　保存后的自定义演示文稿

案例精讲04　插入图片

案例文件：CDROM\场景\Cha01\01.jpg～04.jpg

视频文件：视频教学\Cha01\插入图片.avi

制作概述

本例将学习如何在幻灯片中插入图片及设置图片的大小，最终完成效果如图 1-17 所示。

图 1-17　插入图片效果图

学习目标

学习如何在幻灯片中插入图片。

操作步骤

插入图片的具体操作步骤如下。

step 01　启动软件后，新建一个空白演示文稿，在主标题位置输入"风景欣赏"，选择输入的文字，将字体设置为"微软雅黑"，将字号设置为 72，并将副标题文本框删除，如图 1-18 所示。

step 02　选择输入的文字，切换到"绘图工具"|"格式"选项卡，在艺术字样式列表中选择如图 1-19 所示的样式。

step 03　继续选择输入的文字，单击"文本填充"按钮 ，将其设置为绿色，如图 1-20 所示。

step 04　在左侧的"幻灯片"窗格中，按 Enter 键，新建一页幻灯片，将其标题文本框删除，将光标置于文本框中，切换到"插入"选项卡，单击"图片"按钮，如图 1-21 所示。

图 1-18　输入文字

图 1-19　设置艺术字样式

图 1-20　设置字体颜色

图 1-21　单击"图片"按钮

step 05　弹出"插入图片"对话框，选择随书附带光盘中的"CDROM\素材\Cha01\01.jpg"素材文件，单击"插入"按钮后面的下三角按钮，在弹出的下拉列表中选择"插入和链接"选项，如图 1-22 所示。

step 06　返回到场景中，在"图片工具"|"格式"|"大小"选项组中将形状高度设置为"19.1 厘米"，如图 1-23 所示。

图 1-22　选择"插入和链接"选项

图 1-23　插入图片

知识链接

- "插入"：选择该插入方式，图片将被插入当前文档中，成为当前文档中的一部分。当保存文档时，插入的图片会随文档一起保存。以后当提供这个图片的文件发生变化时，文档中的图片不会自动更新。

- "链接到文件"：选择该插入方式，图片以链接的方式被当前文档所"引用"。插入的图片仍然保存在原图片文件中，当前文档只保存这个图片文件所在的位置信息。以链接方式插入的图片不会影响在文档中查看并打印该图片。当提供该图片的文件被改变后，被"引用"到文档中的图片也会自动更新。
- "插入和链接"：选择该插入方式，图片被复制到当前文档的同时，还将建立与原图片文件的链接关系。当保存文档时，插入的图片会随文档一起保存。当提供该图片的文件发生变化后，文档中的图片会自动更新。

step 07 使用同样的方法制作其他幻灯片，如图 1-24 所示。

step 08 新建一个幻灯片，将所有的内容删除。选择第一页的文字，对其进行复制，在最后一页进行粘贴，并调整位置，修改文字为"谢谢观赏"，如图 1-25 所示。

图 1-24　制作幻灯片　　　　　　　　　　　图 1-25　修改文字

案例精讲 05　插入音频和视频

> ✍ 案例文件：CDROM\场景\Cha01\插入音频和视频.pptx
>
> 💿 视频文件：视频教学\Cha01\插入音频和视频.avi

制作概述

本例将学习如何在幻灯片中插入音频和视频，最终完成效果如图 1-26 所示。

图 1-26　插入音频和视频后的效果图片

学习目标

学习在幻灯片中插入音频和视频的方法。

操作步骤

插入音频和视频的操作步骤如下。

step 01 继续上一节的操作，切换到第 2 张幻灯片，如图 1-27 所示。

step 02 选择"插入"选项卡，在"媒体"选项组中单击"音频"下三角按钮，在弹出的下拉列表中选择"PC 上的音频"选项，如图 1-28 所示。

图 1-27　切换到第 2 张幻灯片

图 1-28　选择"PC 上的音频"选项

step 03 弹出"插入音频"对话框，选择随书附带光盘中的"CDROM\素材\Cha01\背景音乐.mp3"文件，单击"插入"按钮，如图 1-29 所示。

step 04 返回到场景中，会发现在幻灯片中出现了一个喇叭形状的标志，调整位置，如图 1-30 所示。

图 1-29　插入音频文件

图 1-30　查看添加的声音

　　如果声音文件大于 100KB，默认情况下会自动将声音链接到文件，而不是嵌入文件。演示文稿若有链接文件，那么要在另一台计算机上播放此演示文稿时，则在复制该演示文稿的同时还必须复制它所链接的文件。

step 05 选择第 5 张幻灯片，按 Enter 键，在其下方插入一个幻灯片，并将所有的文本框删除，如图 1-31 所示。

step 06 在"插入"选项卡下的"媒体"选项组中单击"视频"按钮 ⌐, 在弹出的下拉
列表中选择"PC 上的视频"选项, 如图 1-32 所示。

图 1-31 创建幻灯片   图 1-32 选择"PC 上的视频"选项

step 07 在弹出的"插入视频文件"对话框中, 选择随书附带光盘中的"CDROM\素材
\Cha01\视频.wmv"素材文件, 单击"插入"按钮, 如图 1-33 所示。

step 08 返回到场景文件中, 查看导入的视频, 如图 1-34 所示。

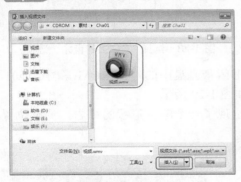

图 1-33 选择素材文件   图 1-34 查看导入的素材文件

 提示   确保链接文件位于演示文稿所在文件夹中的另一种方法是, 使用"打包成
CD"功能。此功能可以将所有的文件复制到演示文稿所在的位置(CD 或文件夹
中), 并自动更新视频文件的所有链接。如果要在另一台计算机上进行演示或用电
子邮件发送演示文稿, 则必须将链接的文件和演示文稿一同复制。

案例精讲 06　插入 Excel 表格

✎ 案例文件：CDROM\场景\Cha01\插入 Excel 表格.pptx

💿 视频文件：视频教学\Cha01\插入 Excel 表格.avi

制作概述

本例将学习如何在幻灯片中插入 Excel 表格, 完成后的效果如图 1-35 所示。

图 1-35　插入 Excel 表格后的效果图片

学习目标

● 学习在幻灯片中插入 Excel 表格的方法。

● 掌握插入 Excel 表格的重点操作步骤及编辑方法。

操作步骤

插入 Excel 表格的具体操作步骤如下。

`step 01` 新建一个空白演示文稿，选择"开始"选项卡，在"幻灯片"选项组中单击"版式"按钮，在下拉列表中选择"空白"选项，如图 1-36 所示。

`step 02` 选择"插入"选项卡，在"表格"选项组中单击"表格"按钮，在弹出的下拉列表中选择"Excel 电子表格"选项，如图 1-37 所示。

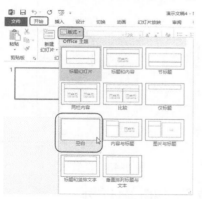

图 1-36　选择"空白"选项

图 1-37　选择"Excel 电子表格"选项

`step 03` 此时会在幻灯片中创建一个 Excel 工作表，工作表呈编辑状态，将其拉大，如图 1-38 所示。

`step 04` 工作表创建完成后，即可在其中输入文本。输入文本的方式比较简单，选择相应的单元格后直接进行输入即可，如图 1-39 所示。

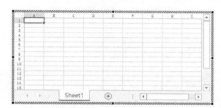

图 1-38　插入 Excel 表格

图 1-39　输入数值

step 05 输入完成后，单击幻灯片，即可退出表格编辑状态，如图 1-40 所示。

step 06 在场景中双击表格，即可进入编辑状态，如图 1-41 所示。

鱼类	价格	斤数	总价
苏眉	1680元/斤	5	8400元
东星斑	780元/斤	5	3900元
老鼠斑	780元/斤	5	3900元
石斑	360元/斤	5	1800元
老虎斑	290元/斤	5	1450元
多宝鱼	128元/斤	5	640元

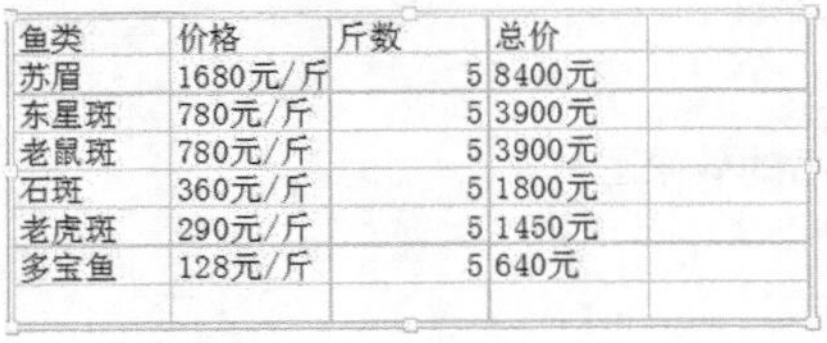

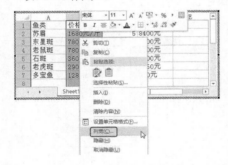

图 1-40　退出表格编辑状态

图 1-41　进入表格编辑状态

技巧

选择插入的表格后，四周会出现 8 个句柄，按住 Shift 键拖动四个角中的任意一个句柄可等比例缩放表格大小。

step 07 将鼠标指针移至 B 列单元格的顶端，当鼠标指针变为下箭头形状时单击，即可选择B列单元格，然后右击，在弹出的快捷菜单中选择“列宽”选项，如图 1-42 所示。

step 08 在弹出的“列宽”对话框中将列宽值设置为“10”，然后单击“确定”按钮，如 1-43 所示。

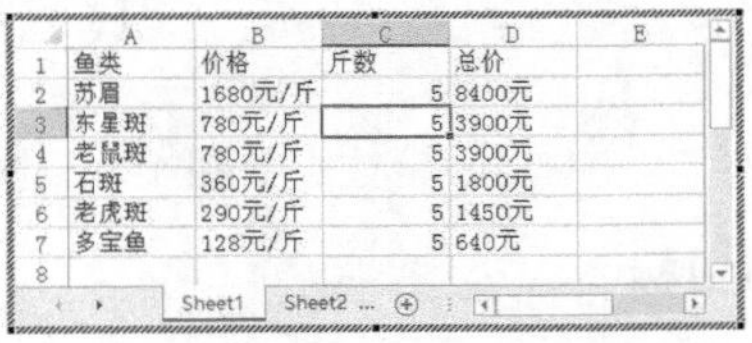

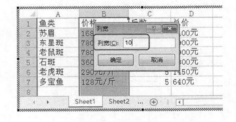

图 1-42　选择“列宽”选项

图 1-43　设置列宽

step 09 设置完成后 B 列单元格的列宽将发生改变，如图 1-44 所示。

step 10 单击幻灯片即可退出表格编辑状态，如图 1-45 所示。

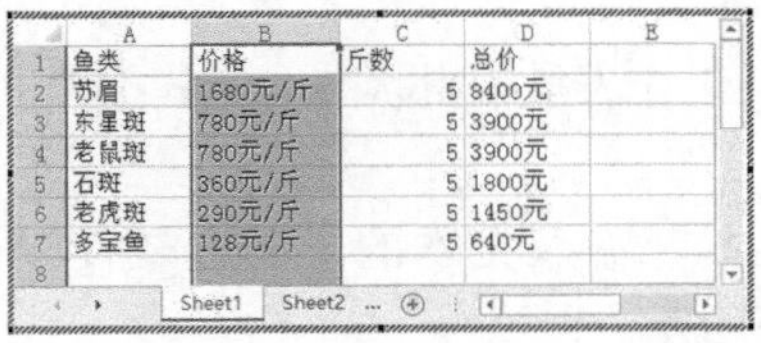

图 1-44　设置完成后的效果

鱼类	价格	斤数	总价
苏眉	1680元/斤	5	8400元
东星斑	780元/斤	5	3900元
老鼠斑	780元/斤	5	3900元
石斑	360元/斤	5	1800元
老虎斑	290元/斤	5	1450元
多宝鱼	128元/斤	5	640元

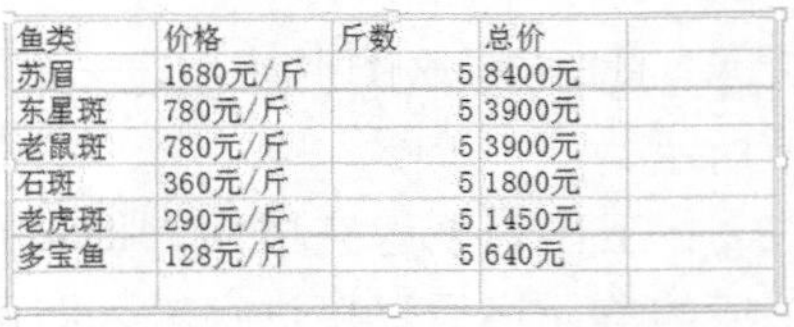

图 1-45　退出编辑状态

案例精讲 07　插入 SmartArt 图形

案例文件：无

视频文件：视频教学\Cha01\插入 SmartArt 图形.avi

制作概述

本例将讲解如何在幻灯片中插入 SmartArt 图形。

学习目标

- 学习插入 SmartArt 图形的方法。
- 掌握插入 SmartArt 图形的操作。

操作步骤

插入 SmartArt 图形的具体操作步骤如下。

step 01 新建一个空白文档，选择要插入 SmartArt 图形的幻灯片，然后选择"插入"选项卡，在"插图"选项组中单击 SmartArt 按钮 ，如图 1-46 所示。

step 02 在弹出的"选择 SmartArt 图形"对话框中，选择"关系"类型中的"六边形群集"图形，如图 1-47 所示。

图 1-46　单击 SmartArt 按钮

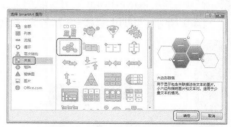

图 1-47　选择相应的图形

提示

按 Alt+N+M 键也可以弹出"选择 SmartArt 图形"对话框。

step 03 将 SmartArt 图形插入幻灯片中的效果如图 1-48 所示。

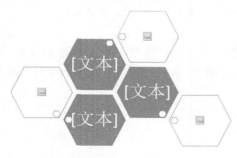

图 1-48　插入 SmartArt 图形的效果

提示

SmartArt 图形中包含一些占位符，这是为减少用户工作量而设计的，可使在层次结构图中输入信息的工作变得简便易行。用户还可以非常方便地对层次结构图进行创建、编辑以及设置图表格式等操作。

案例精讲 08　插入图表

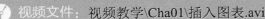

　　案例文件：无
　　视频文件：视频教学\Cha01\插入图表.avi

制作概述

本例将讲解如何在幻灯片中插入图表。

学习目标

掌握图表的插入方法。

操作步骤

插入图表的具体操作步骤如下。

step 01　启动 PowerPoint 2013 软件后，在打开的界面中单击"空白演示文稿"选项，如图 1-49 所示，即可创建一个名为"演示文稿 1"的空白演示文稿，如图 1-50 所示。

图 1-49　单击"空白演示文稿"选项

图 1-50　新建空白幻灯片

按 Ctrl+N 键也可以新建一个空白演示文稿。

step 02　将空白演示文稿 1 中的正副标题删除，如图 1-51 所示。

step 03　切换到"插入"选项卡，单击"插图"选项组中的"图表"按钮，如图 1-52 所示。

图 1-51　删除多余的文本框

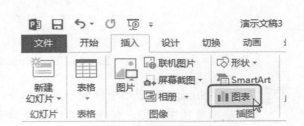

图 1-52　单击"图表"按钮

step 04 在弹出的"插入图表"对话框中，选择"柱形图"下的"簇状柱形图"，如图 1-53 所示。

 提示　在"插入图表"对话框中，用户可根据自己的需要选择不同类型的图形。

step 05 单击"确定"按钮即可插入图表。此时在文稿上方会显示图表工具，用户可根据自己的不同需要在图表工具上进行更改。这里保持默认值，如图 1-54 所示。

图 1-53　选择图表

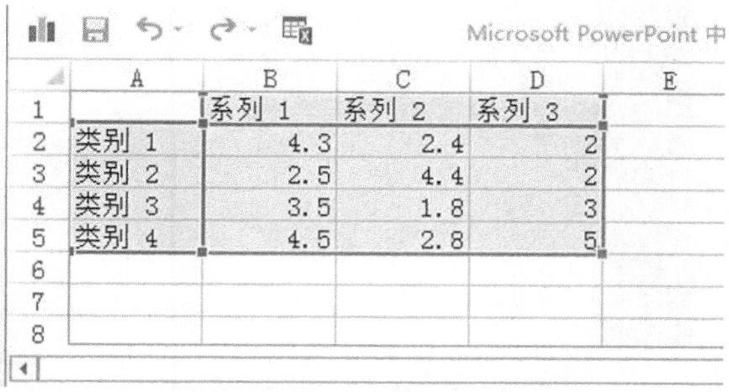

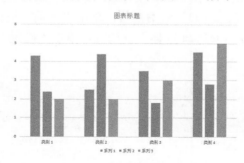

图 1-54　显示图表工具

step 06 将表格关闭，查看插入的图表效果，如图 1-55 所示。

图 1-55　查看插入的图表效果

案例精讲09　打包演示文稿

 案例文件：无

 视频文件：视频教学\Cha01\打包演示文稿.avi

制作概述

本例将讲解如何在幻灯片中打包演示文稿。

学习目标

学习如何打包演示文稿。

操作步骤

打包演示文稿的操作步骤如下。

step 01 启动软件后，单击"文件"按钮，选择"打开"选项，然后选择"计算机"选项，并单击"浏览"按钮，如图 1-56 所示。

step 02 弹出"打开"对话框，选择随书附带光盘中的"CDROM\素材\Cha01\打包演示文稿.pptx"素材文件，单击"打开"按钮，如图 1-57 所示。

图 1-56　单击"浏览"按钮

图 1-57　选择打开的素材文件

step 03 单击"文件"按钮，选择"导出"|"将演示文稿打包成 CD"选项，然后单击"打包成 CD"按钮，如图 1-58 所示。

step 04 在弹出的"打包成 CD"对话框中，单击"选项"按钮，弹出"选项"对话框，确认选中"嵌入的 TrueType 字体"复选框，单击"确定"按钮，如图 1-59 所示。

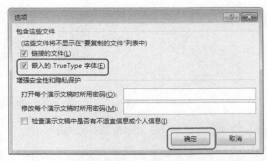

图 1-58　单击"打包成 CD"按钮

图 1-59　设置"选项"对话框

step 05 返回到"打包成 CD"对话框，单击"复制到文件夹"按钮，如图 1-60 所示。

step 06 弹出"复制到文件夹"对话框，单击"浏览"按钮，弹出"选择位置"对话框，选择"CDROM\场景\Cha01"文件夹，并单击"选择"按钮，如图 1-61 所示。

step 07 返回到"复制到文件夹"对话框，单击"确定"按钮，如图 1-62 所示。

step 08 如果打包的演示文稿中含有链接的文件内容，则会弹出如图 1-63 所示的对话框。若需要将同时复制链接的文件内容，单击"是"按钮即可。

图 1-60　单击"复制到文件夹"按钮

图 1-61　选择文件打包的位置

图 1-62　单击"确定"按钮

图 1-63　单击"是"按钮

step 09　在弹出的提示对话框中，单击"继续"按钮，如图 1-64 所示。

step 10　复制完成后，在"打包成 CD"对话框中单击"关闭"按钮，然后打开保存的复制文件，可查看到系统保存的所有与演示文稿相关的内容，如图 1-65 所示。

图 1-64　提示对话框

图 1-65　查看打包的文件

知识链接

使用"打包"功能可以压缩演示文稿，并帮助用户轻松地将演示文稿复制到软盘上以便携带，或发送给其他人，供其在其他计算机上观看。

第 2 章
文本幻灯片的编辑与制作

本章重点

制作公司会议演示文稿

◆　制作论文封面演示文稿

◆　制作培训计划演示文稿

◆　制作公司简介演示文稿

◆　制作绿色环保幻灯片

◆　制作企业价值观演示文稿

◆　制作个人简历幻灯片

◆　制作人物介绍幻灯片

◆　制作如梦令演示文稿

文本幻灯片是幻灯片中最为常见的幻灯片种类之一，其主要通过文字来表达幻灯片的主题。本章将详细介绍公司会议、论文封面、培训计划等幻灯片的制作。

案例精讲 10　制作公司会议演示文稿

案例文件：CDROM\场景\Cha02\制作公司会议演示文稿.pptx

视频文件：视频教学\Cha02\制作公司会议演示文稿.avi

制作概述

本例将介绍如何制作公司会议演示文稿，首先打开素材文件，然后在适当位置输入文字，并设置文字的字体、大小、字体颜色等属性，完成后的效果如图 2-1 所示。

学习目标

学习如何设置文字的字体、大小、字体颜色等属性。

操作步骤

制作公司会议演示文稿的具体操作步骤如下。

图 2-1　公司会议演示文稿
效果图

step 01 ▶ 启动 PowerPoint 2013 软件，在登录界面中，单击左侧的"打开其他演示文稿"按钮，如图 2-2 所示。

step 02 ▶ 单击"计算机"|"浏览"按钮，如图 2-3 所示。

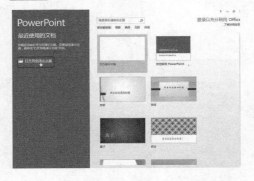

图 2-2　单击"打开其他演示文稿"按钮

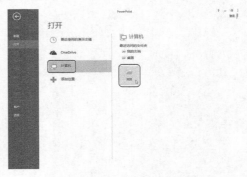

图 2-3　单击"浏览"按钮

step 03 ▶ 在弹出的"打开"对话框中，选择随书附带光盘中的"CDROM\素材\Cha02\制作公司会议演示文稿.pptx"素材文件，然后单击"打开"按钮，如图 2-4 所示。打开素材文件后的效果如图 2-5 所示。

step 04 ▶ 切换至"插入"选项卡，在"文本"选项组中，单击"文本框"按钮，在下拉列表中选择"横排文本框"命令，如图 2-6 所示。

step 05 ▶ 在幻灯片的适当位置输入"公司会议内容"，然后选中输入的文字，右击并在弹出的快捷菜单中选择"字体"命令，如图 2-7 所示。

step 06 ▶ 在弹出的"字体"对话框中，将"字体样式"设置为"加粗"，将"大小"设置为 32，然后设置字体颜色，如图 2-8 所示。

step 07 单击"确定"按钮，查看文字效果，如图 2-9 所示。

图 2-4　选择素材文件　　　　　　　　　图 2-5　打开素材文件

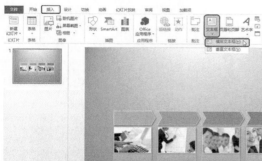

图 2-6　选择"横排文本框"命令　　　　　图 2-7　选择"字体"命令

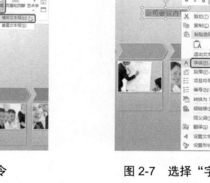

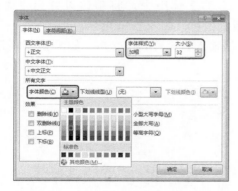

图 2-8　设置"字体"样式　　　　　　　　图 2-9　文字效果

step 08 继续使用"横排文本框"命令，在幻灯片的空白位置输入文字"记录"，如图 2-10 所示。

step 09 选中输入的文字，在"开始"选项卡的字体组中，将字体设置为"微软雅黑"，"字体颜色"设置为白色，并单击加粗按钮 B ，然后调整文字的位置，如图 2-11 所示。

图 2-10　输入文字"记录"　　　　　　　　图 2-11　设置文字

step 10　使用相同的方法，输入并设置其他文字，如图 2-12 所示。

step 11　继续使用"横排文本框"命令，在幻灯片的空白位置输入文字"记录内容"，
如图 2-13 所示。

图 2-12　在箭头中输入文字　　　　　　　图 2-13　输入文字"记录内容"

step 12　选中输入的文字，在"开始"选项卡的字体组中，将字体设置为"微软雅
黑"，将字号设置为 16，将字体颜色设置为白色，如图 2-14 所示。

step 13　调整文字的位置，然后使用相同的方法输入并设置其他文字，如图 2-15 所示。

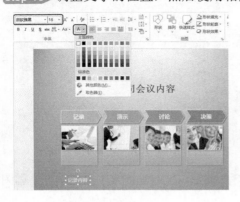

图 2-14　设置文字　　　　　　　　　图 2-15　输入并设置其他文字

提示　　在制作大量文字时，可以复制文本框，然后进行修改，这样可以大大提高工
作效率。

案例精讲 11　制作论文封面演示文稿

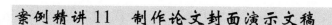

案例文件：CDROM\场景\Cha02\制作论文封面演示文稿.pptx

视频文件：视频教学\Cha02\制作论文封面演示文稿.avi

制作概述

本例将介绍如何制作论文封面演示文稿，首先设置幻灯片的背景，然后绘制两个矩形，最后输入文字并设置文字的对齐方式，完成后的效果如图 2-16 所示。

学习目标

* 学习设置幻灯片背景的方法。
* 掌握对齐文字的方法。

图 2-16　论文封面演示
文稿效果图

操作步骤

制作论文封面演示文稿的具体操作步骤如下。

step 01　启动 PowerPoint 2013 软件，在登录界面中，单击"空白演示文稿"选项，如图 2-17 所示。

step 02　在新建的空白演示文稿中，切换至"设计"选项卡，单击自定义组中的"幻灯片大小"|"自定义幻灯片大小"选项，如图 2-18 所示。

图 2-17　单击"空白演示文稿"选项　　图 2-18　单击"自定义幻灯片大小"选项

step 03　在弹出的"幻灯片大小"对话框中，将幻灯片大小设置为"A4 纸张(210×297 毫米)"，然后单击"确定"按钮，如图 2-19 所示。

step 04　在弹出的对话框中单击"确保适合"按钮，如图 2-20 所示。

图 2-19　"幻灯片大小"对话框　　　　图 2-20　单击"确保适合"按钮

step 05 在幻灯片的空白位置右击，在弹出的快捷菜单中选择"设置背景格式"命令，如图 2-21 所示。

step 06 在"设置背景格式"窗格中，将"填充"设置为"纯色填充"，然后设置"颜色"，如图 2-22 所示。

图 2-21　选择"设置背景格式"命令

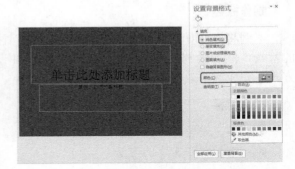

图 2-22　设置背景颜色

step 07 将幻灯片中的文本框删除，然后切换至"插入"选项卡，在插图组中，单击"形状"|"矩形"形状，如图 2-23 所示。

step 08 在适当位置绘制一个矩形，然后在"设置形状格式"窗格中，将"颜色"设置为白色，将"线条"设置为"实线"，然后设置颜色，如图 2-24 所示。

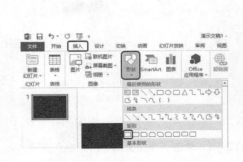

图 2-23　选择"矩形"形状

图 2-24　设置颜色和线条

step 09 在"设置形状格式"任务窗格中单击"大小属性"按钮，将"大小"组中的"高度"设置为"19 厘米"、"宽度"设置为"1.2 厘米"，将"位置"组中的"水平位置"设置为"5.3 厘米"、将"垂直位置"设置为"0 厘米"，如图 2-25 所示。

step 10 使用相同的方法创建一个矩形，然后将"大小"组中的"高度"设置为"19 厘米"、"宽度"设置为"0.4 厘米"，将"位置"组中的"水平位置"设置为"6.7 厘米"、"垂直位置"设置为"0 厘米"，如图 2-26 所示。

step 11 在"插入"选项卡中，单击"文本"组中的"文本框"|"垂直文本框"选项，如图 2-27 所示。

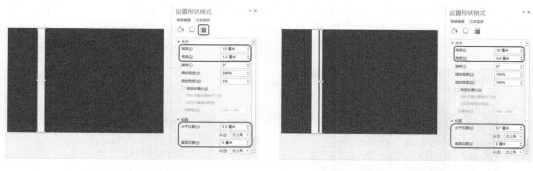

图 2-25　设置矩形　　　　　　　　　　　图 2-26　创建矩形

图 2-27　选择"垂直文本框"选项

step 12 在适当位置输入文字"城市民族大学"，将字体设置为"方正行楷简体"，将字号设置为 72，然后将字体颜色设置为白色，如图 2-28 所示。

step 13 使用"横排文本框"输入文字，将字体设置为"方正行楷简体"，将字号设置为 60，然后将字体颜色设置为白色，如图 2-29 所示。

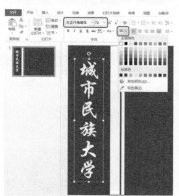

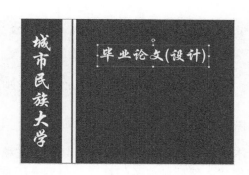

图 2-28　输入并设置文字　　　　　　　　图 2-29　设置文字

step 14 移动文字的位置，根据显示的智能参考线，将其与垂直文字的顶端对齐，如图 2-30 所示。

　　　若智能参考线处于关闭状态，可以在界面的任意空白位置右击，在弹出的快捷菜单中选择"网格和参考线"|"智能参考线"命令。

step 15 继续使用"横排文本框"输入文字，选中输入的文字，并在其上右击，在弹出的快捷菜单中选择"字体"命令。在弹出的"字体"对话框中，将"西文字体"设置为 Romantic，将"中文字体"设置为"创艺简黑体"，将"大小"设置为 18，然后设置字体颜色，如图 2-31 所示。

图 2-30　对齐文字

图 2-31　"字体"对话框

step 16 ▶ 单击"确定"按钮，查看文字效果，如图 2-32 所示。

step 17 ▶ 移动文字的位置，根据显示的智能参考线，将其与垂直文字的底端对齐，与横排文字的左端对齐，如图 2-33 所示。

图 2-32　查看文字效果

图 2-33　调整文字的位置

案例精讲 12　制作培训计划演示文稿

> ✍ 案例文件：CDROM\场景\Cha02\制作培训计划演示文稿.pptx
> 💿 视频文件：视频教学\Cha02\制作培训计划演示文稿.avi

制作概述

本例将介绍如何制作培训计划演示文稿，首先设置幻灯片的主题样式，然后制作各幻灯片，最后介绍首页幻灯片的文字链接的设置方法，完成后的效果如图 2-34 所示。

学习目标

- 学习如何设置幻灯片的主题。
- 掌握设置"超链接"的方法。

操作步骤

制作培训计划演示文稿的操作步骤如下。

图 2-34　培训计划演示
文稿效果图

step 01 启动 PowerPoint 2013 软件，新建一个空白演示文稿。切换至"设计"选项卡，在"主题"选项组中单击下三角按钮，在弹出的下拉列表中选择相应的主题，如图 2-35 所示。

step 02 在"幻灯片"窗格中选中幻灯片，按 Enter 键，创建一个新的幻灯片，如图 2-36 所示。

图 2-35　选择主题

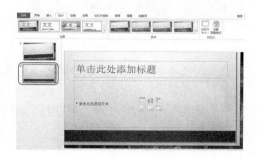

图 2-36　创建新的幻灯片

step 03 选中第 1 张幻灯片，按 Delete 键将其删除，然后选中上一步创建的幻灯片，单击"变体"选项组中的下三角按钮，选择"字体"|"自定义字体"选项，如图 2-37 所示。

step 04 在弹出的"新建主题字体"对话框中，将"中文"中的"标题字体(中文)"设置为"经典隶变简"，将"名称"设置为"自定义 字体"，然后单击"保存"按钮，如图 2-38 所示。

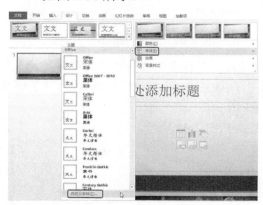

图 2-37　选择"字体"|"自定义字体"选项

图 2-38　"新建主题字体"对话框

step 05 单击幻灯片中的"单击此处添加标题"区域，输入文字"培训计划"，单击"单击此处添加文本"区域，输入"培训目的"等文字，如图 2-39 所示。

step 06 在"幻灯片"窗格中选中幻灯片，按 Enter 键，新建幻灯片。在新幻灯片中的标题和文本位置处输入文字，并将标题的字号更改为 44，如图 2-40 所示。

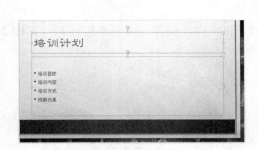

图 2-39　输入文字　　　　　　　图 2-40　新建幻灯片并输入文字

step 07　使用相同的方法制作其他 3 张幻灯片，如图 2-41 所示。

step 08　在第 1 张幻灯片中，选中"培训目的"文字，切换到"插入"选项卡，单击
　　　　"链接"选项组中的"超链接"按钮，如图 2-42 所示。

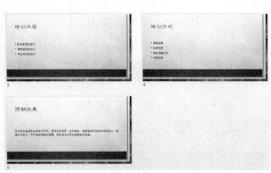

图 2-41　制作其他 3 张幻灯片　　　　　图 2-42　单击"超链接"按钮

step 09　弹出 "插入超链接"对话框，在"链接到"列表中选择"本文档中的位置"选
　　　　项，在展开的"请选择文档中的位置"列表中选择"幻灯片标题"|"2.培训目
　　　　的"，然后单击"确定"按钮，如图 2-43 所示。

step 10　使用相同的方法设置其他文字的链接，如图 2-44 所示。

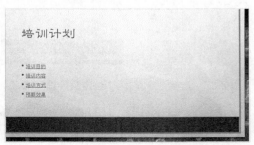

图 2-43　"插入超链接"对话框　　　　　图 2-44　设置文字链接

step 11 切换至"设计"选项卡，单击"变体"选项组中的下三角按钮▽，选择"颜色"|"自定义颜色"选项，如图 2-45 所示。

step 12 在弹出的"新建主题颜色"对话框中，将"超链接"颜色设置为黑色，然后将"名称"设置为"自定义 超链接"，单击"保存"按钮，如图 2-46 所示。

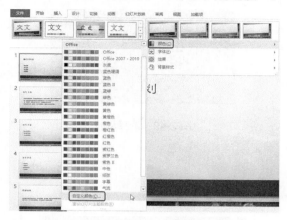

图 2-45 选择"自定义颜色"选项

图 2-46 设置"新建主题颜色"对话框

案例精讲 13 制作公司简介演示文稿

案例文件：CDROM\场景\Cha02\制作公司简介演示文稿.pptx

视频文件：视频教学\Cha02\制作公司简介演示文稿.avi

制作概述

本例将介绍如何制作公司简介演示文稿，首先设置幻灯片的主题，然后更改主题样式，最后输入文字，完成后的效果如图 2-47 所示。

学习目标

学习如何更改主题的样式效果。

操作步骤

制作公司简介演示文稿的具体步骤如下。

图 2-47 公司简介演示文稿效果图

step 01 启动 PowerPoint 2013 软件，新建一个空白演示文稿。切换至"设计"选项卡，在"主题"选项组中单击下三角按钮▽，在弹出的列表中选择相应的主题，如图 2-48 所示。

step 02 在"变体"选项组中，为幻灯片选择如图 2-49 所示的样式。

技巧 PowerPoint 2013 提供了许多主题，用户可以根据自己的需要或喜好进行选择，当然也可以在此基础上进行更改，然后对设置的主题进行保存。

step 03 单击"变体"选项组中的下三角按钮▽，选择"颜色"|"视点"选项，如图 2-

50 所示。其样式效果如图 2-51 所示。

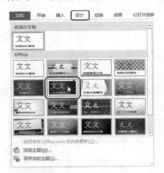

图 2-48　选择主题

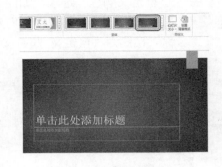

图 2-49　选择样式

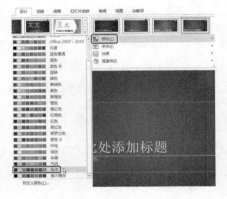

图 2-50　选择颜色样式

图 2-51　样式效果

step 04 　分别单击幻灯片中的"单击此处添加标题"和"单击此处添加文本"区域，输入文字，如图 2-52 所示。

step 05 　在"幻灯片"窗格中选中幻灯片，按 Enter 键，新建幻灯片。在新幻灯片中的标题和文本位置处输入文字，并调整文字的位置，如图 2-53 所示。

图 2-52　输入文字

图 2-53　输入文字

案例精讲 14　制作绿色环保幻灯片

📝 案例文件：CDROM\场景\Cha02\制作绿色环保幻灯片.pptx

💿 视频文件：视频教学\Cha02\制作绿色环保幻灯片.avi

制作概述

本例将介绍如何制作绿色环保幻灯片，首先创建模板主题，然后输入并设置文本，设置背景颜色，最后制作其他幻灯片，完成后的效果如图 2-54 所示。

图 2-54　绿色环保幻灯片效果图

学习目标

● 学习如何设置文本样式。

● 学习如何设置背景颜色。

操作步骤

制作绿色环保幻灯片的具体操作步骤如下。

step 01　启动 PowerPoint 2013 软件，在登录界面中单击"平面"选项，如图 2-55 所示。

step 02　在弹出的任务窗格中单击"创建"按钮，如图 2-56 所示。

图 2-55　单击"平面"选项

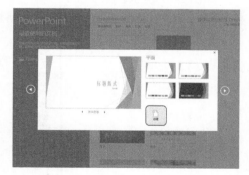

图 2-56　单击"创建"按钮

step 03　分别单击幻灯片中的"单击此处添加标题"和"单击此处添加文本"区域，然后输入文字，如图 2-57 所示。

step 04　选中输入的标题文字，右击，在弹出的快捷菜单中选择"设置文字效果格式"命令，如图 2-58 所示。

图 2-57 输入文字

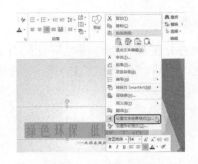

图 2-58 选择"设置文字效果格式"命令

step 05 在"设置形状格式"任务窗格中,将"阴影"组展开,单击"预设"按钮并选择如图 2-59 所示的预设样式。标题文字效果如图 2-60 所示。

图 2-59 选择"阴影"样式

图 2-60 文字效果

step 06 在幻灯片的空白位置右击,在弹出的快捷菜单中选择"设置背景格式"命令,如图 2-61 所示。

step 07 在"设置背景格式"任务窗格中,将"填充"设置为"渐变填充",并设置其他参数,如图 2-62 所示。

图 2-61 选择"设置背景格式"命令

图 2-62 设置渐变填充

step 08 在幻灯片窗格中选中幻灯片,按两次 Enter 键,新建两个幻灯片。在新幻灯片中的标题和文本位置处输入文字,如图 2-63 所示。

step 09 选中第 1 张幻灯片,在"设置背景格式"任务窗格中,单击"全部应用"按钮,应用背景颜色,如图 2-64 所示。

图 2-63　新建幻灯片并输入文字　　　　　　图 2-64　应用背景颜色

案例精讲 15　制作企业价值观演示文稿

案例文件：CDROM\场景\Cha02\制作企业价值观演示文稿.pptx

视频文件：视频教学\Cha02\制作企业价值观演示文稿.avi

制作概述

本例将介绍如何制作企业价值观演示文稿，首先设置幻灯片的背景，然后输入文字并设置文字样式，最后制作其他幻灯片，完成后的效果如图 2-65 所示。

图 2-65　企业价值观演示文稿效果图

学习目标

学习如何设置文字样式。

操作步骤

制作企业价值观演示文稿的具体操作步骤如下。

step 01　启动 PowerPoint 2013 软件，新建一个空白演示文稿。在幻灯片的空白位置右击，在弹出的快捷菜单中选择"设置背景格式"命令。在"设置背景格式"任务窗格中，将"填充"设置为"纯色填充"并设置颜色，然后单击"全部应用"按钮，如图 2-66 所示。

step 02 ▶ 在标题位置输入文字，然后选择输入的文字，将字号设置为 96，单击加粗按钮 B 和文字阴影按钮 S，并将字体颜色设置为白色，如图 2-67 所示。

图 2-66　设置背景颜色

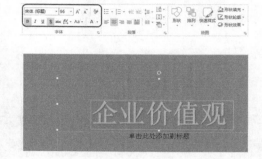

图 2-67　输入并设置标题文字

step 03 ▶ 在"单击此处添加副标题"处单击，输入文字，将字体设置为"微软雅黑"，将字号设置为 24，单击文字阴影按钮 S，将文字颜色设置为白色，单击项目符号按钮 ☰ 设置项目符号，然后将其设置为"两列"，如图 2-68 所示。

step 04 ▶ 在"幻灯片"选项组中，单击"新建幻灯片"按钮，在弹出的列表中选择"空白"选项，如图 2-69 所示。

图 2-68　输入并设置文字

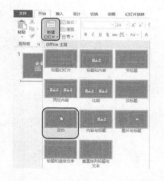

图 2-69　选择"空白"选项

step 05 ▶ 使用"横排文本框"在适当位置输入文字，将字号设置为 60，然后单击加粗按钮 B、下划线按钮 U 和文字阴影按钮 S，将文字颜色设置为白色，如图 2-70 所示。

step 06 ▶ 在文本框中继续输入文字，选择输入的文字，将"字体"设置为"微软雅黑"、"字号"设置为 20、字体颜色设置为白色，如图 2-71 所示。

step 07 ▶ 继续使用"横排文本框"在适当位置输入罗马数字"Ⅰ"，将其字号设置为 96，然后单击文字阴影按钮 S，将文字颜色设置为白色，如图 2-72 所示。

step 08 ▶ 使用相同的方法制作其他幻灯片，切换到"幻灯片预览"中查看幻灯片的效果，如图 2-73 所示。

图 2-70　在空白幻灯片中输入并设置文字

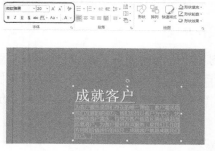

图 2-71　继续输入并设置文字

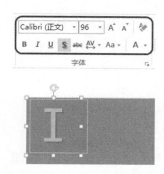

图 2-72　输入并设置罗马数字

图 2-73　查看幻灯片

案例精讲 16　制作个人简历幻灯片

> 案例文件：CDROM\场景\Cha02\个人简历幻灯片.pptx
>
> 视频文件：视频教学\Cha01\制作个人简历幻灯片.avi

制作概述

本例将讲解如何制作个人简历幻灯片，其重点是如何将 Word 文档导入幻灯片中，完成后的效果如图 2-74 所示。

图 2-74　个人简历效果图

学习目标

● 学习如何利用 PowerPoint 制作个人简历。

● 掌握将 Word 文档导入场景中的方法。

操作步骤

制作个人简历幻灯片的具体操作步骤如下。

step 01 启动软件后，在"新建"界面中单击"空白页演示文稿"选项，如图 2-75 所示。

step 02 切换到"开始"选项卡，在"幻灯片"选项组中单击"版式"按钮，在弹出的下拉列表中选择"标题和内容"选项，如图 2-76 所示。

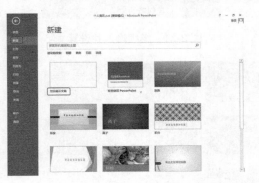

图 2-75 新建空白演示文稿

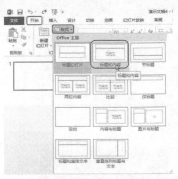

图 2-76 设置版式

step 03 在主标题文本框中输入"个人简历"。选中输入的文字，切换到"开始"选项卡，将字体设为"华文行楷"，将字号设为 44，如图 2-77 所示。

step 04 切换到"绘图工具"|"格式"选项卡，继续选中输入的文字，单击艺术字样式组中的"其他"按钮，在弹出的下拉列表中选择如图 2-78 所示的样式。

图 2-77 设置文字属性

图 2-78 选择艺术字样式

step 05 继续选中输入的文字，在"艺术字样式"选项组中，单击"文本填充"按钮，在其下拉列表中选择"浅绿色"选项，如图 2-79 所示。

step 06 切换到"开始"选项卡，在字体组中单击"字符间距"按钮，在其下拉列表中选择"很松"选项，如图 2-80 所示。

step 07 下面用 Word 软件编辑简历内容。首先建立一个 Word 文档，输入需要的文字 (可以参考随书附带光盘中的"CDROM\素材\Cha02\个人简历.doc"文件)，如图 2-81 所示。

技巧

本例中提供的个人简历，只是一种参考样式，用户可以根据自己的需要，添加相应的内容。

step 08 将光标置于幻灯片中的内容文本框中，切换到"插入"选项卡，在"文本"组中单击对象按钮，如图 2-82 所示。

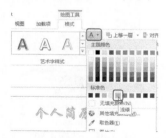

图 2-79 设置文字填充颜色文档

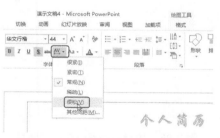

图 2-80 选择"很松"选项

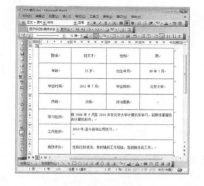

图 2-81 新建 Word 文档

图 2-82 单击"对象"按钮

step 09 在弹出的"插入对象"对话框中，选中"由文件创建"单选按钮，并单击"浏览"按钮，如图 2-83 所示。

step 10 弹出"浏览"对话框，选择随书附带光盘中的"CDROM\素材\Cha02\个人简历.doc"文件，单击"确定"按钮，如图 2-84 所示。

图 2-83 "插入对象"对话框

图 2-84 选择添加的素材文件

step 11 返回到"插入对象"对话框，单击"确定"按钮，这样就将 Word 文档插入到了文档中。此时用户可将添加的素材文件适当放大和调整位置，如图 2-85 所示。

step 12 切换到"设计"选项卡，在"主题"组中单击"其他"按钮，在弹出的下拉列表中选择"丝状"主题，如图 2-86 所示。

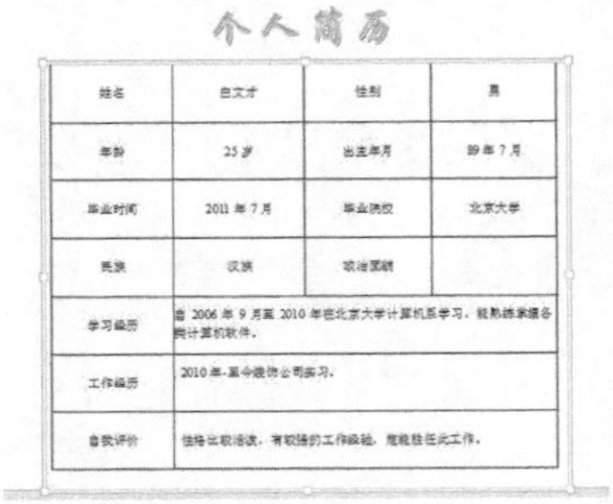

图 2-85　放大和调整位置后的效果

图 2-86　选择主题

step 13 设置主题后的效果如图 2-87 所示。

图 2-87　查看效果

案例精讲 17　制作人物介绍幻灯片

　　📖　案例文件：CDROM\场景\Cha02\人物介绍.pptx

　　💿　视频文件：视频教学\Cha01\人物介绍.avi

制作概述

　　本例将详细介绍如何制作人物介绍，首先输入文字和图片，然后对其设置属性和动画，完成后的效果如图 2-88 所示。

图 2-88　人物介绍效果图

学习目标

- 学习如何利用 PowerPoint 制作人物介绍幻灯片。
- 掌握进入动画的设置。

操作步骤

制作人物介绍幻灯片的具体操作步骤如下。

 启动软件后，在"新建"界面中单击"空白演示文稿"选项，新建一个空白演示文稿，如图2-89所示。

 切换到"开始"选项卡，在"幻灯片"选项组中单击"版式"按钮，在其下拉列表中选择"空白"选项，如图2-90所示。

图 2-89　新建空白演示文稿

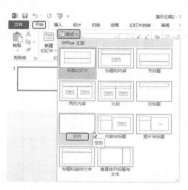

图 2-90　选择"空白"选项

 在幻灯片中右击，在弹出的快捷菜单中选择"设置背景格式"命令，如图 2-91 所示。

 此时会在界面的右侧，弹出"设置背景格式"任务窗格，将"填充"设为"图片或纹理填充"，然后单击"文件"按钮，如图2-92所示。

图 2-91　设置背景格式

图 2-92　单击"文件"按钮

 在弹出的"插入图片"对话框中，选择随书附带光盘中的"CDROM\素材\Cha02\人物介绍背景.jpg"素材文件，单击"插入"按钮后面的下三角按钮，在弹出的下拉列表中选择"插入和链接"选项，如图2-93所示。

 设置背景后的效果如图2-94所示。

 切换到"插入"选项卡，在"文本"组中单击"文本框"按钮，在其下拉列表中选择"横排文本框"选项，如图2-95所示。

 拖出文本框，并在文本框中输入文字"爱因斯坦"，将字体设为"微软雅黑"，将字号设为44，将字体颜色设为白色，如图2-96所示。

图 2-93　选中背景素材

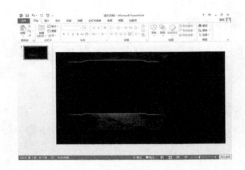

图 2-94　设置完成后的背景

图 2-95　选择"横排文本框"选项

图 2-96　设置文字属性

step 09 ▶ 选中输入的文字，切换到"绘图工具"下的"格式"选项卡，在艺术字样式组中单击文字效果按钮 Ａ ，在其下拉列表中选择"发光"|"蓝色，18pt 发光，着色5"选项，如图 2-97 所示。

step 10 ▶ 设置完成后的效果如图 2-98 所示。

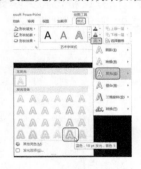

图 2-97　设置文字效果

图 2-98　查看效果

step 11 ▶ 继续插入一个横排文本框并在其内输入文字，将字体设为"微软雅黑"，将"字号"设为 18，将字体颜色设为白色，如图 2-99 所示。

step 12 ▶ 选中输入的文字，切换到"绘图工具"下的"格式"选项卡，单击文字效果按钮，在其下拉列表中选择"发光"|"蓝色，8pt 发光，着色 5"选项，如图 2-100 所示。

step 13 ▶ 添加发光效果如图 2-101 所示。

step 14 ▶ 切换到"插入"选项卡，在"图像"组中单击"图片"按钮，如图 2-102 所示。

step 15 ▶ 在弹出的"插入图片"对话框中，选择随书附带光盘中的"CDROM\素材\Cha02\爱因斯坦.jpg"素材文件，单击"插入"后面的下三角按钮，在其下拉列表中选择"插入和链接"选项，如图 2-103 所示。

step 16 选中插入的素材图片，切换到"图片工具"下的"格式"选项卡，将图片的形状高度设置为"7.14 厘米"、形状宽度设置为"9.52 厘米"，如图 2-104 所示。

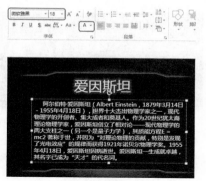

图 2-99　设置文字属性

图 2-100　设置文字效果

图 2-101　添加发光效果

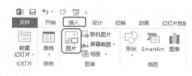

图 2-102　单击"图片"按钮

图 2-103　选中需要插入的素材图片

图 2-104　设置图片的形状大小

step 17 选中上一步插入的素材图片，切换到"动画"选项卡，在"动画"组中单击"其他"按钮，在其下拉列表中选择"进入"下的"浮入"选项，在"计时"组中，将"持续时间"设为 01.00 秒，如图 2-105 所示。

step 18 在场景中选中两个文本框，切换到"动画"选项卡，在"动画"组中单击"其他"按钮，在其下拉列表中选择"进入"下的"随机线条"选项，在"计时"组中，将"持续时间"设置为 00.50 秒，如图 2-106 所示。

图 2-105　设置动画选项　　　　　　　　　图 2-106　添加动画效果

案例精讲 18　制作如梦令演示文稿

案例文件：CDROM\场景\Cha02\如梦令演示文稿.pptx

视频文件：视频教学\Cha01\如梦令演示文稿.avi

制作概述

本例将讲解如何制作诗词演示文稿，其重点是动画的添加，完成后的效果如图 2-107 所示。

图 2-107　如梦令演示文稿效果图

学习目标

● 学习如何利用 PowerPoint 制作诗词演示文稿。

● 掌握诗词演示文稿的制作流程。

操作步骤

制作如梦令演示文稿的具体操作步骤如下。

step 01　启动软件，新建一个空白演示文稿，将其所有的文本框删除，如图 2-108 所示。

step 02　在场景中右击，在弹出的快捷菜单中选择"设置背景格式"选项，如图 2-109 所示。

 提示　　切换到"设计"选项卡，在自定义组中单击"设置背景格式"按钮，也能弹出"设置背景格式"任务窗格。

step 03　在界面的右侧弹出"设置背景格式"任务窗格，选中"图片或纹理填充"单选按钮，并单击"文件"按钮，如图 2-110 所示。

step 04　在弹出的"插入图片"对话框中，选中随书附带光盘中的"CDROM\素材

\Cha02\如梦令背景.jpg"素材文件，单击"插入"后面的下三角按钮，在其下拉列表中选择"插入和链接"选项，如图2-111所示。

图2-108 删除多余的文本框 　　　图2-109 选择"设置背景格式"选项

图2-110 设置背景格式 　　　图2-111 选择素材文件

step 05 切换到"插入"选项卡，在"文本"组中单击"文本框"按钮，在其下拉列表中选择"垂直文本框"选项，如图2-112所示。

step 06 拖出文本框，并在文本框中输入文字"如梦令"，切换到"开始"选项卡，在字体组中将字体设置为"方正黄草简体"，将字号设置为54，并单击"文字阴影"按钮，如图2-113所示。

图2-112 选择"垂直文本框"选项 　　　图2-113 设置文字属性

step 07 ▶ 在场景中选中文本框,按 Ctrl+C 键进行复制,按 Ctrl+V 键进行粘贴,将复制文本框内的文字修改为"李清照",将字号设置为 28,如图 2-114 所示。

step 08 ▶ 再次插入一个横排文本框,并输入文字,切换到"开始"选项卡,在"字体"组中,将字体设置为"方正黄草简体",将字号设置为 36,并单击"文字阴影"按钮 S ,如图 2-115 所示。

图 2-114 修改文字属性

图 2-115 设置文字属性

step 09 ▶ 对文本框的位置进行调整,如图 2-116 所示。

step 10 ▶ 在场景中选中"如梦令"文本框,切换到"动画"选项卡,在"动画"组中选择"进入"下的"飞入"动画,在"计时"组中将"持续时间"设置为 01.00,如图 2-117 所示。

图 2-116 调整文字的位置

图 2-117 添加"飞入"动画特效

step 11 ▶ 继续选中"李清照"文本框,为其添加"出现"动画,并将"持续时间"设置为 01.00,如图 2-118 所示。

step 12 ▶ 选中词的正文部分,添加"淡出"动画特效,并将其"持续时间"设置为 02.00,如图 2-119 所示。

图 2-118 添加"出现"动画特效

图 2-119 添加"淡出"动画特效

第 3 章
制作图形幻灯片

本章重点

- 制作八大菜系幻灯片
- 制作关于色彩幻灯片
- 制作绿色家居幻灯片
- 制作水果大全幻灯片
- 制作企业分类幻灯片
- 制作甜品与健康幻灯片
- 制作洗车流程图幻灯片
- 制作家庭装修流程图幻灯片
- 制作公司组织结构图幻灯片
- 制作服装面料幻灯片

在 PowerPoint 中可以绘制多种形状的图形(如矩形、基本形状、箭头和流程图等)，并且可以将多个形状图形进行组合。这些图形能够起到美化幻灯片的作用，使幻灯片中的内容更加丰富。本章将通过多个案例来介绍幻灯片中形状图形的创建。

案例精讲 19 制作八大菜系幻灯片

案例文件：CDROM\场景\Cha03\制作八大菜系幻灯片.pptx
视频文件：视频教学\Cha03\制作八大菜系幻灯片.avi

制作概述

本例介绍八大菜系幻灯片的制作。首先插入背景图片，然后绘制对角圆角矩形，并为其填充背景图片，最后绘制渐变矩形和输入文字，完成后的效果如图 3-1 所示。

图 3-1 八大菜系幻灯片效果图

学习目标

● 学习设置文字透明度的方法。
● 掌握绘制并调整对角圆角矩形的方法。

操作步骤

制作八大菜系幻灯片的具体操作步骤如下。

step 01 启动 PowerPoint 2013 软件，在打开的界面中单击"空白演示文稿"选项，如图 3-2 所示。

提示　　启动软件后，按 Ctrl+N 键也可新建空白演示文稿。

step 02 在新建的空白演示文稿界面，切换到"开始"选项卡，在"幻灯片"组中单击"版式"按钮，在弹出的下拉列表中选择"空白"选项，如图 3-3 所示。

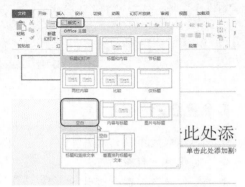

图 3-2 单击"空白演示文稿"选项　　　　图 3-3 选择"空白"选项

step 03 切换到"设计"选项卡，在"自定义"组中单击"幻灯片大小"按钮，在弹出的下拉列表中选择"标准(4:3)"选项，如图 3-4 所示。

提示　切换到"视图"选项卡，在"母版视图"组中单击"幻灯片母版"按钮，即可弹出"幻灯片母版"选项卡，在"大小"组中同样可以设置幻灯片大小。

step 04 在弹出的提示对话框中单击"最大化"按钮，如图 3-5 所示。

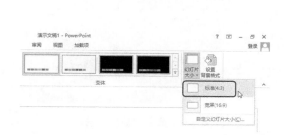

图 3-4　设置幻灯片的大小

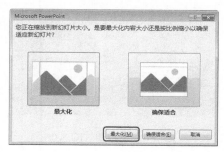

图 3-5　单击"最大化"按钮

step 05 切换到"插入"选项卡，在"图像"组中单击"图片"按钮，在弹出的"插入图片"对话框中选择素材图片"八大菜系背景.jpg"，单击"插入"按钮，如图 3-6 所示。

step 06 选中素材图片后，切换到"图片工具"下的"格式"选项卡，在"排列"组中单击"旋转对象"按钮，在弹出的下拉列表中选择"水平翻转"选项，即可水平翻转插入的素材图片，如图 3-7 所示。

图 3-6　选择素材图片

图 3-7　选择"水平翻转"选项

step 07 在"大小"组中将素材图片的高度设置为"19.05 厘米"，此时宽度会自动更改为"29.31 厘米"，并在幻灯片中调整其位置，如图 3-8 所示。

提示　如果只想更改图片的高度而不更改图片的宽度，可以在"大小"组中单击右下角的按钮，在打开的"设置图片格式"任务窗格中取消选中"锁定纵横比"复选框。

step 08 在"大小"组中单击"裁剪"按钮，在弹出的下拉列表中选择"裁剪"选

项，如图 3-9 所示。

图 3-8　设置图片的大小　　　　　　　图 3-9　选择"裁剪"选项

step 09　此时，会在图片的周围出现裁剪控点，之后将右侧的中心裁剪控点向左拖动，拖动至幻灯片右侧边框上即可，如图 3-10 所示。

知识链接

若要裁剪某一边，须将该侧的中心裁剪控点向图片内侧拖动即可。

若要同时均匀地裁剪两边，须在按住 Ctrl 键的同时将任一侧的中心裁剪控点向图片内侧拖动即可。

若要同时均匀地裁剪四边，须在按住 Ctrl 键的同时将一个角部裁剪控点向图片内侧拖动即可。

step 10　调整完成后，在界面空白处单击或者按 Esc 键即可完成裁剪操作。切换到"开始"选项卡，在"绘图"组中单击"形状"按钮，在弹出的下拉列表中选择"对角圆角矩形"形状，如图 3-11 所示。

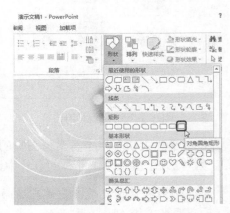

图 3-10　裁剪图片　　　　　　　　图 3-11　选择"对角圆角矩形"形状

step 11　在幻灯片中绘制对角圆角矩形，如图 3-12 所示。

step 12　绘制形状后，在幻灯片中调整形状的控点，效果如图 3-13 所示。

图 3-12　绘制图形　　　　　　　　　　　　　　　图 3-13　调整形状

step 13　切换到"绘图工具"下的"格式"选项卡，在"形状样式"组中单击"形状填充"按钮，在弹出的下拉列表中选择"图片"选项，如图 3-14 所示。

step 14　在弹出的界面中单击"来自文件"选项，如图 3-15 所示。

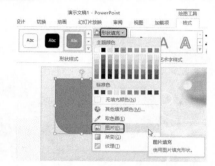

图 3-14　选择"图片"选项　　　　　　　　　　　图 3-15　单击"来自文件"选项

step 15　在弹出的"插入图片"对话框中选择素材图片"菜 01.jpg"，单击"插入"按钮，即可在绘制的形状中插入素材图片，如图 3-16 所示。

step 16　在"形状样式"组中单击"形状轮廓"按钮，在弹出的下拉列表中选择"粗细"|"6 磅"选项，即可更改轮廓的粗细程度，效果如图 3-17 所示。

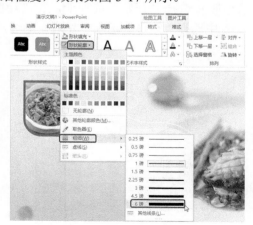

图 3-16　选择素材图片　　　　　　　　　　　　图 3-17　更改形状粗细

step 17 单击"形状轮廓"按钮，在弹出的下拉列表中选择浅绿色，即可更改轮廓颜色，如图 3-18 所示。

　　　　如果在下拉列表中没有需要的颜色，可以选择"其他填充颜色"(设置形状填充)选项或"其他轮廓颜色"(设置形状轮廓)选项，在弹出的"颜色"对话框中选择需要的颜色。

step 18 使用同样的方法，继续绘制图形，并在图形中插入图片，然后调整图形轮廓，效果如图 3-19 所示。

　　　　如果图片插入形状中后变形，可以选择"图片工具"下的"格式"选项卡，在"大小"组中单击【裁剪】按钮，在弹出的下拉列表中选择"调整"选项，然后在幻灯片中调整图片的大小和位置。调整完成后，在界面空白处单击或按 Esc 键即可退出操作。

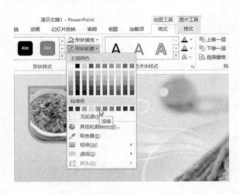

图 3-18　更改轮廓颜色

图 3-19　绘制并调整图形

step 19 选中下方的两个形状，在"形状样式"组中单击"形状效果"按钮，在弹出的下拉列表中选择"阴影"|"向下偏移"选项，如图 3-20 所示。

step 20 选择"开始"选项卡，在"绘图"组中单击"形状"按钮，在弹出的下拉列表中选择"矩形"选项，然后在幻灯片中绘制矩形，如图 3-21 所示。

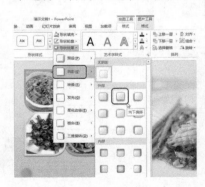

图 3-20　选择"向下偏移"选项

图 3-21　绘制矩形

step 21 选择"绘图工具"下的"格式"选项卡，在"形状样式"组中单击右下角的设置按钮，弹出"设置形状格式"任务窗格，选中"填充"选项组中的"渐变填充"单选按钮，然后单击"方向"右侧的按钮，在弹出的下拉列表中选择"线性向右"选项，如图3-22所示。

step 22 选择 74%位置处的"渐变光圈"，并单击其右侧的"删除渐变光圈"按钮，删除选择的光圈，如图3-23所示。

step 23 选择 83%位置上的渐变光圈，在"位置"微调框中输入"50%"，调整渐变光圈的位置，如图3-24所示。

图 3-22 设置渐变方向　　图 3-23 单击"删除渐　图 3-24 调整渐变光圈
　　　　　　　　　　　　　　　　变光圈"按钮　　　　　　位置

step 24 将左侧和中间渐变光圈的颜色设置为浅绿色，将右侧渐变光圈的颜色设置为白色，如图3-25所示。

step 25 选择右侧渐变光圈，将"透明度"设置为 100%，然后在"线条"选项组中选中"无线条"单选按钮，效果如图3-26所示。

图 3-25 设置颜色　　　　　　　　图 3-26 设置透明度和线条颜色

step 26 切换到"插入"选项卡，在"文本"组中单击"绘制横排文本框"按钮，在幻灯片中绘制文本框并输入文字，如图3-27所示。

　　　如果在"文本"组中没有显示"绘制横排文本框"按钮，而显示的是"绘制竖排文本框"按钮，则只需单击下拉按钮，在弹出的下拉列表中选择"横排文本框"选项。

step 27 选择绘制的文本框，然后切换到"开始"选项卡，在"字体"组中将"字体"设置为"方正综艺简体"，将"字号"设置为 28，将"字体颜色"设置为绿色，如图 3-28 所示。

图 3-27 绘制文本框并输入文字　　　　　　　　图 3-28 设置文字

step 28 使用同样的方法，继续绘制横排文本框并输入文字，然后对输入的文字进行设置，如图 3-29 所示。

step 29 选中文字"味"，然后切换到"绘图工具"下的"格式"选项卡，在"艺术字样式"组中单击 ▣ 按钮，在弹出"设置形状格式"任务窗格中单击"文本填充轮廓"按钮 🅰，并将"透明度"设置为 74%，如图 3-30 所示。

图 3-29 输入并设置文字　　　　　　　　　图 3-30 设置文字透明度

案例精讲 20　制作关于色彩幻灯片

> ✎ 案例文件：CDROM\场景\Cha03\制作关于色彩幻灯片.pptx
>
> 🎬 视频文件：视频教学\Cha03\制作关于色彩幻灯片.avi

制作概述

本例介绍关于色彩幻灯片的制作，首先输入渐变文字，然后绘制矩形和圆形，并对绘制的图形进行设置，最后输入文字，完成后的效果如图 3-31 所示。

图 3-31　色彩幻灯片效果图

学习目标

- 学习制作渐变文字的方法。
- 掌握为圆形填充图片的方法。

操作步骤

制作色彩幻灯片的具体操作步骤如下。

`step 01` 按 Ctrl+N 键新建空白演示文稿，切换到"设计"选项卡，在"自定义"组中单击"设置背景格式"按钮，如图 3-32 所示。

`step 02` 在弹出的"设置背景格式"任务窗格中，单击"颜色"右侧的 按钮，在弹出的下拉列表中选择"其他颜色"选项，如图 3-33 所示。

图 3-32　单击"设置背景格式"按钮

图 3-33　选择"其他颜色"选项

`step 03` 在弹出的"颜色"对话框中，切换到"自定义"选项卡，将红色、绿色和蓝色的值分别设置为 29、47、57，单击"确定"按钮，如图 3-34 所示。

`step 04` 为幻灯片设置完填充颜色后，在其上方的文本框中单击鼠标并输入文字，如图 3-35 所示。

`step 05` 选择文本框，然后切换到"开始"选项卡，在"字体"组中将字体设置为"方正大黑简体"，将字号设置为 120，如图 3-36 所示。

`step 06` 切换到"绘图工具"下的"格式"选项卡，在"艺术字样式"组中单击 按钮，弹出"设置形状格式"任务窗格，单击"文本填充轮廓"按钮 ，在"文本填充"选项组下选中"渐变填充"单选按钮，将"角度"设置为 45°。删除 74%位置处的渐变光圈，将 83%位置处的渐变光圈移至 48%位置处，将左侧渐变光圈的 RGB 值设置为 255、254、229，将中间渐变光圈的 RGB 值设置为 235、218、145，将右侧渐变光圈的 RGB 值设置为 202、173、108，效果如图 3-37 所示。

图 3-34　设置颜色

图 3-35　输入文字

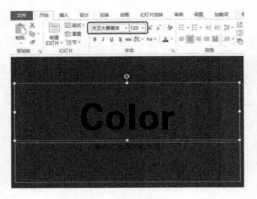

图 3-36　设置文字

图 3-37　设置渐变颜色

step 07　在"设置形状格式"任务窗格中单击"形状选项"，然后单击"大小"属性按
　　　钮，将"旋转"设置为 45°，如图 3-38 所示。

step 08　在幻灯片中调整文字的位置，并使用同样的方法，在下方的文本框中输入文字
　　　并填充渐变颜色和设置旋转角度，效果如图 3-39 所示。

图 3-38　设置旋转角度

图 3-39　输入其他文字

step 09　切换到"开始"选项卡，在"绘图"组中单击"形状"按钮，在弹出的下拉列

表中选择"矩形"形状，如图 3-40 所示。

step 10　在幻灯片中选中绘制的矩形，切换到"绘图工具"下的"格式"选项卡，在"形状样式"组中单击"形状填充"按钮，在弹出的下拉列表中选择"其他填充颜色"选项，如图 3-41 所示。

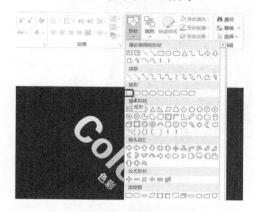

图 3-40　选择"矩形"形状

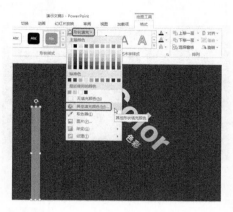

图 3-41　选择"其他填充颜色"选项

step 11　弹出"颜色"对话框，切换到"自定义"选项卡，将红色、绿色和蓝色的值分别设置为 223、84、117，单击"确定"按钮，如图 3-42 所示。

step 12　为绘制的矩形填充该颜色，然后在"形状样式"组中单击"形状轮廓"按钮，在弹出的下拉列表中选择"无轮廓"选项，取消轮廓线的填充，效果如图 3-43 所示。

图 3-42　设置颜色

图 3-43　取消轮廓填充

step 13　在"排列"组中单击"旋转"按钮，在弹出的下拉列表中选择"其他旋转选项"选项，如图 3-44 所示。

step 14　在弹出的"设置形状格式"任务窗格中，将"旋转"设置为 45°，并在幻灯片中调整矩形位置，如图 3-45 所示。

step 15　按 5 次 Ctrl+D 键复制绘制的矩形，并调整矩形的填充颜色和位置，效果如图 3-46 所示。

step 16　切换到"开始"选项卡，在"绘图"组中单击"形状"按钮，在弹出的下拉列表框中选择"椭圆"形状，然后在幻灯片中绘制 3 个正圆，并为绘制的正圆填充颜色，效果如图 3-47 所示。

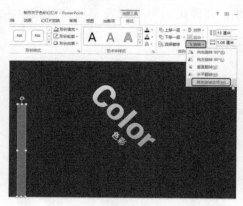

图 3-44　选择"其他旋转选项"选项

图 3-45　调整旋转角度

图 3-46　复制并调整矩形

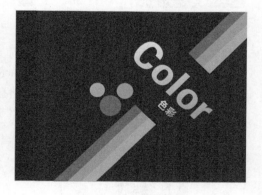

图 3-47　绘制正圆

 提示　　　按住 Shift 键的同时可绘制正圆。

step 17　选中绘制的正圆，然后切换到"绘图工具"下的"格式"选项卡，在"形状样式"组中单击"形状填充"按钮，在弹出的下拉列表中选择"图片"选项，如图 3-48 所示。

step 18　在弹出的对话框中单击"来自文件"选项，弹出"插入图片"对话框。在该对话框中选择素材图片"色彩图片 01.jpg"，单击"插入"按钮，即可将素材图片插入绘制的正圆中，如图 3-49 所示。

step 19　切换到"图片工具"下的"格式"选项卡，在"大小"组中单击"裁剪"按钮，在弹出的下拉列表中选择"调整"选项，如图 3-50 所示。

step 20　按住 Shift 键，调整素材图片的大小，并调整图片位置，效果如图 3-51 所示。

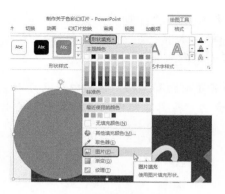

图 3-48 选择"图片"选项

图 3-49 选择素材图片

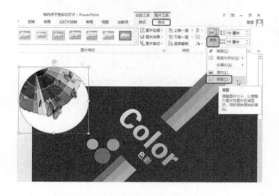

图 3-50 选择"调整"选项

图 3-51 调整素材图片

step 21 调整完成后按 Esc 键取消正圆轮廓线的填充，效果如图 3-52 所示。

step 22 使用同样的方法继续在幻灯片中绘制正圆，并选中绘制的正圆，然后切换到"绘图工具"下的"格式"选项卡，在"形状样式"组中单击"形状填充"按钮，在弹出的下拉列表中选择"无填充颜色"选项，如图 3-53 所示。

图 3-52 绘制并调整正圆

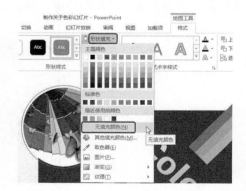

图 3-53 选择"无填充颜色"选项

step 23 单击"形状轮廓"按钮，在弹出的下拉列表中选择橙色，即可为轮廓填充该颜色。使用同样的方法，继续绘制正圆并填充轮廓颜色，效果如图 3-54 所示。

step 24 切换到"插入"选项卡，在"文本"组中单击"绘制横排文本框"按钮▣。在幻灯片中绘制文本框并输入文字，然后选择文本框，在"开始"选项卡的"字体"组中，将字号设置为 18，将字体颜色设置为白色，如图 3-55 所示。

　　　　在图 3-55 中可以看到，段落文字的首字前面有空格，这种效果既可以直接按空格键来实现，也可以在"开始"选项卡的"段落"组中单击▣按钮，在弹出的"段落"对话框中设置首行缩进来实现。

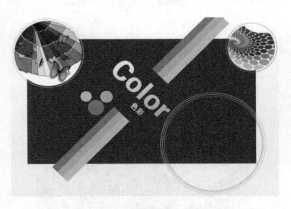

图 3-54　绘制正圆并设置轮廓颜色

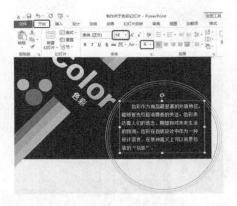

图 3-55　输入并设置文字

案例精讲 21　制作绿色家居幻灯片

> 案例文件：CDROM\场景\Cha03\制作绿色家居幻灯片.pptx
> 视频文件：视频教学\Cha03\制作绿色家居幻灯片.avi

制作概述

　　本例将介绍绿色家居幻灯片的制作。首先制作背景，然后输入文字并插入图片，最后绘制圆角矩形、同侧圆角矩形和泪滴形，并对绘制的图形进行效果设置，完成后的效果如图 3-56 所示。

图 3-56　绿色家居幻灯片效果图

学习目标

● 学习设置首行缩进的方法。
● 掌握设置形状透明度的方法。

操作步骤

制作绿色家居幻灯片的具体操作步骤如下。

 按 Ctrl+N 键新建空白演示文稿，切换到"开始"选项卡，在"幻灯片"组中单击"版式"按钮，在弹出的下拉列表中选择"空白"选项，如图 3-57 所示。

step 02 切换到"设计"选项卡，在"自定义"组中单击"设置背景格式"按钮，弹出"设置背景格式"任务窗格，将背景颜色设置为"灰色-50%，着色 3，淡色 80%"，如图 3-58 所示。

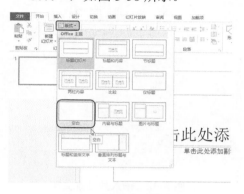

图 3-57　选择"空白"选项

图 3-58　设置背景颜色

step 03 切换到"开始"选项卡，在"绘图"组中单击"形状"按钮，在弹出的下拉列表中选择"矩形"，然后在幻灯片中绘制矩形，如图 3-59 所示。

step 04 选中绘制的矩形，然后切换到"绘图工具"下的"格式"选项卡，在"形状样式"组中单击"形状填充"按钮，在弹出的下拉列表中选择浅绿色，即可为绘制的矩形填充该颜色，如图 3-60 所示。

图 3-59　绘制矩形

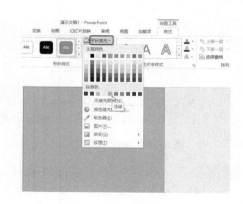

图 3-60　填充颜色

step 05 单击"形状轮廓"按钮，在弹出的下拉列表中选择"无轮廓"选项，即可取消轮廓线填充，效果如图 3-61 所示。

step 06 切换到"插入"选项卡，在"文本"组中单击"绘制横排文本框"按钮，在幻灯片中绘制文本框并输入文字。选择文本框，在"开始"选项卡的"字体"组中，将字号设置为14，将字体颜色设置为白色，如图3-62所示。

切换到"插入"选项卡，在"插图"组中单击"形状"按钮，在弹出的下拉列表中选择"文本框"选项，同样可以在幻灯片中绘制横排文本框。

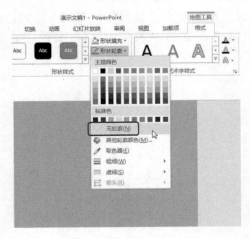

图 3-61　取消轮廓线填充　　　　　　　图 3-62　输入并设置文字

step 07 在"字体"组中单击字符间距按钮，在弹出的下拉列表中选择"很松"选项，如图3-63所示。

step 08 在"段落"组中单击行距按钮，在弹出的下拉列表中选择"1.5"选项，如图3-64所示。

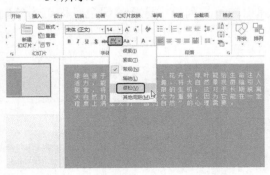
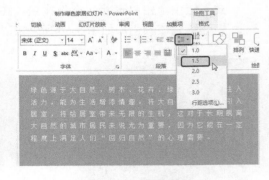

图 3-63　设置字符间距　　　　　　　　图 3-64　设置行距

step 09 在"段落"组中单击按钮，弹出"段落"对话框，在"缩进"选项组中将"特殊格式"设置为"首行缩进"，将"度量值"设置为"1.4 厘米"，单击"确定"按钮，如图3-65所示。

step 10 切换到"绘图工具"下的"格式"选项卡，在"形状样式"组中单击"形状轮廓"按钮，在弹出的下拉列表中选择"白色，背景1"，如图3-66所示。

图 3-65　设置首行缩进

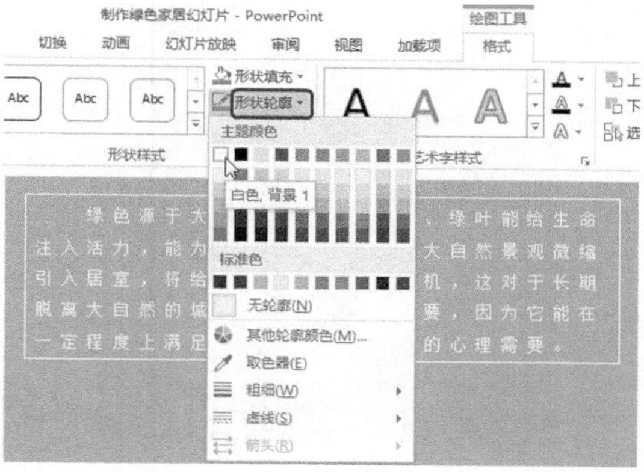

图 3-66　设置轮廓颜色

step 11 切换到"插入"选项卡，在"图像"组中单击"图片"按钮，弹出"插入图片"对话框。在该对话框中选择素材图片"绿色家居 01.jpg"，单击"插入"按钮，即可将选择的素材图片插入幻灯片中，如图 3-67 所示。

step 12 切换到"图片工具"下的"格式"选项卡，在"大小"组中将"形状高度"设置为"10.8 厘米"，将"形状宽度"设置为"16.79 厘米"，并调整图片位置，效果如图 3-68 所示。

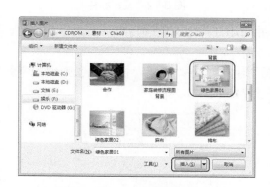

图 3-67　选择素材图片

图 3-68　调整素材图片

step 13 在"图片样式"组中选择"柔化边缘矩形"选项，如图 3-69 所示。

step 14 切换到"开始"选项卡，在"绘图"组中单击"形状"按钮，在弹出的下拉列表中选择"圆角矩形"选项，如图 3-70 所示。

step 15 在幻灯片中绘制圆角矩形，并适当向左调整圆角矩形的控制点，如图 3-71 所示。

step 16 切换到"绘图工具"下的"格式"选项卡，在"形状样式"组中单击按钮，弹出"设置形状格式"任务窗格。在"填充"选项组中将颜色设置为白色，将透明度设置为 60%，在"线条"选项组中将颜色设置为白色，效果如图 3-72 所示。

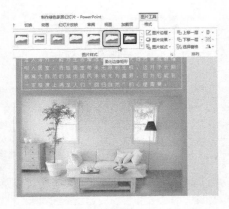

图 3-69　设置图片样式

图 3-70　选择"圆角矩形"选项

图 3-71　绘制并调整圆角矩形

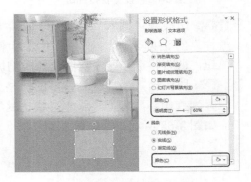

图 3-72　设置颜色

step 17　按 Ctrl+D 键复制多个圆角矩形，并在幻灯片中调整圆角矩形的大小和位置，效果如图 3-73 所示。

step 18　切换到"开始"选项卡，在"绘图"组中单击"形状"按钮，在弹出的下拉列表中选择"同侧圆角矩形"选项，如图 3-74 所示。

图 3-73　复制并调整圆角矩形

图 3-74　选择"同侧圆角矩形"选项

step 19　在幻灯片中绘制形状，并切换到"绘图工具"下的"格式"选项卡，在"形状样式"组中单击"形状填充"，在弹出的下拉列表中选择"灰色-50%，着色 3，淡色 80%"，为绘制的形状填充该颜色，如图 3-75 所示。

step 20 在"形状样式"组中单击"形状轮廓"按钮，在弹出的下拉列表中选择"无轮廓"选项，取消轮廓线填充，效果如图 3-76 所示。

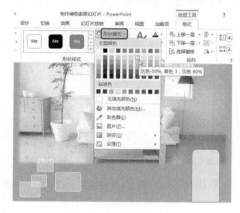

图 3-75　设置填充颜色

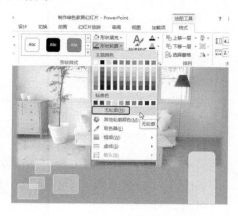

图 3-76　选择"无轮廓"选项

step 21 在"排列"组中单击"旋转对象"按钮 ，在弹出的下拉列表中选择"向左旋转 90°"选项，如图 3-77 所示。

step 22 在幻灯片中调整形状的位置，切换到"插入"选项卡，在"文本"组中单击"绘制横排文本框"按钮 ，在幻灯片中绘制文本框并输入文字。选中文本框，在"开始"选项卡的"字体"组中，将字体设置为"方正粗圆简体"，将字号设置为 32，将字体颜色设置为浅绿色，如图 3-78 所示。

图 3-77　旋转形状

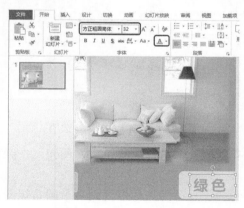

图 3-78　输入并设置文字

step 23 使用同样的方法，继续绘制同侧圆角矩形并输入文字，效果如图 3-79 所示。

step 24 切换到"开始"选项卡，在"绘图"组中单击"形状"按钮，在弹出的下拉列表中选择"泪滴形"选项，如图 3-80 所示。

图 3-79 绘制形状并输入文字

图 3-80 选择"泪滴形"选项

step 25 ▶ 在幻灯片中绘制形状，然后切换到"绘图工具"下的"格式"选项卡，在"形状样式"组中单击"形状填充"按钮，在弹出的下拉列表中选择"图片"选项，如图 3-81 所示。

step 26 ▶ 在弹出的对话框中单击"来自文件"选项，弹出"插入图片"对话框。在该对话框中选择素材图片"绿色家居 02.jpg"，单击"插入"按钮，即可将素材图片插入形状中，如图 3-82 所示。

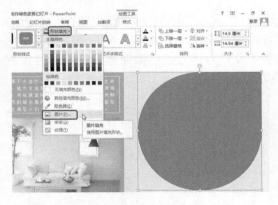

图 3-81 选择"图片"选项

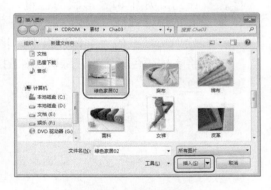

图 3-82 选择素材图片

step 27 ▶ 单击"形状轮廓"按钮，在弹出的下拉列表中选择"无轮廓"选项，如图 3-83 所示。

step 28 ▶ 在幻灯片中复制多个圆角矩形，并调整圆角矩形的大小和位置，效果如图 3-84 所示。

step 29 ▶ 切换到"插入"选项卡，在"图像"组中单击"图片"按钮，弹出"插入图片"对话框。在该对话框中选择素材图片"树叶.png"，单击"插入"按钮，即可将选择的素材图片插入幻灯片中，如图 3-85 所示。

step 30 ▶ 在幻灯片中调整图片位置，然后切换到"图片工具"下的"格式"选项卡，在"图片样式"组中单击"图片效果"按钮，在弹出的下拉列表中选择"映像"|"紧密映像，接触"选项，如图 3-86 所示。

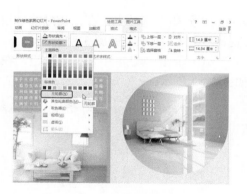

图 3-83　选择"无轮廓"选项

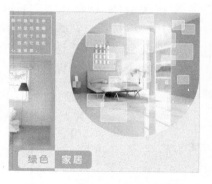

图 3-84　复制并调整圆角矩形

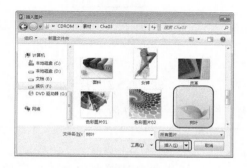

图 3-85　选择素材图片

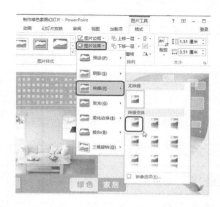

图 3-86　设置图片映像

案例精讲 22　制作水果大全幻灯片

案例文件：CDROM\场景\Cha03\制作水果大全幻灯片.pptx

视频文件：视频教学\Cha03\制作水果大全幻灯片.avi

制作概述

本例介绍水果大全幻灯片的制作。首先制作出背景，然后使用"任意多边形"工具绘制多边形，并对绘制的多边形进行设置，最后插入剪贴画并输入文字，完成后的效果如图 3-87 所示。

学习目标

● 学习绘制任意多边形的方法。
● 掌握更改剪贴画颜色的方法。

操作步骤

制作水果大全幻灯片的具体操作步骤如下。

图 3-87　水果大全幻灯片
效果图

step 01 按 Ctrl+N 键新建空白演示文稿，切换到"开始"选项卡，在"幻灯片"组中单击"版式"按钮，在弹出的下拉列表中选择"空白"选项，如图 3-88 所示。

step 02 切换到"设计"选项卡，在"自定义"组中单击"幻灯片大小"按钮，在弹出的下拉列表中选择"标准(4:3)"选项，如图 3-89 所示。

提示 选择"自定义幻灯片大小"选项，将弹出"幻灯片大小"对话框，在该对话框中可以对幻灯片大小进行精确的设置。

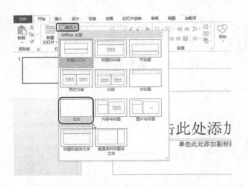

图 3-88 选择"空白"选项

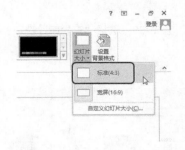

图 3-89 设置幻灯片大小

step 03 在弹出的提示对话框中单击"最大化"按钮，如图 3-90 所示。

知识链接

"最大化"：选择该选项可以在缩放到较大的幻灯片大小时增大幻灯片内容的大小。该选项可能会导致内容不能全部显示在幻灯片上。

"确保适合"：选择该选项可以在缩放到较小的幻灯片大小时减小幻灯片内容的大小。这可能会使内容显示得较小，但是能够在幻灯片上看到所有内容。

step 04 在"自定义"组中单击"设置背景格式"按钮，在弹出的"设置背景格式"任务窗格中选中"渐变填充"单选按钮，将"类型"设置为"射线"，将"方向"设置为"中心辐射"，将左侧渐变光圈设置为白色，将其他渐变光圈的颜色设置为"灰色-50%，着色 3，淡色 60%"，如图 3-91 所示。

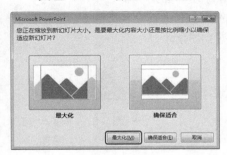

图 3-90 单击"最大化"按钮

图 3-91 设置背景颜色

step 05 切换到"插入"选项卡，在"图像"组中单击"联机图片"按钮，弹出"插入图片"界面。在"Office.Com 剪贴画"右侧的文本框中输入"水果",如图 3-92 所示。

step 06 输入完成后按 Enter 键,即可搜索出与水果相关的剪贴画,在列表框中选中如图 3-93 所示的剪贴画,并单击"插入"按钮,即可将选择的剪贴画插入幻灯片中,如图 3-93 所示。

图 3-92　输入搜索内容

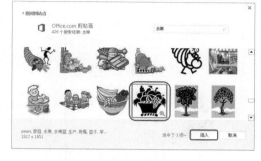

图 3-93　选择剪贴画

step 07 在剪贴画上右击,在弹出的快捷菜单中选择"编辑图片"命令,如图 3-94 所示。

step 08 在弹出的信息提示对话框中单击"是"按钮,如图 3-95 所示。

图 3-94　选择"编辑图片"命令

图 3-95　单击"是"按钮

step 09 在剪贴画上右击,在弹出的快捷菜单中选择"组合"|"取消组合"命令,即可取消组合剪贴画对象,如图 3-96 所示。

step 10 在幻灯片中选中如图 3-97 所示的对象,按 Delete 键将其删除。

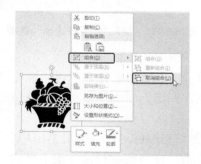

图 3-96　选择"取消组合"命令

图 3-97　删除对象

step 11 ▶ 按 Ctrl+A 键选中所有的对象，然后在选中的对象上右击，在弹出的快捷菜单中选择"组合"|"组合"命令，即可组合选择的对象，如图 3-98 所示。

step 12 ▶ 在幻灯片中调整组合对象的大小，效果如图 3-99 所示。

 　　选择对象后，切换到"绘图工具"下的"格式"选项卡，在"大小"组中同样可以设置对象大小。

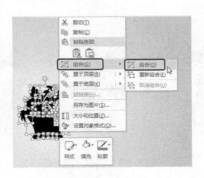

图 3-98　组合对象

图 3-99　调整对象大小

step 13 ▶ 切换到"绘图工具"下的"格式"选项卡，在"形状样式"组中单击 按钮，弹出"设置形状格式"任务窗格，选中"填充"选项组中的"纯色填充"单选按钮，将"颜色"设置为白色，将透明度设置为 80%，如图 3-100 所示。

step 14 ▶ 切换到"开始"选项卡，在"绘图"组中单击"形状"按钮，在弹出的下拉列表中选择"任意多边形"选项，如图 3-101 所示。

图 3-100　设置填充颜色

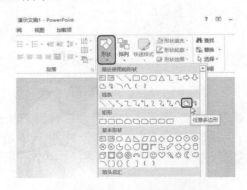

图 3-101　选择"任意多边形"选项

step 15 ▶ 在幻灯片中绘制多边形，效果如图 3-102 所示。

step 16 ▶ 切换到"绘图工具"下的"格式"选项卡，在"形状样式"组中单击"形状填充"按钮，在弹出的下拉列表中选择浅绿色，即可为绘制的多边形填充该颜色，效果如图 3-103 所示。

step 17 ▶ 使用同样的方法，继续绘制多边形并设置填充颜色，效果如图 3-104 所示。

step 18 ▶ 在幻灯片中选择如图 3-105 所示的多边形，在"形状样式"组中单击"形状轮廓"按钮，在弹出的下拉列表中选择"无轮廓"选项，即可取消轮廓线填充。

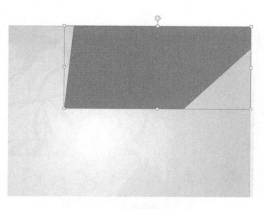

图 3-102　绘制多边形

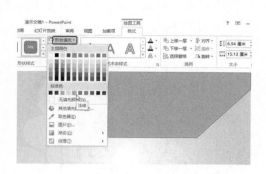

图 3-103　填充颜色

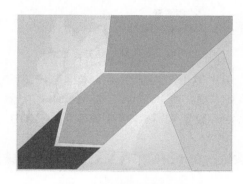

图 3-104　继续绘制多边形并填充颜色

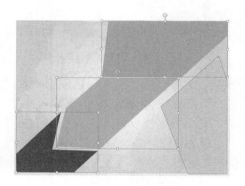

图 3-105　取消轮廓线填充

step 19 选择右下角的多边形，在"形状样式"组中单击"形状轮廓"按钮，在弹出的下拉列表中选择"白色，背景 1"选项，如图 3-106 所示。

step 20 单击"形状轮廓"按钮，在弹出的下拉列表中选择"粗细"|"2.25 磅"选项，如图 3-107 所示。

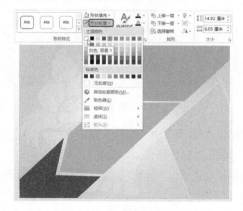

图 3-106　设置轮廓颜色

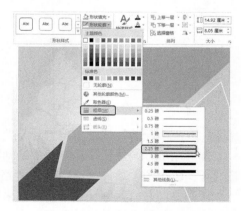

图 3-107　设置轮廓粗细

step 21 在"形状样式"组中单击"形状轮廓"按钮，在弹出的下拉列表中选择"虚

线"|"圆点"选项, 如图 3-108 所示。

step 22 结合前面介绍的方法, 继续在幻灯片中插入剪贴画, 并更改剪贴画的颜色, 效果如图 3-109 所示。

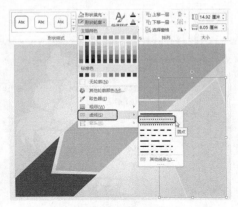

图 3-108 设置轮廓样式

图 3-109 插入剪贴画并更改颜色

step 23 切换到"插入"选项卡, 在"文本"组中单击"绘制横排文本框"按钮, 在幻灯片中绘制文本框并输入文字。选择文本框, 在"开始"选项卡的"字体"组中, 将字体设置为"方正隶书简体", 将字号设置为 36, 将字体颜色的 RGB 值设置为 217、55、113, 如图 3-110 所示。

step 24 在"字体"组中单击"字符间距"按钮, 在弹出的下拉列表中选择"稀疏"选项, 如图 3-111 所示。

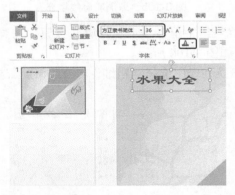

图 3-110 输入并设置文字

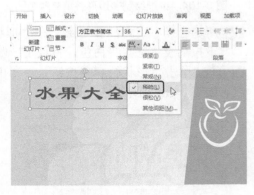

图 3-111 设置字符间距

step 25 在"开始"选项卡的"绘图"组中单击"形状"按钮, 在弹出的下拉列表中选择"矩形", 然后在幻灯片中绘制矩形, 如图 3-112 所示。

step 26 切换到"绘图工具"下的"格式"选项卡, 在"形状样式"组中设置矩形的填充颜色, 并将轮廓设置为无, 效果如图 3-113 所示。

step 27 切换到"插入"选项卡, 在"文本"组中单击"绘制横排文本框"按钮, 在幻灯片中绘制文本框并输入文字。选中文本框, 在"开始"选项卡的"字体"组中, 将字体设置为"方正大黑简体", 将字号设置为 40, 将字体颜色设置为"灰色-

50%，着色 3，淡色 60%"，如图 3-114 所示。

step 28　在"字体"组中单击"字符间距"按钮 ，在弹出的下拉列表中选择"其他间距"选项，如图 3-115 所示。

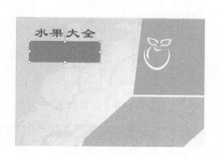

图 3-112　绘制矩形

图 3-113　设置填充颜色

图 3-114　输入并设置文字

图 3-115　选择"其他间距"选项

step 29　在弹出的"字体"对话框中将度量值设置为 16 磅，单击"确定"按钮，如图 3-116 所示。

step 30　设置字符间距后的效果如图 3-117 所示。

图 3-116　设置度量值

图 3-117　设置字符间距后的效果

step 31　切换到"插入"选项卡，在"文本"组中单击"绘制横排文本框"按钮 ，在幻灯片中绘制文本框并输入文字。选中文本框，在"开始"选项卡的"字体"组中，将字号设置为 12，将字体颜色设置为"黑色，文字 1，淡色 25%"，如图 3-118 所示。

step 32　在"段落"组中单击"行距"按钮 ，在弹出的下拉列表中选择"1.5"选项，如图 3-119 所示。

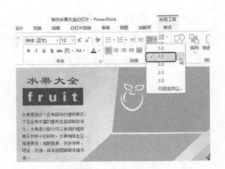

图 3-118　输入并设置文字　　　　　　　　　图 3-119　设置行距

step 33 在"段落"组中单击 ⚏ 按钮，弹出"段落"对话框，在"缩进"选项组中将"特殊格式"设置为"首行缩进"，将度量值设置为"0.85 厘米"，单击"确定"按钮，如图 3-120 所示。

step 34 结合前面介绍的方法，输入其他文字，效果如图 3-121 所示。

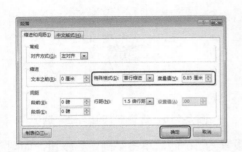

图 3-120　设置首行缩进　　　　　　　　　图 3-121　输入其他文字后效果

案例精讲 23　制作企业分类幻灯片

> 📝 案例文件：CDROM\场景\Cha03\制作企业分类幻灯片.pptx
>
> 💿 视频文件：视频教学\Cha03\制作企业分类幻灯片.avi

制作概述

本例介绍企业分类幻灯片的制作。首先创建一个平面演示文稿，然后绘制圆角矩形、矩形和箭头对象，最后输入文字，完成后的效果如图 3-122 所示。

图 3-122　企业分类幻灯片效果图

学习目标

- 学习为图形添加阴影的方法。
- 掌握为图形设置渐变颜色的方法。

操作步骤

制作企业分类幻灯片的具体操作步骤如下。

step 01 启动软件后，在打开的界面中单击"平面"选项，如图 3-123 所示。

step 02 在弹出的界面中选择第 1 个平面类型，单击"创建"按钮，即可新建演示文稿，如图 3-124 所示。

图 3-123 单击"平面"选项

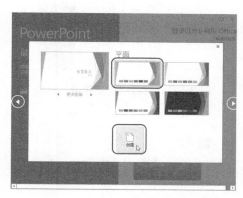

图 3-124 选择平面类型

step 03 切换到"开始"选项卡，在"幻灯片"组中单击"版式"按钮，在弹出的下拉列表中选择"空白"选项，如图 3-125 所示。

step 04 切换到"设计"选项卡，在"变体"组中单击"其他"按钮 ，在弹出的下拉列表中选择"背景样式"|"样式 10"选项，如图 3-126 所示。

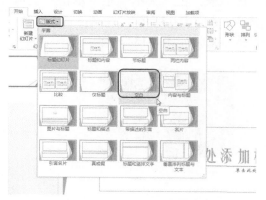

图 3-125 选择"空白"选项

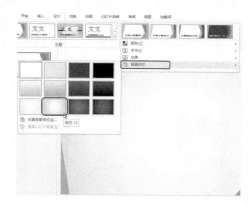

图 3-126 设置背景样式

step 05 切换到"开始"选项卡，在"绘图"组中单击"形状"按钮，在弹出的下拉列表中选择"圆角矩形"选项，如图 3-127 所示。

step 06 在幻灯片中绘制圆角矩形，如图 3-128 所示。

step 07 ▶ 切换到"绘图工具"下的"格式"选项卡,在"形状样式"组中单击"形状填充"按钮,在弹出的下拉列表中选择"图片"选项,如图 3-129 所示。

step 08 ▶ 在弹出的对话框中单击"来自文件"选项,弹出"插入图片"对话框。在该对话框中选中素材文件"合作.jpg",单击"插入"按钮,即可将选中的素材图片插入圆角矩形中,如图 3-130 所示。

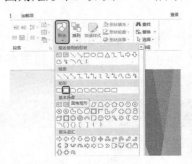

图 3-127 选择"圆角矩形"选项

图 3-128 绘制圆角矩形

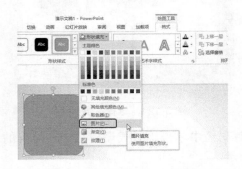

图 3-129 选择"图片"选项

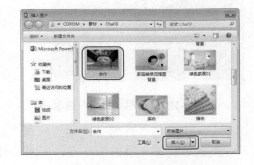

图 3-130 选择素材图片

step 09 ▶ 切换到"图片工具"下的"格式"选项卡,在"大小"组中单击"裁剪"按钮,在弹出的下拉列表中选择"调整"选项,如图 3-131 所示。

step 10 ▶ 在幻灯片中调整素材图片的大小和位置,效果如图 3-132 所示。

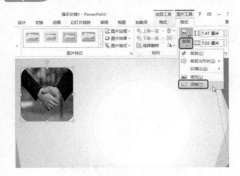

图 3-131 选择"调整"选项

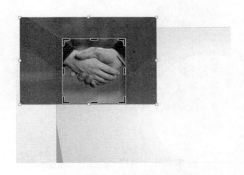

图 3-132 调整素材图片

step 11 ▶ 调整完成后,按 Esc 键即可退出。切换到"绘图工具"下的"格式"选项卡,在"形状样式"组中单击"形状轮廓"按钮,在弹出的下拉列表中选择"无轮廓"

选项，如图 3-133 所示。

step 12 设置轮廓后，在"形状样式"组中单击"形状效果"按钮，在弹出的下拉列表中选择"阴影"|"右下斜偏移"选项，效果如图 3-134 所示。

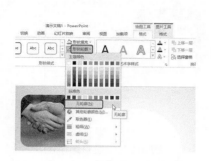

图 3-133 选择"无轮廓"选项

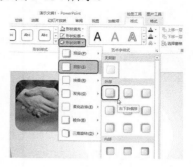

图 3-134 添加阴影

step 13 切换到"开始"选项卡，在"绘图"组中单击"形状"按钮，在弹出的下拉列表中选择"圆角矩形"选项，然后在幻灯片中绘制圆角矩形，并向右调整圆角矩形的调节点，效果如图 3-135 所示。

step 14 切换到"绘图工具"下的"格式"选项卡，在"形状样式"组中单击"形状填充"按钮，在弹出的下拉列表中选择"渐变"|"线性向左"选项，如图 3-136 所示。

图 3-135 绘制并调整圆角矩形

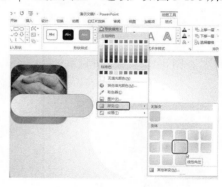

图 3-136 设置渐变

step 15 在"形状样式"组中单击"形状轮廓"按钮，在弹出的下拉列表中选择"无轮廓"选项，如图 3-137 所示。

step 16 在"形状样式"组中单击 按钮，弹出"设置形状格式"任务窗格，选择右侧渐变光圈，将透明度设置为 100%，如图 3-138 所示。

step 17 切换到"插入"选项卡，在"绘图"组中单击"绘制横排文本框"按钮 ，在幻灯片中绘制文本框并输入文字。选择文本框，在"开始"选项卡的"字体"组中，将字体设置为"方正美黑简体"，将字号设置为 28，如图 3-139 所示。

step 18 在"开始"选项卡的"绘图"组中单击"形状"按钮，在弹出的下拉列表中选择"下箭头"选项，如图 3-140 所示。

step 19 在幻灯片中绘制箭头，效果如图 3-141 所示。

step 20 单击"形状"按钮，在弹出的下拉列表中选择"矩形"选项，在幻灯片中绘制矩形，如图 3-142 所示。

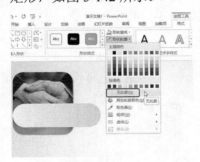

图 3-137 取消轮廓填充

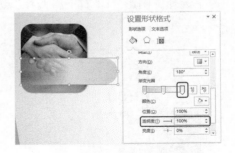

图 3-138 设置透明度

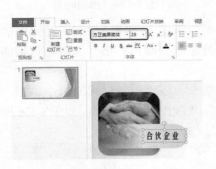

图 3-139 输入并设置文字

图 3-140 选择"下箭头"选项

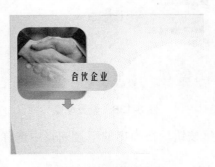

图 3-141 绘制箭头

图 3-142 绘制矩形

step 21 结合前面介绍的方法，为绘制的矩形填充渐变颜色，效果如图 3-143 所示。

step 22 切换到"插入"选项卡，在"绘图"组中单击"绘制横排文本框"按钮 ，在幻灯片中绘制文本框并输入文字。选中文本框，在"开始"选项卡的"字体"组中，将字体设置为"宋体"，将字号设置为 18，如图 3-144 所示。

step 23 在"段落"组中单击"行距"按钮 ，在弹出的下拉列表中选择"1.5"选项，如图 3-145 所示。

step 24 在"段落"组中单击 按钮，弹出"段落"对话框，在"缩进"选项组中将

"特殊格式"设置为"首行缩进",将度量值设置为"1.3 厘米",单击"确定"按钮,如图 3-146 所示。

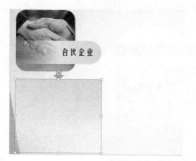

图 3-143 填充渐变颜色

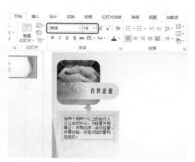

图 3-144 输入并设置文字

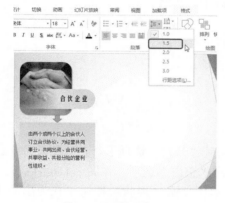

图 3-145 设置行距

图 3-146 设置度量值

step 25 设置首行缩进后的效果如图 3-147 所示。

step 26 结合前面介绍的方法,继续绘制图形并输入文字,效果如图 3-148 所示。

图 3-147 设置首行缩进后的效果

图 3-148 制作其他内容

案例精讲 24 制作甜品与健康幻灯片

案例文件:	CDROM\场景\Cha03\制作甜品与健康幻灯片.pptx
视频文件:	视频教学\Cha03\制作甜品与健康幻灯片.avi

制作概述

本例介绍甜品与健康幻灯片的制作。首先绘制矩形，然后为矩形填充颜色和素材图片，最后输入文字，完成后的效果如图 3-149 所示。

图 3-149　甜品与健康幻灯片效果图

学习目标

● 　学习设置颜色的方法。
● 　掌握调整素材图片的方法。

操作步骤

制作甜品与健康幻灯片的具体操作步骤如下。

step 01 ▶ 按 Ctrl+N 键新建空白演示文稿，切换到"开始"选项卡，在"幻灯片"组中单击"版式"按钮，在弹出的下拉列表中选择"空白"选项，如图 3-150 所示。

step 02 ▶ 切换到"开始"选项卡，在"绘图"组中单击"形状"按钮，在弹出的下拉列表中选择"矩形"选项，如图 3-151 所示。

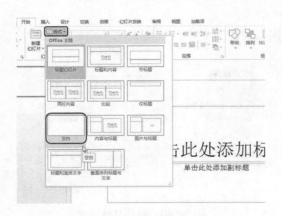

图 3-150　选择"空白"选项

图 3-151　选择"矩形"选项

step 03 ▶ 在幻灯片中绘制矩形，如图 3-152 所示。

step 04 ▶ 切换到"绘图工具"下的"格式"选项卡，在"形状样式"组中单击"形状填充"按钮，在弹出的下拉列表中选择"蓝-灰，文字 2，深色 25%"，如图 3-153 所示。

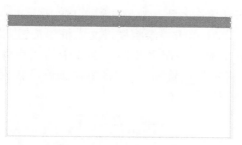

图 3-152　绘制矩形

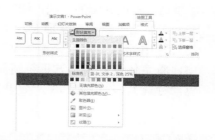

图 3-153　设置填充颜色

step 05　在"形状样式"组中单击"形状轮廓"按钮，在弹出的下拉列表中选择"无轮廓"选项，如图 3-154 所示。

step 06　继续绘制矩形。切换到"绘图工具"下的"格式"选项卡，在"形状样式"组中单击"形状填充"按钮，在弹出的下拉列表中选择"其他填充颜色"选项，如图 3-155 所示。

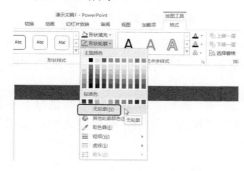

图 3-154　选择"无轮廓"选项

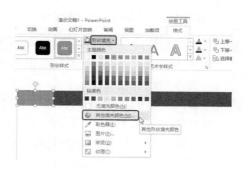

图 3-155　选择"其他填充颜色"选项

step 07　在弹出的"颜色"对话框中切换到"自定义"选项卡，将红色、绿色和蓝色的值分别设置为 237、109、152，单击"确定"按钮，即可为绘制的矩形填充该颜色，如图 3-156 所示。

step 08　单击"形状轮廓"按钮，在弹出的下拉列表中选择"无轮廓"选项，如图 3-157 所示。

图 3-156　设置颜色

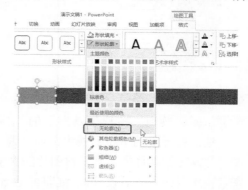

图 3-157　选择"无轮廓"选项

step 09　结合前面介绍的方法，继续绘制矩形并填充颜色，效果如图 3-158 所示。

step 10　切换到"插入"选项卡，在"绘图"组中单击"绘制横排文本框"按钮，在幻灯片中绘制文本框并输入文字。选中文本框，在"开始"选项卡的"字体"组中，将字体设置为"方正粗圆简体"，将字号设置为 22，将字体颜色设置为"白色，背景 1，深色 25%"，效果如图 3-159 所示。

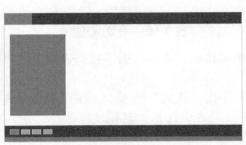

图 3-158　绘制矩形并填充颜色　　　　　　图 3-159　输入并设置文字

step 11　在幻灯片中选择如图 3-160 所示的矩形，然后切换到"绘图工具"下的"格式"选项卡，在"形状样式"组中单击"形状填充"按钮，在弹出的下拉列表中选择"图片"选项。

step 12　在弹出的对话框中单击"来自文件"选项，弹出"插入图片"对话框。在该对话框中选择素材图片"甜品 01.jpg"，单击"插入"按钮，即可将选中的素材图片插入矩形中，如图 3-161 所示。

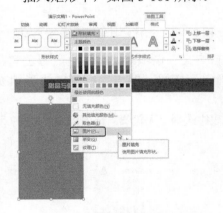

图 3-160　选择"图片"选项　　　　　　　图 3-161　选择素材图片

step 13　切换到"图片工具"下的"格式"选项卡，在"大小"组中单击"裁剪"按钮，在弹出的下拉列表中选择"调整"选项，如图 3-162 所示。

step 14　在幻灯片中调整素材图片的大小和位置，效果如图 3-163 所示。

step 15　调整完成后按 Esc 键即可退出。切换到"开始"选项卡，在"绘图"组中单击"形状"按钮，在弹出的下拉列表中选择"矩形"选项，在幻灯片中绘制矩形，并为绘制的矩形填充颜色，然后取消轮廓线填充，效果如图 3-164 所示。

step 16 在"形状样式"组中单击 ![]按钮，弹出"设置形状格式"任务窗格，在"填充"选项组中将透明度设置为20%，如图3-165所示。

图3-162 选择"调整"选项

图3-163 调整素材图片

图3-164 绘制矩形并填充颜色

图3-165 设置透明度

step 17 切换到"插入"选项卡，在"绘图"组中单击"绘制横排文本框"按钮 ![]，在幻灯片中绘制文本框并输入文字。选择文本框，在"开始"选项卡的"字体"组中，将字号设置为12，将字体颜色设置为白色，效果如图3-166所示。

step 18 结合前面介绍的方法，制作其他内容，效果如图3-167所示。

图3-166 输入并设置文字

图3-167 制作其他内容

案例精讲 25 制作洗车流程图幻灯片

案例文件：CDROM\场景\Cha03\制作洗车流程图.pptx

视频文件：视频教学\Cha03\制作洗车流程图.avi

制作概述

随着人们生活水平的不断提高，购买汽车的人越来越多，因此，洗车服务便成为汽车美容店面招揽生意、固定客源的一种最重要的手段。本例就来介绍洗车流程图的制作，完成后的效果如图 3-168 所示。

图 3-168 洗车流程图效果图

学习目标

● 学习插入流程图的方法。

● 掌握为流程图添加内容的方法。

操作步骤

制作洗车流程图幻灯片的具体操作步骤如下。

step 01 按 Ctrl+N 键新建空白演示文稿，切换到"开始"选项卡，在"幻灯片"组中单击"版式"按钮，在弹出的下拉列表中选择"空白"选项，如图 3-169 所示。

step 02 切换到"设计"选项卡，在"自定义"组中单击"幻灯片大小"按钮，在弹出的下拉列表中选择"自定义幻灯片大小"选项，如图 3-170 所示。

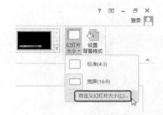

图 3-169 选择"空白"选项　　　　　图 3-170 选择"自定义幻灯片大小"选项

step 03 在弹出的"幻灯片大小"对话框中将"宽度"设置为"31.6 厘米"，将"高度"设置为"21.6 厘米"，单击"确定"按钮，如图 3-171 所示。

step 04 在弹出的提示对话框中单击"最大化"按钮，如图 3-172 所示。

图 3-171 "幻灯片大小"对话框

图 3-172 单击"最大化"按钮

step 05 在"自定义"组中单击"设置背景格式"按钮，弹出"设置背景格式"任务窗格，在"填充"选项组中选中"图片或纹理填充"单选按钮，然后单击"文件"按钮，如图 3-173 所示。

step 06 在弹出的"插入图片"对话框中选择素材图片"洗车流程图背景.jpg"，单击"插入"按钮，即可将幻灯片背景设置为素材图片，如图 3-174 所示。

图 3-173 单击"文件"按钮

图 3-174 选择素材图片

step 07 切换到"插入"选项卡，在"绘图"组中单击"绘制横排文本框"按钮，在幻灯片中绘制文本框并输入文字。选择文本框，在"开始"选项卡的"字体"组中，将字体设置为"方正粗倩简体"，将字号设置为 46.7，并单击"文字阴影"按钮 S，如图 3-175 所示。

step 08 在"字体"组中单击"字体颜色"按钮右侧的 ，在弹出的下拉列表中选择"其他颜色"选项，如图 3-176 所示。

图 3-175 输入并设置文字

图 3-176 选择"其他颜色"选项

step 09 在弹出的"颜色"对话框中，切换到"自定义"选项卡，将红色、绿色和蓝色的值分别设置为 176、28、58，单击"确定"按钮，即可为文字填充该颜色，如图 3-177 所示。

step 10 切换到"插入"选项卡，在"插图"组中单击 SmartArt 按钮，如图 3-178 所示。

图 3-177　设置颜色

图 3-178　单击 SmartArt 按钮

step 11 在弹出的"选择 SmartArt 图形"对话框的左侧列表中选择"流程"选项，然后在其中间列表框中选择"基本蛇形流程"选项，单击"确定"按钮，即可在幻灯片中插入选择的流程图，如图 3-179 所示。

step 12 切换到"SMARTART 工具"下的"格式"选项卡，在"大小"组中将"高度"设置为"14.77 厘米"，将"宽度"设置为"26.97 厘米"，如图 3-180 所示。

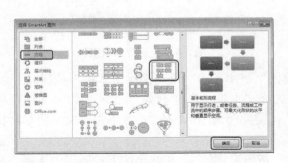

图 3-179　选择流程图

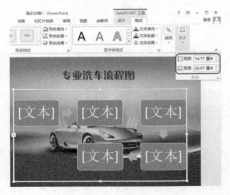

图 3-180　设置流程图大小

知识链接

　　以特定的图形符号加上说明，表示算法的图，称为流程图或框图。使用图形表示算法的思路是一种极好的方法，因为千言万语不如一张图。

　　流程图是流经一个系统的信息流、观点流或部件流的图形表示。在企业中，流程图主要用来说明某一过程。这种过程既可以是生产线上的工艺流程，也可以是完成一项任务必需的管理过程。例如，一张流程图能够解释某个零件的制造工序，甚至组织决策制定程序。这些过程的各个阶段均用图形块表示，不同图形块之间以箭头相连，代表它们在系统内的流动方向。下一步何去何从，要取决于上一步的结果，典型做法是用"是"

或"否"的逻辑分支加以判断。

　　流程图是揭示和掌握封闭系统运动状况的有效方式。作为诊断工具，它能够辅助决策制定，让管理者清楚地知道，问题出在哪儿，从而制定出可供选择的行动方案。

step 13 选中流程图中的最后一个图形，然后切换到"SMARTART 工具"下的"设计"选项卡，在"创建图形"组中单击"添加形状"按钮右侧的 按钮，在弹出的下拉列表中选择"在后面添加形状"选项，即可在选中图形的后面添加一个图形，如图 3-181 所示。

step 14 添加图形后的效果如图 3-182 所示。

图 3-181　选择"在后面添加形状"选项

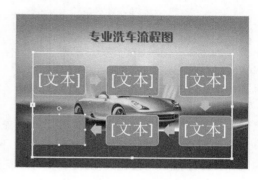

图 3-182　添加图形

step 15 使用同样的方法，继续添加图形，效果如图 3-183 所示。

step 16 单击流程图左侧的 图标，在弹出的对话框中输入流程图内容，效果如图 3-184 所示。

图 3-183　添加其他图形

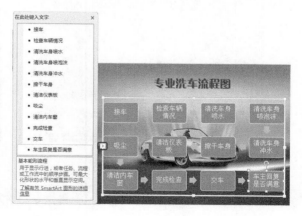

图 3-184　输入内容

step 17 确认流程图处于选中状态，在"开始"选项卡的"字体"组中，将字号设置为 18，如图 3-185 所示。

step 18 切换到"SMARTART 工具"下的"设计"选项卡，在"SmartArt 样式"组中单击"更改颜色"按钮，在弹出的下拉列表中选择"透明渐变范围-着色 3"选项，即可更改流程图颜色，如图 3-186 所示。

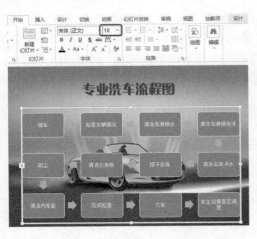

图 3-185 设置文字大小

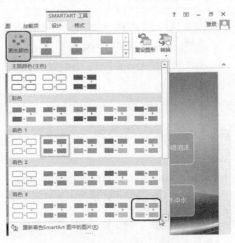

图 3-186 选择流程图颜色

step 19 在流程图中选择所有的箭头对象，如图 3-187 所示。

step 20 切换到"SMARTART 工具"下的"格式"选项卡，在"形状样式"组中单击"形状轮廓"按钮，在弹出的下拉列表中选择"白色，背景 1"选项，如图 3-188 所示。

图 3-187 选择箭头对象

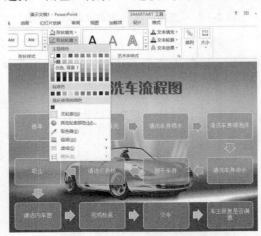

图 3-188 设置轮廓颜色

案例精讲 26 制作家庭装修流程图幻灯片

案例文件：CDROM\场景\Cha03\制作家庭装修流程图.pptx

视频文件：视频教学\Cha03\制作家庭装修流程图.avi

制作概述

本例介绍家庭装修流程图的制作。该例的制作比较简单，主要是插入循环流程图，然后输入标题，完成后的效果如图 3-189 所示。

图 3-189　家庭装修流程图效果图

学习目标

● 学习设置幻灯片大小的方法。
● 掌握插入和编辑循环流程图的方法。

操作步骤

制作家庭装修流程图幻灯片的具体操作步骤如下。

step 01 按 Ctrl+N 键新建空白演示文稿，切换到"开始"选项卡，在"幻灯片"组中单击"版式"按钮，在弹出的下拉列表中选择"空白"选项，如图 3-190 所示。

step 02 切换到"设计"选项卡，在"自定义"组中单击"幻灯片大小"按钮，在弹出的下拉列表中选择"自定义幻灯片大小"选项，弹出"幻灯片大小"对话框，将"宽度"设置为"27 厘米"，"高度"设置为"18 厘米"，单击"确定"按钮，如图 3-191 所示。

图 3-190　选择"空白"选项

图 3-191　设置幻灯片大小

step 03 在弹出的提示对话框中单击"最大化"按钮，如图 3-192 所示。

step 04 在"自定义"组中单击"设置背景格式"按钮，弹出"设置背景格式"任务窗格，在"填充"选项组中选中"图片或纹理填充"单选按钮，然后单击"文件"按钮，如图 3-193 所示。

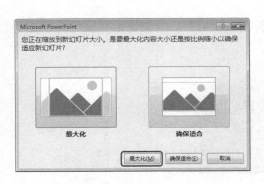

图 3-192　单击"最大化"按钮　　　　　图 3-193　单击"文件"按钮

step 05　在弹出的"插入图片"对话框中选择素材图片"家庭装修流程图背景.jpg"，单击"插入"按钮，即可将幻灯片背景设置为素材图片，如图 3-194 所示。

step 06　切换到"插入"选项卡，在"插图"组中单击 SmartArt 按钮，弹出"选择 SmartArt 图形"对话框。在其左侧列表中选择"循环"选项，然后在中间列表框中选择"块循环"选项，单击"确定"按钮，即可在幻灯片中插入选择的循环流程图，如图 3-195 所示。

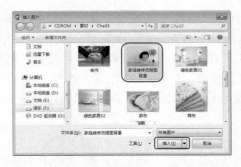

图 3-194　选择素材图片　　　　　图 3-195　选择循环流程图

step 07　切换到"SMARTART 工具"下的"格式"选项卡，在"大小"组中将"高度"设置为"16.14 厘米"、"宽度"设置为"20.81 厘米"，如图 3-196 所示。

step 08　在循环流程图中任意选择一个图形，然后选择"SMARTART 工具"下的"设计"选项卡，在"创建图形"组中单击"添加形状"按钮，即可添加一个图形，如图 3-197 所示。

step 09　使用同样的方法，继续添加其他图形，效果如图 3-198 所示。

step 10　单击循环流程图左侧的 ◀ 图标，在弹出的对话框中输入内容，效果如图 3-199 所示。

step 11　确认循环流程图处于选择状态，切换到"SMARTART 工具"下的"设计"选项卡，在"SmartArt 样式"组中单击"更改颜色"按钮，在弹出的下拉列表中选择"彩色-着色"选项，如图 3-200 所示。

step 12　在"SmartArt 样式"组中单击"其他"按钮 ▼，在弹出的下拉列表中选择"强烈效果"选项，如图 3-201 所示。

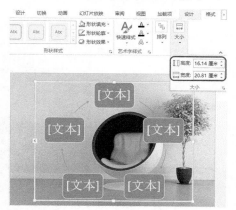

图 3-196 设置流程图大小

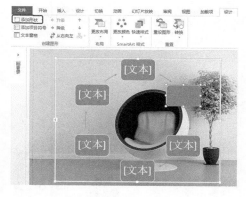

图 3-197 添加图形

图 3-198 添加其他图形

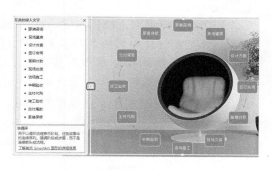

图 3-199 输入内容

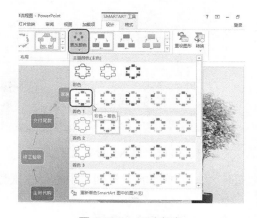

图 3-200 更改颜色

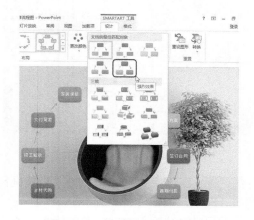

图 3-201 设置循环流程图样式

step 13 在幻灯片中选中"家装咨询"图形左侧的箭头，然后切换到"SMARTART 工具"下的"格式"选项卡，在"形状样式"组中单击 ▣ 按钮，如图 3-202 所示。

step 14 ▶ 弹出"设置形状格式"任务窗格，在"线条"选项组中将"透明度"设置为100%，效果如图 3-203 所示。

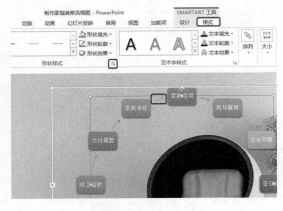

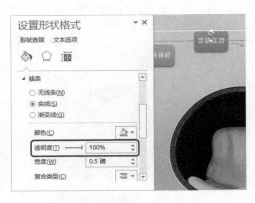

图 3-202　选中箭头对象　　　　　　　　图 3-203　设置箭头透明度

step 15 ▶ 选中"进场施工"图形左侧的箭头对象，在"形状样式"组中单击"其他"按钮，在弹出的下拉列表中选择"细线-强调颜色 5"选项，如图 3-204 所示。

step 16 ▶ 在幻灯片中调整循环流程图的位置，切换到"插入"选项卡，在"绘图"组中单击"绘制横排文本框"按钮，在幻灯片中绘制文本框并输入文字。选中文本框，在"开始"选项卡的"字体"组中，将字体设置为"方正综艺简体"，将字号设置为 32，将字体颜色设置为深红，效果如图 3-205 所示。

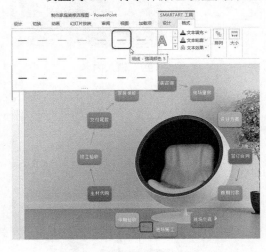

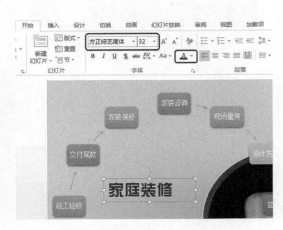

图 3-204　设置箭头样式　　　　　　　　图 3-205　输入并设置文字

step 17 ▶ 在"字体"组中单击"字符间距"按钮，在弹出的下拉列表中选择"很松"选项，如图 3-206 所示。

step 18 ▶ 继续输入文字，并对输入的文字进行设置，效果如图 3-207 所示。

step 19 ▶ 切换到"开始"选项卡，在"绘图"组中单击"形状"按钮，在弹出的下拉列表中选择"箭头"选项，如图 3-208 所示。

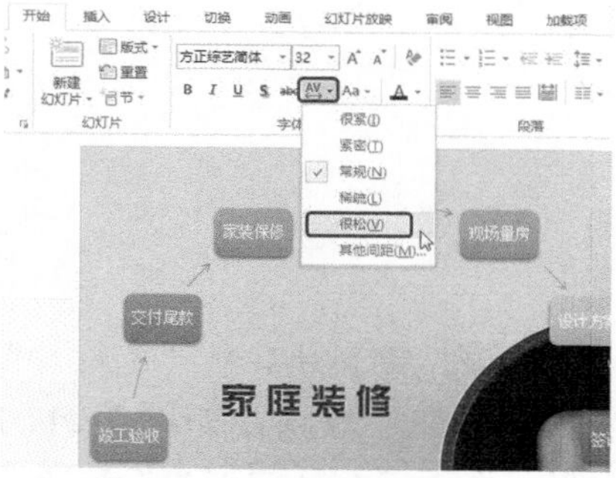

图 3-206 设置字符间距

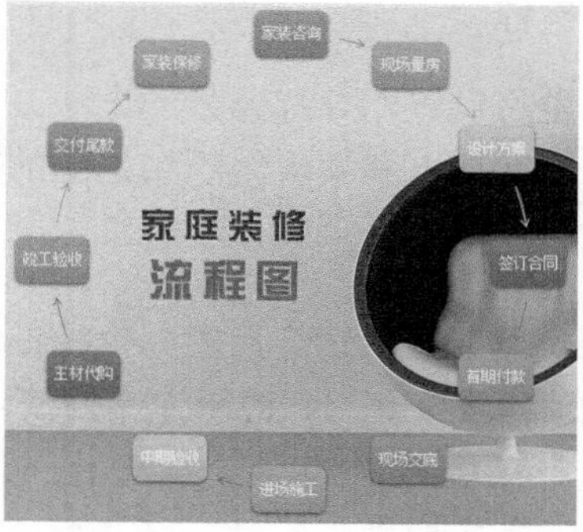

图 3-207 输入并设置文字

step 20 在幻灯片中绘制箭头，切换到“绘图工具”下的“格式”选项卡，在“形状样式”组中单击“其他”按钮，在弹出的下拉列表中选择“粗线-强调颜色 3”选项，如图 3-209 所示。

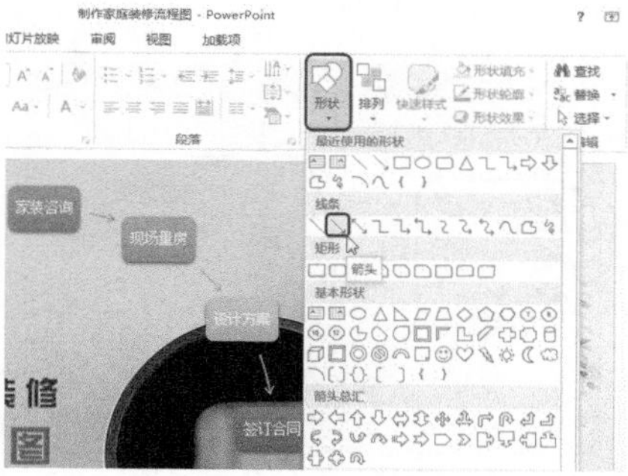

图 3-208 选择“箭头”选项

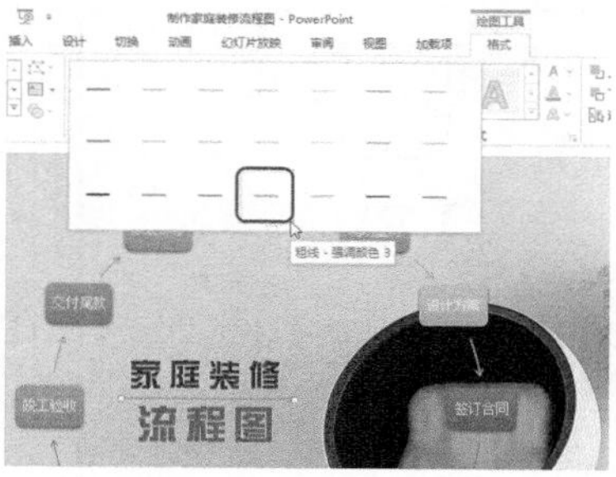

图 3-209 绘制并设置箭头样式

案例精讲 27 制作公司组织结构图幻灯片

案例文件：CDROM\场景\Cha03\制作公司组织结构图.pptx

视频文件：视频教学\Cha03\制作公司组织结构图.avi

制作概述

本例介绍公司组织结构图的制作。首先输入标题，然后插入组织结构图，并输入内容，完成后的效果如图 3-210 所示。

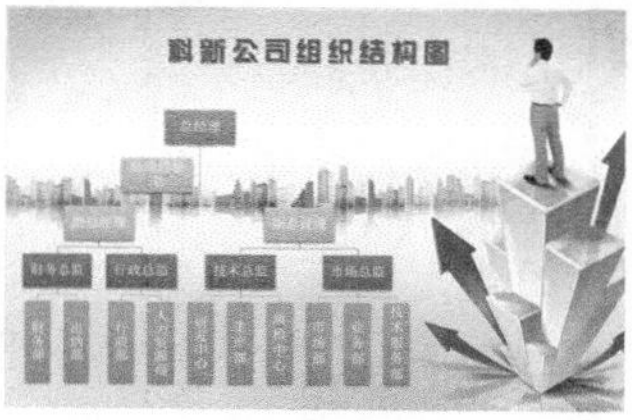

图 3-210 公司组织结构图效果

学习目标

● 学习设置幻灯片背景的方法。
● 掌握插入和编辑组织结构图的方法。

操作步骤

制作公司结构图幻灯片的具体操作步骤如下。

step 01 按 Ctrl+N 键新建空白演示文稿，切换到"开始"选项卡，在"幻灯片"组中单击"版式"按钮，在弹出的下拉列表中选择"空白"选项，如图 3-211 所示。

step 02 切换到"设计"选项卡，在"自定义"组中单击"幻灯片大小"按钮，在弹出的下拉列表中选择"自定义幻灯片大小"选项，弹出"幻灯片大小"对话框，将"宽度"设置为"25.4 厘米"、"高度"设置为"16.9 厘米"，单击"确定"按钮，如图 3-212 所示。

图 3-211　选择"空白"选项

图 3-212　设置幻灯片大小

step 03 在弹出的提示对话框中单击"最大化"按钮，如图 3-213 所示。

step 04 在"自定义"组中单击"设置背景格式"按钮，弹出"设置背景格式"任务窗格。在"填充"选项组中选中"图片或纹理填充"单选按钮，然后单击"文件"按钮，弹出"插入图片"对话框，在该对话框中选择素材图片"公司组织结构图背景.jpg"，单击"插入"按钮，即可将幻灯片背景设置为素材图片，如图 3-214 所示。

图 3-213　单击"最大化"按钮

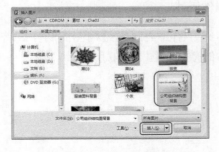

图 3-214　选择素材图片

step 05 切换到"插入"选项卡，在"绘图"组中单击"绘制横排文本框"按钮，在幻灯片中绘制文本框并输入文字。选中文本框，在"开始"选项卡的"字体"组中，将字体设置为"方正综艺简体"，将字号设置为 32，将"字体颜色"设置为"蓝色，着色 5，深色 25%"，并单击"文字阴影"按钮 ⑤ ，如图 3-215 所示。

step 06 在"字体"组中单击"字符间距"按钮 ᴬᵛ，在弹出的下拉列表中选择"其他间距"选项，弹出"字体"对话框，将"度量值"设置为"5.3 磅"，单击"确定"按钮，如图 3-216 所示。

图 3-215 输入并设置文字

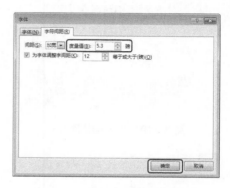

图 3-216 设置度量值

step 07 设置字符间距后的效果如图 3-217 所示。

step 08 切换到"插入"选项卡，在"插图"组中单击 SmartArt 按钮，弹出"选择 SmartArt 图形"对话框。在其左侧列表中选择"层次结构"选项，然后在中间列表框中选择"组织结构图"选项，单击"确定"按钮，即可在幻灯片中插入选择的组织结构图，如图 3-218 所示。

图 3-217 设置字符间距效果

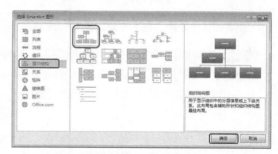

图 3-218 选择组织结构图

step 09 切换到"SMARTART 工具"下的"格式"选项卡，在"大小"组中将"高度"设置为"11.53 厘米"、"宽度"设置为"20.39 厘米"，如图 3-219 所示。

step 10 在组织结构图中选中如图 3-220 所示的图形，按 Delete 键将其删除。

step 11 在组织结构图中选中如图 3-221 所示的图形，然后切换到"SMARTART 工具"下的"设计"选项卡，在"创建图形"组中单击"添加形状"按钮右侧的 ▾ 按钮，在弹出的下拉列表中选择"在下方添加形状"选项，即可在选中图形的下方添加一个图形。

step 12　确认新添加的图形处于选中状态，在"创建图形"组中单击"添加形状"按钮右侧的·按钮，在弹出的下拉列表中选择"在后面添加形状"选项，即可在选中图形的后面添加一个图形，如图 3-222 所示。

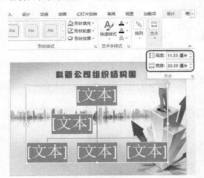

图 3-219　设置结构图大小

图 3-220　删除图形

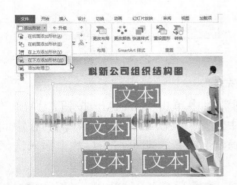

图 3-221　选择"在下方添加形状"选项

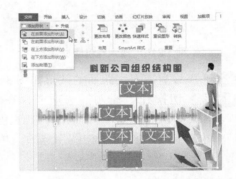

图 3-222　选择"在后面添加形状"选项

step 13　添加图形后的效果如图 3-223 所示。

step 14　选中如图 3-224 所示的图形对象，在"创建图形"组中单击"布局"按钮，在弹出的下拉列表中选择"标准"选项。

图 3-223　添加图形后的效果

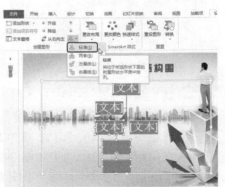

图 3-224　选择"标准"选项

step 15　更改布局后的效果如图 3-225 所示。

step 16 使用同样的方法，继续插入图形并更改布局，效果如图 3-226 所示。

图 3-225　更改布局后的效果

图 3-226　插入图形并更改布局

step 17 在组织结构图中选中如图 3-227 所示的图形，然后切换到 "SMARTART 工具" 下的 "格式" 选项卡，在 "大小" 组中将 "高度" 设置为 "3.43 厘米"，将 "宽度" 设置为 "1.01 厘米"。

step 18 使用同样的方法，更改其他图形的大小，效果如图 3-228 所示。

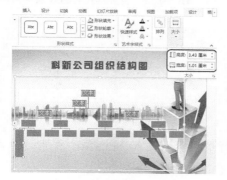

图 3-227　更改图形大小

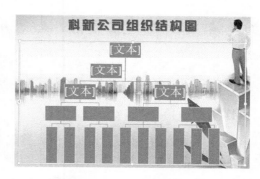

图 3-228　更改其他图形大小

step 19 选中组织结构图，单击其左侧的 ◀ 图标，在弹出的对话框中输入内容，效果如图 3-229 所示。

step 20 在幻灯片中调整组织结构图的位置，然后切换到 "SMARTART 工具" 下的 "设计" 选项卡，在 "SmartArt 样式" 组中单击 "更改颜色" 按钮，在弹出的下拉列表中选择 "彩色范围-着色 3 至 4" 选项，如图 3-230 所示。

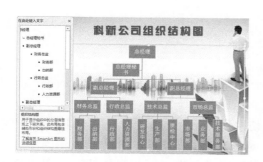

图 3-229　输入内容

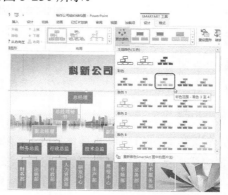

图 3-230　更改颜色

step 21 在"SmartArt 样式"组中单击"其他"按钮，在弹出的下拉列表中选择"强烈效果"选项，如图 3-231 所示。

step 22 设置样式后的效果如图 3-232 所示。

图 3-231 选择"强烈效果"选项

图 3-232 设置样式后的效果

案例精讲 28 制作服装面料幻灯片

案例文件：CDROM\场景\Cha03\制作服装面料幻灯片.pptx

视频文件：视频教学\Cha03\制作服装面料幻灯片.avi

制作概述

本例介绍服装面料幻灯片的制作。首先制作背景，然后插入 SmartArt 图形，并添加内容，完成后的效果如图 3-233 所示。

图 3-233 服装面料幻灯片效果图

学习目标

● 学习旋转素材图片的方法。

● 掌握更改 SmartArt 图形轮廓颜色的方法。

操作步骤

制作服装面料幻灯片的具体操作步骤如下。

step 01 按 Ctrl+N 键新建空白演示文稿，切换到"开始"选项卡，在"幻灯片"组中单击"版式"按钮，在弹出的下拉列表中选择"空白"选项，如图 3-234 所示。

step 02 切换到"插入"选项卡，在"图像"组中单击"图片"按钮，弹出"插入图片"对话框,在该对话框中选中素材图片"服装面料背景.jpg",单击"插入"按钮,即可将选择的素材图片插入幻灯片中,如图 3-235 所示。

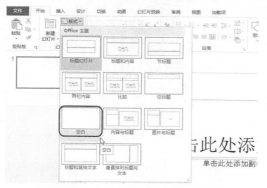

图 3-234 选择"空白"选项

图 3-235 选择素材图片

step 03 切换到"图片工具"下的"格式"选项卡,在"大小"组中将"形状高度"和"形状宽度"分别设置为"19.05 厘米"和"33.78 厘米",如图 3-236 所示。

step 04 在"排列"组中单击"旋转对象"按钮,在弹出的下拉列表中选择"水平翻转"选项,效果如图 3-237 所示。

图 3-236 调整素材图片

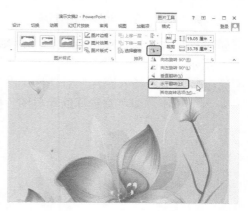

图 3-237 选择"水平翻转"选项

step 05 切换到"插入"选项卡,在"图像"组中单击"图片"按钮,弹出"插入图片"对话框。在该对话框中选中素材图片"女裤.png",单击"插入"按钮,即可将选择的素材图片插入幻灯片中,如图 3-238 所示。

step 06 在幻灯片中调整素材图片的位置,效果如图 3-239 所示。

step 07 切换到"插入"选项卡,在"插图"组中单击 SmartArt 按钮,弹出"选择 SmartArt 图形"对话框。在左侧列表中选择"图片"选项,然后在中间列表框中选择"图形图片标注"选项,单击"确定"按钮,即可将选择的 SmartArt 图形插入幻灯片中,如图 3-240 所示。

step 08 调整插入图形的位置,效果如图 3-241 所示。

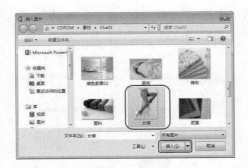

图 3-238　选择素材图片

图 3-239　调整图片的位置

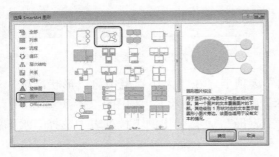

图 3-240　选择 SmartArt 图形

图 3-241　插入的 SmartArt 图形

step 09 在大圆形内单击 图标，在弹出的界面中单击"来自文件"选项，如图 3-242 所示。

step 10 弹出"插入图片"对话框，在该对话框中选中素材图片"面料.jpg"，单击"插入"按钮，即可将选择的素材图片插入大圆内，如图 3-243 所示。

图 3-242　单击"来自文件"选项

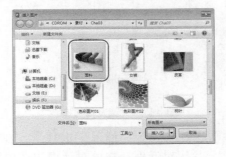

图 3-243　选择素材图片

step 11 切换到"图片工具"下的"格式"选项卡，在"大小"组中单击"裁剪"按钮，在弹出的下拉列表中选择"调整"选项，并在幻灯片中调整素材图片的大小和位置，效果如图 3-244 所示。

step 12 调整完成后按 Esc 键即可退出。选择右侧的任意一个圆形，切换到"SMARTART 工具"下的"设计"选项卡，在"创建图形"组中单击"添加形状"按钮，即可添加一个圆形，如图 3-245 所示。

step 13 结合前面介绍的方法，在 4 个小圆形内插入素材图片，效果如图 3-246 所示。

step 14 选中插入的 SmartArt 图形，单击其左侧的图标，在弹出的对话框中输入内容，效果如图 3-247 所示。

图 3-244 调整素材图片

图 3-245 添加圆形

图 3-246 在圆形内插入素材图片

图 3-247 输入内容

step 15 在 SmartArt 图形中选中大圆形，切换到"图片工具"下的"格式"选项卡，在"图片样式"组中单击"图片边框"按钮，在弹出的下拉列表中选择"其他轮廓颜色"选项，如图 3-248 所示。

step 16 在弹出的"颜色"对话框中切换到"自定义"选项卡，将红色、绿色和蓝色的值分别设置为 246、65 和 118，单击"确定"按钮，即可更改大圆形的轮廓颜色，如图 3-249 所示。

step 17 使用同样的方法，更改其他图形的轮廓颜色，效果如图 3-250 所示。

图 3-248 选择"其他轮廓颜色"选项

图 3-249 设置颜色

图 3-250 更改轮廓颜色

step 18 选中文字"服装面料"所在的文本框，在"开始"选项卡的"字体"组中，将字体设置为"方正美黑简体"，将字号设置为 36，将字体颜色设置为与圆形轮廓相同的颜色，效果如图 3-251 所示。

step 19 选中剩余文本框，在"开始"选项卡的"字体"组中，将字体设置为"方正美黑简体"，将字号设置为 20，并设置字体颜色，效果如图 3-252 所示。

图 3-251　设置文字　　　　　　　图 3-252　设置其他文字

第 4 章

制作表格和图表幻灯片

本章重点

- ◆ 制作 KTV 消费指南
- ◆ 制作健身俱乐部课程表
- ◆ 制作精品特惠房源表
- ◆ 制作收据单
- ◆ 制作值日表
- ◆ 制作广告公司收入统计表
- ◆ 制作服装销售金额统计表
- ◆ 制作气温折线图幻灯片
- ◆ 创建网购人群年龄分布饼图幻灯片
- ◆ 图书销量统计条形图幻灯片

表格和图表能够直观地表达数据内容，使人对繁杂的数据一目了然。在演示文稿中经常使用表格和图表来表现数据，以达到准确、快速传达数据信息的目的。本章通过制作多个表格和图表幻灯片，介绍表格和图表的插入和设置方法。

案例精讲 29 制作 KTV 消费指南

> 📄 案例文件：CDROM\场景\Cha04\制作 KTV 消费指南.pptx
> 💿 视频文件：视频教学\Cha04\制作 KTV 消费指南.avi

制作概述

本例介绍 KTV 消费指南的制作。首先插入背景图片并输入标题，然后插入表格，并对表格进行设置，最后输入文字。完成后的效果如图 4-1 所示。

图 4-1 KTV 消费指南效果图

学习目标

- 学习设置文字描边的方法。
- 掌握绘制斜线表头的方法。

操作步骤

制作 KTV 消费指南幻灯片的具体操作步骤如下。

step 01 按 Ctrl+N 键新建空白演示文稿，选择"开始"选项卡，在"幻灯片"组中单击"版式"按钮，在弹出的下拉列表中选择"空白"选项，如图 4-2 所示。

step 02 选择"设计"选项卡，在"自定义"组中单击"幻灯片大小"按钮。在弹出的下拉列表中选择"自定义幻灯片大小"选项，弹出"幻灯片大小"对话框，将"宽度"设置为"24 厘米"，将"高度"设置为"17 厘米"，单击"确定"按钮，如图 4-3 所示。

图 4-2 选择"空白"选项

图 4-3 设置幻灯片大小

step 03 在弹出的提示对话框中单击"最大化"按钮，如图 4-4 所示。

step 04 在"自定义"组中单击"设置背景格式"按钮，弹出"设置背景格式"任务窗格，在"填充"选项组中选中"图片或纹理填充"单选按钮，然后单击"文件"按钮，弹出"插入图片"对话框，在该对话框中选中素材图片"KTV 消费指南背景图.jpg"，单击"插入"按钮，即可将幻灯片背景设置为素材图片，如图 4-5 所示。

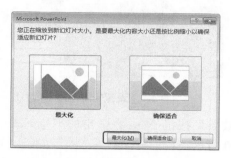

图 4-4 单击"最大化"按钮

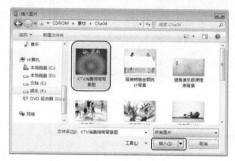

图 4-5 选择素材图片

step 05 选择"插入"选项卡，在"文本"组中选择"绘制横排文本框"，在幻灯片中绘制文本框并输入文字，然后在"开始"选项卡的"字体"组中将字体设置为"汉仪方隶简"，将文字"欢乐唱量贩式 KTV"的字号设置为 40，将文字"消费指南"的字号设置为 54，并在"段落"组中单击"居中"按钮 ≡，效果如图 4-6 所示。

step 06 选中文本框，然后选择"绘图工具"下的"格式"选项卡，在"艺术字样式"组中单击"文本填充"按钮右侧的 ˙ 按钮，在弹出的下拉列表中选择"蓝色，着色 1，淡色 80%"选项，如图 4-7 所示。

图 4-6 输入并设置文字

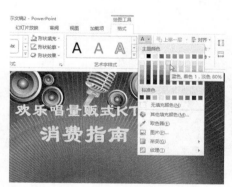

图 4-7 设置填充颜色

step 07 在"艺术字样式"组中单击"文本轮廓"按钮右侧的 ˙ 按钮，在弹出的下拉列表中选择浅蓝色，如图 4-8 所示。

step 08 单击"文本轮廓"按钮右侧的 ˙ 按钮，在弹出的下拉列表中选择"粗细"|"1磅"选项，如图 4-9 所示。

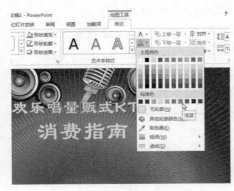

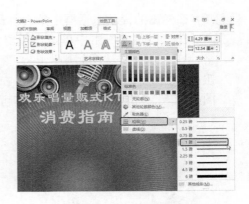

图 4-8　设置文本轮廓　　　　　　　图 4-9　设置轮廓粗细

step 09　在"艺术字样式"组中单击"文字效果"按钮 ，在弹出的下拉列表中选择"阴影"|"右下斜偏移"选项，如图 4-10 所示。

step 10　选择"插入"选项卡，在"表格"组中单击"表格"按钮，在弹出的下拉列表中选择"插入表格"选项，如图 4-11 所示。

　　　　在弹出的下拉列表中拖动鼠标选择网格，同样可以创建表格。如果要创建一个 5 行 4 列的表格，就选择 5 行 4 列的网格。此时，所选网格会突出显示，同时文档中实时显示出要创建的表格。该方法适合于创建那些行、列数较少的简单网格。

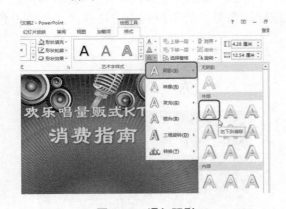

图 4-10　添加阴影　　　　　　　　图 4-11　选择"插入表格"选项

step 11　在弹出的"插入表格"对话框中将"列数"设置为 6，将"行数"设置为 9，单击"确定"按钮，即可在幻灯片中插入一个 9 行 6 列的表格，如图 4-12 所示。

step 12　插入表格后的效果如图 4-13 所示。

step 13　选择"表格工具"下的"布局"选项卡，在"单元格大小"组中将"表格行高"设置为"1.01 厘米"，将"表格列宽"设置为"3.67 厘米"，如图 4-14 所示。

step 14　选择第 1 行单元格，在"单元格大小"组中将"表格行高"设置为"1.6 厘米"，并在幻灯片中调整表格位置，效果如图 4-15 所示。

图 4-12　设置列数和行数

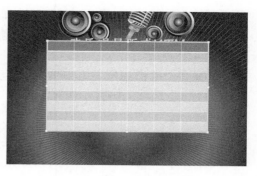

图 4-13　插入的表格

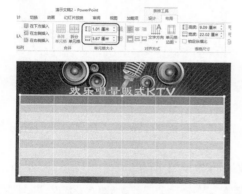

图 4-14　设置单元格大小

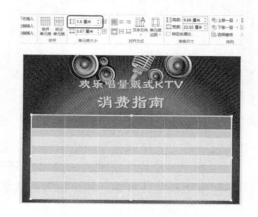

图 4-15　设置行高并调整位置

step 15　选中第 1 行中的第 1 个和第 2 个单元格，然后选择"表格工具"下"布局"选项卡，在"合并"组中单击"合并单元格"按钮，即可将选择的单元格合并，如图 4-16 所示。

提示　在选中的单元格上右击，在弹出的快捷菜单中选择"合并单元格"命令，同样可以将选择的单元格合并。

step 16　使用同样的方法，合并其他单元格，效果如图 4-17 所示。

图 4-16　单击"合并单元格"按钮

图 4-17　合并单元格

step 17 　选中第 1 行单元格，然后选择"表格工具"下的"设计"选项卡，在"表格样式"组中单击"底纹"按钮🖳右侧的 ˙ 按钮，在弹出的下拉列表中选择浅蓝色，如图 4-18 所示。

step 18 　在"绘图边框"组中单击"笔颜色"按钮，在弹出的下拉列表中选择"白色，背景 1"选项，如图 4-19 所示。

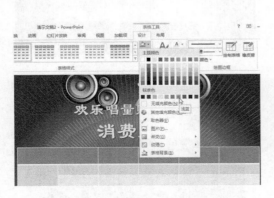

图 4-18　设置第 1 行填充颜色

图 4-19　设置笔颜色

step 19 　在"表格样式"组中单击"无框线"按钮▦右侧的˙按钮，在弹出的下拉列表中选择"下框线"选项，如图 4-20 所示。

step 20 　更改第 1 行单元格下框线样式后的效果如图 4-21 所示。

图 4-20　选择"下框线"选项

图 4-21　更改下框线样式后效果

step 21 　选中第 2 行和第 3 行单元格，然后选择"表格工具"下的"设计"选项卡，在"表格样式"组中单击"底纹"按钮🖳右侧的˙按钮，在弹出的下拉列表中选择"蓝色，着色 1，淡色 80%"选项，即可更改单元格颜色，效果如图 4-22 所示。

step 22 　选中第 4 行和第 5 行单元格，在"表格样式"组中单击"底纹"按钮🖳右侧的˙按钮，在弹出的下拉列表中选择"其他填充颜色"选项，如图 4-23 所示。

step 23 　在弹出的"颜色"对话框中选择"自定义"选项卡，将红色、绿色和蓝色的值分别设置为 204、236、255，单击"确定"按钮，即可更改选择单元格的颜色，如图 4-24 所示。

step 24 　使用同样的方法，更改其他单元格的颜色，如图 4-25 所示。

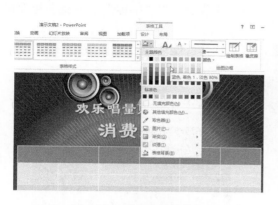

图 4-22　更改单元格颜色

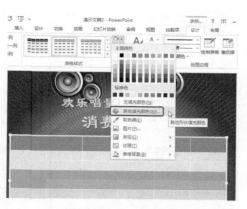

图 4-23　选择"其他填充颜色"选项

图 4-24　设置颜色

图 4-25　更改单元格颜色

step 25　在表格中输入内容，效果如图 4-26 所示。

step 26　在幻灯片中选中整个表格，然后选择"表格工具"下的"布局"选项卡，在"对齐方式"组中单击"居中"按钮三和"垂直居中"按钮回，效果如图 4-27 所示。

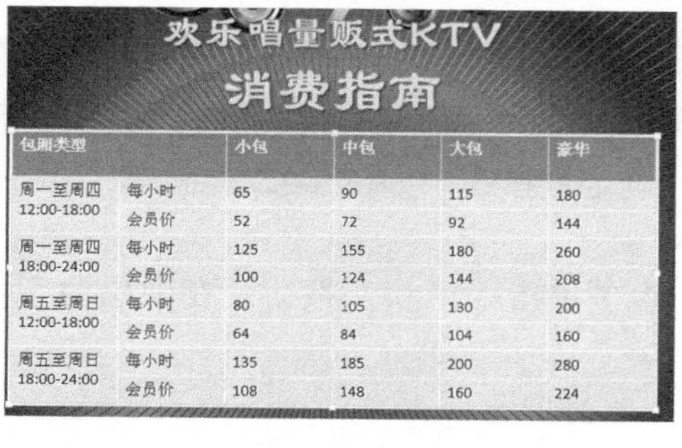

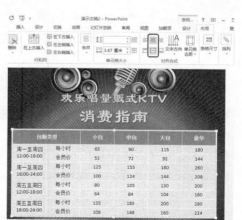

图 4-26　输入内容

图 4-27　设置对齐方式

step 27 选中第 14 行单元格，然后选择"开始"选项卡，在"字体"组中将字号设置为 12，如图 4-28 所示。

step 28 选中除第 1 行以外的所有单元格，在"字体"组中将字号设置为 10，效果如图 4-29 所示。

图 4-28　设置字号大小　　　　　图 4-29　设置其他文字字号大小

step 29 将光标置入第 1 行的第 1 个单元格中，选择"表格工具"下的"布局"选项卡，在"对齐方式"组中单击"右对齐"按钮▤和"顶端对齐"按钮▢，效果如图 4-30 所示。

step 30 在"对齐方式"组中单击"单元格边距"按钮，在弹出的下拉列表中选择"自定义边距"选项，如图 4-31 所示。

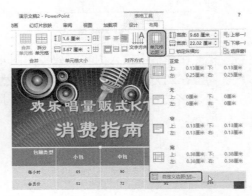

图 4-30　设置对齐方式　　　　　图 4-31　选择"自定义边距"选项

step 31 在弹出的"单元格文本布局"对话框中将"向左""向右""顶部"和"底部"选项都设置为"0.4 厘米"，单击"确定"按钮，如图 4-32 所示。

step 32 设置内边距后的效果如图 4-33 所示。

step 33 选择"开始"选项卡，在"绘图"组中单击"形状"按钮，在弹出的下拉列表框中选择"直线"选项，如图 4-34 所示。

step 34 第 1 个单元格中绘制直线，效果如图 4-35 所示。

图 4-32　设置内边距

图 4-33　设置内边距后的效果

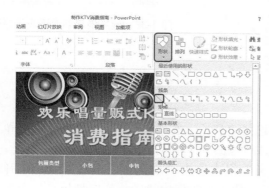

图 4-34　选择"直线"选项

图 4-35　绘制直线

step 35 选择"绘图工具"下的"格式"选项卡，在"形状样式"组中单击"形状轮廓"按钮，在弹出的下拉列表中选择"白色，背景1"选项，如图 4-36 所示。

step 36 选择"插入"选项卡，在"文本"组中单击"绘制横排文本框"按钮，在幻灯片中绘制文本框并输入文字，然后选中文本框，在"开始"选项卡的"字体"组中，将字号设置为 12，将字体颜色设置为白色，并单击"加粗"按钮 B，如图 4-37 所示。

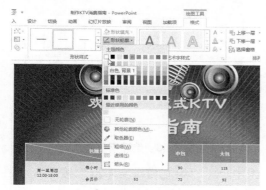

图 4-36　设置直线颜色

图 4-37　输入并设置文字

案例精讲 30　制作健身俱乐部课程表

📝 案例文件：CDROM\场景\Cha04\制作健身俱乐部课程表.pptx

💿 视频文件：视频教学\Cha04\制作健身俱乐部课程表.avi

制作概述

本例介绍健身俱乐部课程表的制作。首先输入标题，然后插入表格，并对插入的表格进行编辑，包括合并单元格、更改表格样式，设置单元格大小和向单元格中插入图片等。完成后的效果如图 4-38 所示。

图 4-38　健身俱乐部课程表效果图

学习目标

● 学习合并单元格的方法。

● 掌握向单元格中插入图片的方法。

操作步骤

制作健身俱乐部课程表的具体操作步骤如下。

step 01 按 Ctrl+N 键新建空白演示文稿，选择"开始"选项卡，在"幻灯片"组中单击"版式"按钮，在弹出的下拉列表中选择"空白"选项，如图 4-39 所示。

step 02 选择"设计"选项卡，在"自定义"组中单击"设置背景格式"按钮，弹出"设置背景格式"任务窗格，在"填充"选项组中选中"图片或纹理填充"单选按钮，然后单击"文件"按钮，弹出"插入图片"对话框，在该对话框中选中素材图片"健身俱乐部课程表背景.jpg"，单击"插入"按钮，即可将素材图片设置为幻灯片背景，如图 4-40 所示。

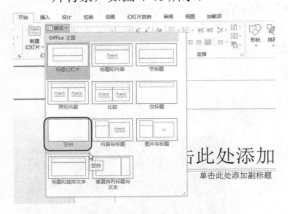

图 4-39　选择"空白"选项

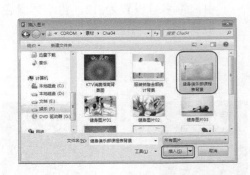

图 4-40　选择素材图片

step 03 选择"插入"选项卡，在"文本"组中单击"绘制横排文本框"按钮 ，在幻灯片中绘制文本框并输入文字，然后选择文本框，在"开始"选项卡的"字体"组中将字体设置为"汉仪行楷简"，将字号设置为 66，将字体颜色设置为"绿色，着色 6，深色 50%"，效果如图 4-41 所示。

step 04 选择"插入"选项卡，在"表格"组中单击"表格"按钮，在弹出的下拉列表中选中 9 列 7 行的网格，单击，即可在幻灯片中插入一个 7 行 9 列的表格，如图 4-42 所示。

图 4-41　输入并设置文字

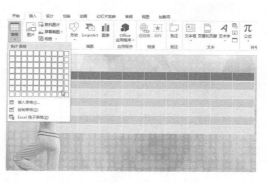

图 4-42　选择网格

step 05 选择"表格工具"下的"布局"选项卡，在"单元格大小"组中将"表格行高"设置为"1.7 厘米"，将"表格列宽"设置为"2.8 厘米"，如图 4-43 所示。

step 06 选择第 1 列中的所有单元格，在"单元格大小"组中将"表格列宽"设置为"2.51 厘米"，如图 4-44 所示。

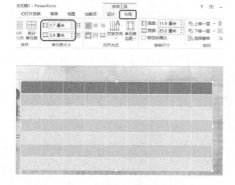

图 4-43　设置单元格大小

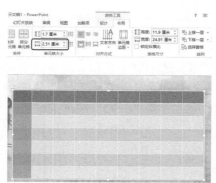

图 4-44　设置列宽

step 07 选中第 2 列中的所有单元格，在"单元格大小"组中将"表格列宽"设置为"3.3 厘米"，如图 4-45 所示。

step 08 在幻灯片中调整表格的位置，选中第 1 列中的第 2 个、第 3 个和第 4 个单元格，然后选择"表格工具"下的"布局"选项卡，在"合并"组中单击"合并单元格"按钮，即可将选中的单元格合并，如图 4-46 所示。

step 09 使用同样的方法，合并其他单元格，如图 4-47 所示。

step 10 在表格中输入内容，效果如图 4-48 所示。

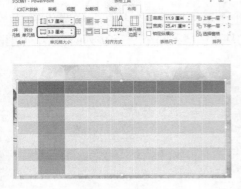

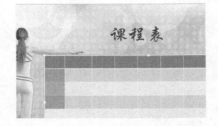

图 4-45　设置列宽　　　　　　　　图 4-46　单击"合并单元格"按钮

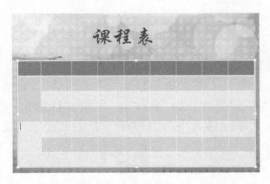

图 4-47　合并单元格　　　　　　　　图 4-48　输入内容

step 11　选中整个表格，选择"表格工具"下"布局"选项卡，在"对齐方式"组中单击"居中"按钮 ☰ 和"垂直居中"按钮 ☰，如图 4-49 所示。

step 12　选择"开始"选项卡，在"字体"组中将字号设置为 14，如图 4-50 所示。

图 4-49　设置对齐方式　　　　　　　　图 4-50　设置字号大小

step 13　选择"表格工具"下的"设计"选项卡，在"表格样式"组中单击"其他"按

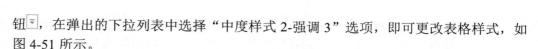

钮 ，在弹出的下拉列表中选择"中度样式 2-强调 3"选项，即可更改表格样式，如图 4-51 所示。

step 14 更改后的效果如图 4-52 所示。

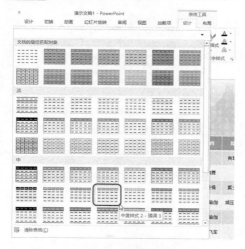

图 4-51 选择表格样式

图 4-52 更改表格样式

step 15 将光标置入第 2 行的第 4 个单元格中，选择"表格工具"下的"设计"选项卡，在"表格样式"组中单击"底纹"按钮 右侧的 按钮，在弹出的下拉列表中选择"图片"选项，如图 4-53 所示。

step 16 在弹出的对话框中单击"来自文件"选项，如图 4-54 所示。

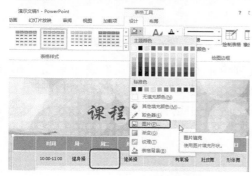

图 4-53 选择"图片"选项

图 4-54 单击"来自文件"选项

step 17 在弹出的"插入图片"对话框中选中素材图片"健身图片 01.jpg"，单击"插入"按钮，即可将选择的素材图片插入光标所在的单元格中，如图 4-55 所示。

step 18 使用同样的方法，在其他单元格中插入素材图片，效果如图 4-56 所示。

step 19 选择"插入"选项卡，在"文本"组中单击"绘制横排文本框"按钮 ，在幻灯片中绘制文本框并输入文字，然后选择文本框，在"开始"选项卡的"字体"组中将字体设置为"方正准圆简体"，将字号设置为 28，将字体颜色设置为"白色，背景 1，深色 50%"，效果如图 4-57 所示。

step 20　选择"开始"选项卡，在"绘图"组中单击"形状"按钮，在弹出的下拉列表中选择"直线"选项，然后在幻灯片中绘制直线，如图 4-58 所示。

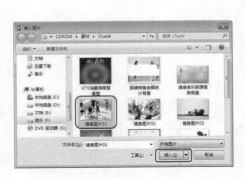

图 4-55　选择素材图片

图 4-56　在单元格中插入素材图片

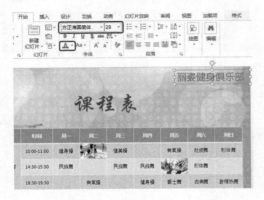

图 4-57　输入并设置文字

图 4-58　绘制直线

step 21　选择"绘图工具"下的"格式"选项卡，在"形状样式"组中单击"形状轮廓"按钮，在弹出的下拉列表中选择"绿色，着色 6"选项，如图 4-59 所示。

step 22　单击"形状轮廓"按钮，在弹出的下拉列表中选择"粗细"|"2.25 磅"选项，如图 4-60 所示。

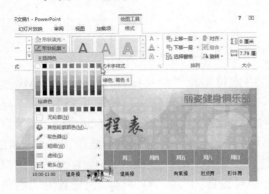

图 4-59　填充颜色

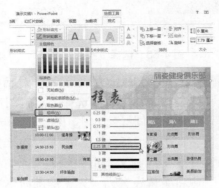

图 4-60　设置直线粗细

案例精讲 31　制作精品特惠房源表

案例文件：CDROM\场景\Cha04\制作精品特惠房源表.pptx

视频文件：视频教学\Cha04\制作精品特惠房源表.avi

制作概述

本例介绍精品特惠房源表的制作。首先输入标题，然后插入表格并更改表格颜色，最后输入内容。完成后的效果如图 4-61 所示。

图 4-61　精品特惠房源表效果图

学习目标

● 学习更改文字颜色的方法。

● 掌握更改单元格颜色的方法。

操作步骤

制作精品特惠房源表的具体操作步骤如下。

step 01　按 Ctrl+N 键新建空白演示文稿，选择"开始"选项卡，在"幻灯片"组中单击"版式"按钮，在弹出的下拉列表中选择"空白"选项，如图 4-62 所示。

step 02　选择"设计"选项卡，在"自定义"组中单击"幻灯片大小"按钮，在弹出的下拉列表中选择"自定义幻灯片大小"选项。在弹出的"幻灯片大小"对话框中将"宽度"设置为"28 厘米"，将"高度"设置为"19 厘米"，单击"确定"按钮，如图 4-63 所示。

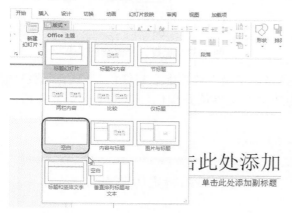

图 4-62　选择"空白"选项

图 4-63　设置幻灯片大小

step 03　在弹出的对话框中单击"最大化"按钮，如图 4-64 所示。

step 04　在"自定义"组中单击"设置背景格式"按钮，弹出"设置背景格式"任务窗格，在"填充"选项组中选中"图片或纹理填充"单选按钮，然后单击"文件"按钮，弹出"插入图片"对话框。在该对话框中选中素材图片"精品特惠房源表背景.jpg"，即可将素材图片设置为素材图片，单击"插入"按钮，如图 4-65 所示。

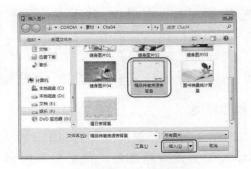

图 4-64　单击"最大化"按钮　　　　　　　图 4-65　选择素材图片

step 05　选择"插入"选项卡，在"文本"组中单击"绘制横排文本框"按钮，在幻灯片中绘制文本框并输入文字，然后选中文本框，在"开始"选项卡的"字体"组中将字体设置为"方正大标宋简体"，将字号设置为 45，效果如图 4-66 所示。

step 06　在"字体"组中单击"字体颜色"按钮右侧的 按钮，在弹出的下拉列表中选择"其他颜色"选项，如图 4-67 所示。

图 4-66　输入并设置文字　　　　　　　　图 4-67　选择"其他颜色"选项

step 07　在弹出的"颜色"对话框中选择"自定义"选项卡，将红色、绿色和蓝色的值分别设置为 125、112、0，即可为选中的文字填充颜色，单击"确定"按钮，如图 4-68 所示。

step 08　填充完颜色的文字的效果如图 4-69 所示。

图 4-68　设置颜色　　　　　　　　　　　图 4-69　填充颜色

step 09 选择"插入"选项卡,在"表格"组中单击"表格"按钮,在弹出的下拉列表中选择"插入表格"选项,弹出"插入表格"对话框,将列数设置为 6,将行数设置为 11,单击"确定"按钮,即可在幻灯片中插入一个 11 行 6 列的表格,如图 4-70 所示。

step 10 插入表格后的效果如图 4-71 所示。

图 4-70 设置列数和行数

图 4-71 插入的表格

step 11 选择"表格工具"下的"布局"选项卡,在"单元格大小"组中将"表格行高"设置为"1.03 厘米",将"表格列宽"设置为"3.95 厘米",并在幻灯片中调整表格位置,效果如图 4-72 所示。

step 12 选中第 1 行中的所有单元格,然后选择"表格工具"下的"设计"选项卡,在"表格样式"组中单击"底纹"按钮 ![]右侧的 按钮,在弹出的下拉列表中选择"其他填充颜色"选项,如图 4-73 所示。

图 4-72 设置单元格大小

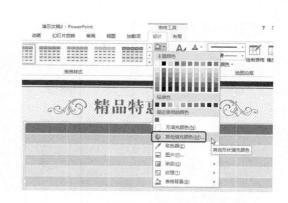

图 4-73 选择"其他填充颜色"选项

step 13 在弹出的"颜色"对话框中选择"自定义"选项卡,将红色、绿色和蓝色的值分别设置为 0、56、63,单击"确定"按钮,即可为选中的单元格填充颜色,如图 4-74 所示。

step 14 填充完颜色后的单元格的效果如图 4-75 所示。

step 15 在表格中输入内容,效果如图 4-76 所示。

step 16 选中如图 4-77 所示的文字"2",然后选择"开始"选项卡,在"字体"组中单击 按钮。

图 4-74　设置颜色

图 4-75　填充颜色

图 4-76　输入内容

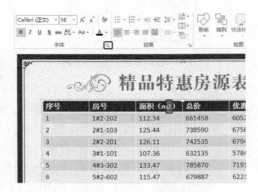

图 4-77　选择文字

step 17　在弹出的"字体"对话框中，在"效果"选项组中选中"上标"复选框，单击
　　　　"确定"按钮，如图 4-78 所示。

step 18　上标命令执行完成后的文字效果如图 4-79 所示。

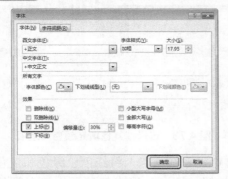

图 4-78　选中"上标"复选框

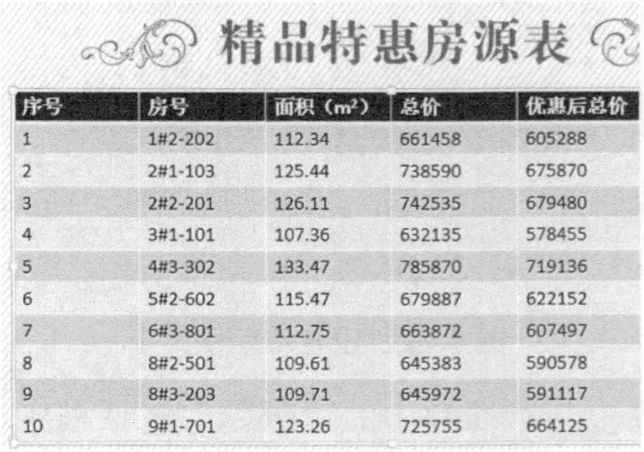

序号	房号	面积（m²）	总价	优惠后总价
1	1#2-202	112.34	661458	605288
2	2#1-103	125.44	738590	675870
3	2#2-201	126.11	742535	679480
4	3#1-101	107.36	632135	578455
5	4#3-302	133.47	785870	719136
6	5#2-602	115.47	679887	622152
7	6#3-801	112.75	663872	607497
8	8#2-501	109.61	645383	590578
9	8#3-203	109.71	645972	591117
10	9#1-701	123.26	725755	664125

图 4-79　执行上标命令后的文字效果

step 19　选中整个表格，在"字体"组中将字号设置为 16，效果如图 4-80 所示。

step 20　选中第 5 列中除第 1 个以外的所有单元格，在"字体"组中单击"字体颜色"
　　　　按钮右侧的 按钮，在弹出的下拉列表中选择深青色，如图 4-81 所示。

step 21　选中第 6 列中除第 1 个以外的所有单元格，在"字体"组中单击"字体颜色"

按钮右侧的 按钮，在弹出的下拉列表中选择红色，如图 4-82 所示。

step 22 选中整个表格，然后选择"表格工具"下的"布局"选项卡，在"对齐方式"组中单击"居中"按钮 和"垂直居中"按钮 按钮，如图 4-83 所示。

图 4-80　设置字号大小

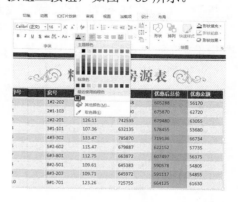

图 4-81　更改文字颜色

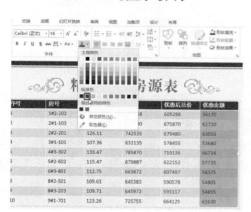

图 4-82　更改文字颜色

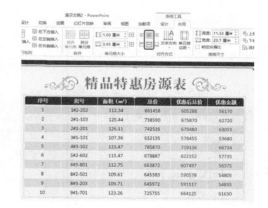

图 4-83　设置对齐方式

案例精讲 32　制作收据单

案例文件：CDROM\场景\Cha04\制作收据单.pptx

视频文件：视频教学\Cha04\制作收据单.avi

制作概述

本例介绍收据单的制作。首先输入公司信息，然后插入表格，并对表格进行设置，包括合并单元格、绘制表格、设置单元格大小等。完成后的效果如图 4-84 所示。

图 4-84　收据单效果图

学习目标

- 学习设置单元格大小的方法。
- 掌握绘制表格的方法。

操作步骤

制作收据单的具体操作步骤如下。

step 01 ▶ 按 Ctrl+N 键新建空白演示文稿，选择"开始"选项卡，在"幻灯片"组中单击"版式"按钮，在弹出的下拉列表中选择"空白"选项，如图 4-85 所示。

step 02 ▶ 选择"设计"选项卡，在"自定义"组中单击"幻灯片大小"按钮，在弹出的下拉列表中选择"自定义幻灯片大小"选项，弹出"幻灯片大小"对话框，将"宽度"设置为"20 厘米"，将"高度"设置为"14 厘米"，单击"确定"按钮，如图 4-86 所示。

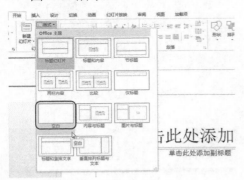

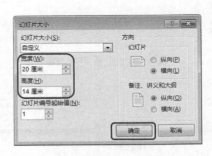

图 4-85　选择"空白"选项　　　　　　　　图 4-86　设置幻灯片大小

step 03 ▶ 在弹出的对话框中单击"最大化"按钮，如图 4-87 所示。

step 04 ▶ 在"自定义"组中单击"设置背景格式"按钮，弹出"设置背景格式"任务窗格，单击"颜色"右侧的 ⬠▾ 按钮，在弹出的下拉列表中选择"其他颜色"选项，如图 4-88 所示。

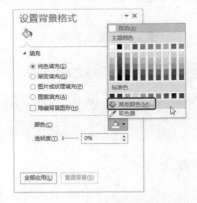

图 4-87　单击"最大化"按钮　　　　　　　图 4-88　选择"其他颜色"选项

step 05 ▶ 在弹出的"颜色"对话框中选择"自定义"选项卡，将红色、绿色和蓝色的值分别设置为 254、204、231，单击"确定"按钮，即可为幻灯片填充该颜色，如图 4-89 所示。

step 06 ▶ 选择"插入"选项卡，在"文本"组中单击"绘制横排文本框"按钮，在幻灯片中绘制文本框并输入文字，然后选中文本框，在"开始"选项卡的"字体"组中将字体设置为"方正小标宋简体"，将字号设置为 28.4，效果如图 4-90 所示。

图 4-89　设置颜色

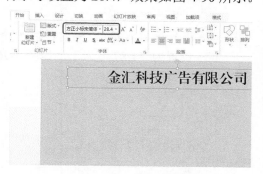

图 4-90　输入并设置文字

step 07　使用同样的方法，继续在文本框中输入文字，并对输入的文字进行设置，效果如图 4-91 所示。

step 08　选择"插入"选项卡，在"表格"组中单击"表格"按钮，在弹出的下拉列表中选择"插入表格"选项，如图 4-92 所示。

图 4-91　输入其他文字

图 4-92　选择"插入表格"选项

step 09　在弹出的"插入表格"对话框中将"列数"设置为 6，将"行数"设置为 10，单击"确定"按钮，即可在幻灯片中插入一个 10 行 6 列的表格，如图 4-93 所示。

step 10　插入表格后的效果如图 4-94 所示。

图 4-93　设置列数和行数

图 4-94　插入的表格

step 11 在幻灯片中选中如图 4-95 所示的单元格，然后选择"表格工具"下的"布局"选项卡，在"单元格大小"组中将"表格行高"设置为"0.86 厘米"，将"表格列宽"设置为"3.2 厘米"。

step 12 将光标置入第 1 列的最后一个单元格中，在"单元格大小"组中将"表格行高"设置为"1.87 厘米"，如图 4-96 所示。

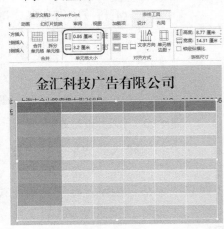

图 4-95　设置单元格大小

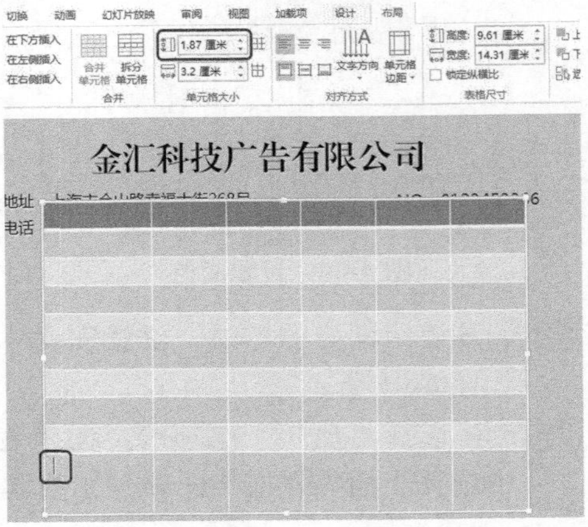

图 4-96　设置单元格行高

step 13 将光标置入第 1 行的第 2 个单元格中，在"单元格大小"组中将"表格列宽"设置为"5.66 厘米"，如图 4-97 所示。

step 14 将光标置入第 1 行的第 3 个单元格中，在"单元格大小"组中将"表格列宽"设置为"2.02 厘米"，如图 4-98 所示。

图 4-97　设置第 2 列单元格宽度

图 4-98　设置第 3 列单元格宽度

step 15 选择第 1 行中的第 4 列和第 5 列单元格，在"单元格大小"组中将"表格列宽"设置为"1.87 厘米"，如图 4-99 所示。

step 16 将光标置入第 1 行的第 6 列单元格中，在"单元格大小"组中将"表格列宽"设置为"4.21 厘米"，并在幻灯片中调整表格位置，效果如图 4-100 所示。

图 4-99 设置第 4 列、第 5 列单元格宽度

图 4-100 设置第 6 列单元格宽度

step 17 选中第 1 行中的第 2 个和第 3 个单元格，然后选择"表格工具"下的"布局"
选项卡，在"合并"组中单击"合并单元格"按钮，即可将选择的单元格合并，如
图 4-101 所示。

step 18 使用同样的方法，合并其他单元格，效果如图 4-102 所示。

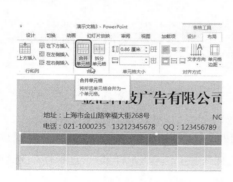

图 4-101 单击"合并单元格"按钮

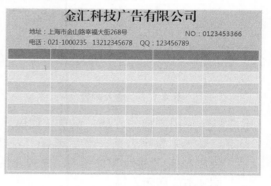

图 4-102 合并单元格后效果

step 19 选择"表格工具"下的"设计"选项卡，在"绘图边框"组中单击"绘制表
格"按钮，如图 4-103 所示。

step 20 此时鼠标指针变成 样式，在第 1 行的第 3 个单元格和第 2 行的第 2 个单元格
中绘制垂直直线，如图 4-104 所示。

 将光标置入绘制的直线上，当鼠标指针变成 样式时，单击并拖动鼠标，即
可更改单元格的宽度，而不改变整个表格的宽度。

step 21 表格绘制完成后按 Esc 键即可退出，然后在表格中输入内容，效果如图 4-105
所示。

step 22 将光标置入第 1 行的第 1 个单元格中，然后选择"表格工具"下的"布局"选
项卡，在"对齐方式"组中单击"居中"按钮，如图 4-106 所示。

图 4-103　单击"绘制表格"按钮

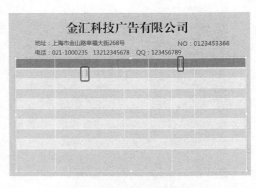

图 4-104　绘制垂直直线

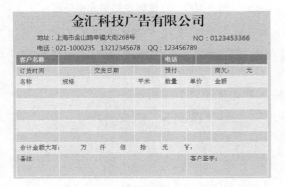

图 4-105　输入内容

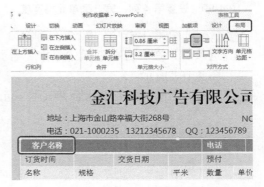

图 4-106　设置对齐方式

step 23 使用同样的方法，设置其他单元格的对齐方式，效果如图 4-107 所示。

step 24 选中整个表格，然后选择"表格工具"下的"设计"选项卡，在"表格样式"组中单击"其他"按钮，在弹出的下拉列表中选中"无样式，无网格"选项，如图 4-108 所示。

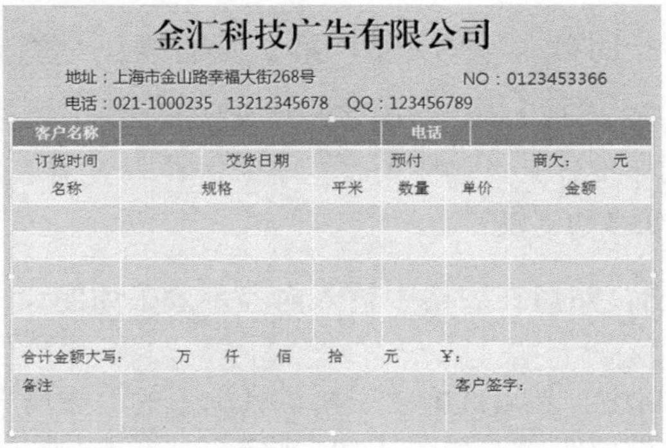

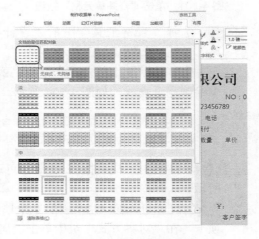

图 4-107　设置单元格对齐方式

图 4-108　选择表格样式

step 25 在"绘图边框"组中单击"笔颜色"按钮，在弹出的下拉列表中选择"黑色，文字 1"选项，如图 4-109 所示。

step 26 在"表格样式"组中单击"无框线"按钮 右侧的 按钮，在弹出的下拉列表中选择"所有框线"选项，如图 4-110 所示。

图 4-109 设置笔颜色

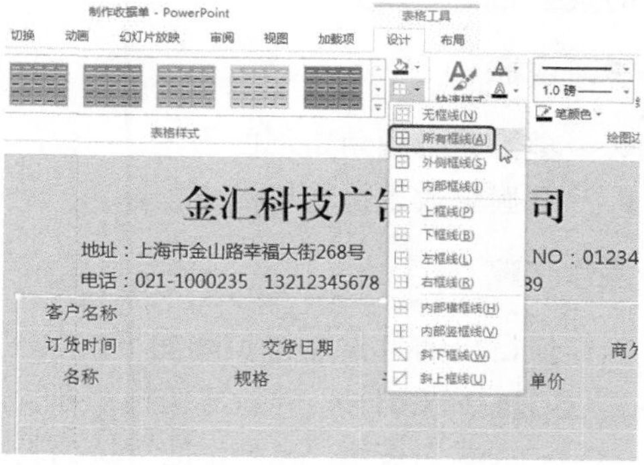

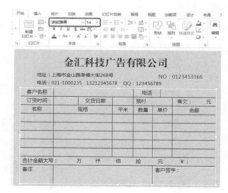

图 4-110 选择"所有框线"选项

step 27 添加线框后的效果如图 4-111 所示。

step 28 选择"开始"选项卡，在"字体"组中将字体设置为"微软雅黑"，将字号设置为 14，如图 4-112 所示。

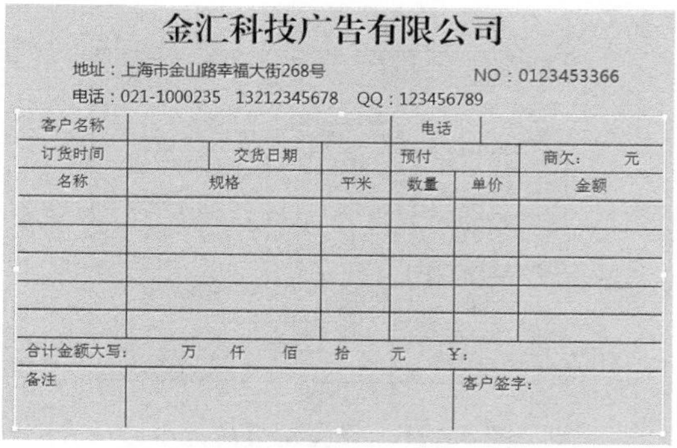

图 4-111 添加线框后的效果

图 4-112 设置文字

知识链接

收据是企事业单位在经济活动中使用的原始凭证，主要是指财政部门印制的盖有财政票据监制章的收付款凭证，用于行政事业性收入，即非应税业务。

案例精讲 33 制作值日表

案例文件：CDROM\场景\Cha04\制作值日表.pptx

视频文件：视频教学\Cha04\制作值日表.avi

制作概述

本例介绍值日表的制作。该例主要是绘制各种形状，然后对绘制的形状进行编辑，最后插入表格，对表格边框进行设置。完成后的效果如图 4-113 所示。

图 4-113　值日表效果图

学习目标

● 学习编辑圆角矩形的方法。

● 掌握更改表格边框的方法。

操作步骤

制作值日表的具体操作步骤如下。

step 01　按 Ctrl+N 键新建空白演示文稿，选择"开始"选项卡，在"幻灯片"组中单击"版式"按钮，在弹出的下拉列表中选择"空白"选项，如图 4-114 所示。

step 02　选择"设计"选项卡，在"自定义"组中单击"幻灯片大小"按钮，在弹出的下拉列表中选择"自定义幻灯片大小"选项，弹出"幻灯片大小"对话框，将"宽度"设置为"35.5 厘米"，将"高度"设置为"26 厘米"，单击"确定"按钮，如图 4-115 所示。

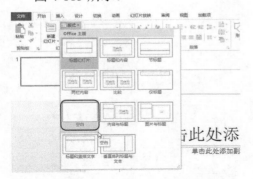

图 4-114　选择"空白"选项

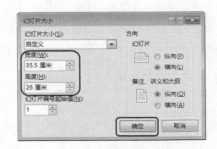

图 4-115　设置幻灯片大小

step 03　在弹出的对话框中单击"最大化"按钮，如图 4-116 所示。

step 04　在"自定义"组中单击"设置背景格式"按钮，弹出"设置背景格式"任务窗格，在"填充"选项组中选中"图片或纹理填充"单选按钮，然后单击"文件"按钮，弹出"插入图片"对话框。在该对话框中选中素材图片"值日表背景.jpg"，单击"插入"按钮，即可将幻灯片背景设置为素材图片，如图 4-117 所示。

step 05　选择"开始"选项卡，在"绘图"组中单击"形状"按钮，在弹出的下拉列表中选择"圆角矩形"选项，如图 4-118 所示。

step 06　在幻灯片中绘制圆角矩形，效果如图 4-119 所示。

step 07　选择"绘图工具"下的"格式"选项卡，在"插入形状"组中单击"编辑形状"按钮，在弹出的下拉列表中选择"编辑顶点"选项，如图 4-120 所示。

step 08　在幻灯片中调整圆角矩形的顶点，效果如图 4-121 所示。

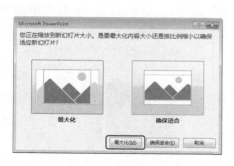

图 4-116　单击"最大化"按钮

图 4-117　选择素材图片

图 4-118　选择"圆角矩形"选项

图 4-119　绘制圆角矩形

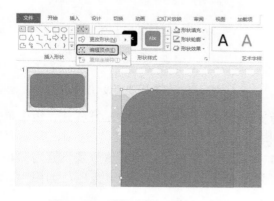

图 4-120　选择"编辑顶点"选项

图 4-121　编辑顶点

step 09 调整完成后，按 Esc 键即可退出。在"形状样式"组中单击"形状填充"按钮，在弹出的下拉列表中选择"其他填充颜色"选项，如图 4-122 所示。

step 10 在弹出的"颜色"对话框中，选择"自定义"选项卡，将红色、绿色和蓝色的值分别设置为 213、167、112，即可为绘制的形状填充该颜色，单击"确定"按钮，如图 4-123 所示。

step 11 在"形状样式"组中单击"形状轮廓"按钮，在弹出的下拉列表中选择"无轮廓"选项,如图 4-124 所示。

step 12 在"形状样式"组中单击"形状效果"按钮,在弹出的下拉列表中选择"预设"|"预设 3"选项,如图 4-125 所示。

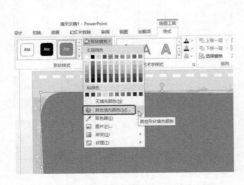

图 4-122 选择"其他填充颜色"选项

图 4-123 设置颜色

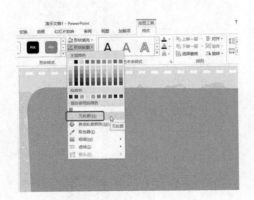

图 4-124 选择"无轮廓"选项

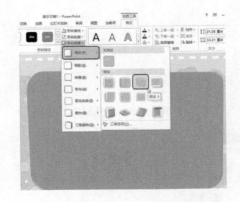

图 4-125 选择"预设 3"选项

step 13 按 Ctrl+D 键复制圆角矩形,选择复制后的圆角矩形,在"形状样式"组中单击"形状填充"按钮,在弹出的下拉列表中选择"其他填充颜色"选项,弹出"颜色"对话框,选择"自定义"选项卡,将红色、绿色和蓝色的值分别设置为 240、217、157,单击"确定"按钮,即可为复制的圆角矩形填充该颜色,如图 4-126 所示。

step 14 在幻灯片中调整复制的圆角矩形的大小和位置,效果如图 4-127 所示。

step 15 确定复制后的圆角矩形处于选中状态,在"形状样式"组中单击"形状效果"按钮,在弹出的下拉列表中选择"预设"|"无"选项,如图 4-128 所示。

step 16 选择"开始"选项卡,在"绘图"组中单击"形状"按钮,在弹出的下拉列表中选择"上凸弯带形"选项,如图 4-129 所示。

step 17 在幻灯片中绘制形状,效果如图 4-130 所示。

step 18 绘制形状后,在幻灯片中调整形状的调节点,效果如图 4-131 所示。

图 4-126　设置颜色

图 4-127　调整圆角矩形

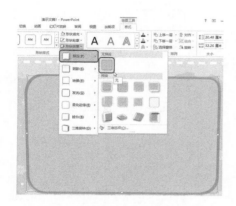

图 4-128　取消形状效果

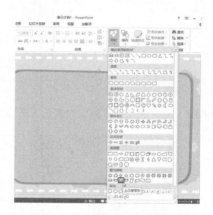

图 4-129　选择"上凸弯带形"选项

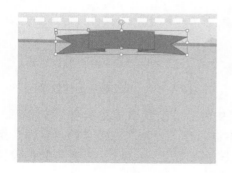

图 4-130　绘制形状

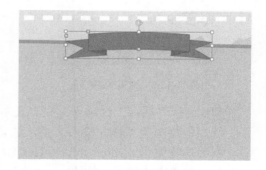

图 4-131　调整形状

step 19　选择"绘图工具"下的"格式"选项卡，在"形状样式"组中单击"形状填充"按钮，在弹出的下拉列表中选择"其他填充颜色"选项，如图 4-132 所示。

step 20　在弹出的"颜色"对话框中选择"自定义"选项卡，将红色、绿色和蓝色的值分别设置为 165、226、77，单击"确定"按钮，即可为绘制的形状填充颜色，如图 4-133 所示。

step 21 在"形状样式"组中单击"形状轮廓"按钮,在弹出的下拉列表中选择"其他轮廓颜色"选项,弹出"颜色"对话框,选择"自定义"选项卡,将红色、绿色和蓝色的值分别设置为 58、138、71,单击"确定"按钮,即可为绘制的形状填充轮廓颜色,如图 4-134 所示。

step 22 填充颜色后的效果如图 4-135 所示。

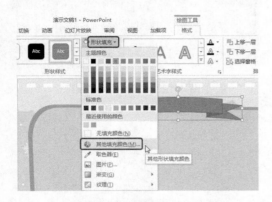

图 4-132 选择"其他填充颜色"选项

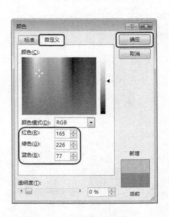

图 4-133 设置颜色

图 4-134 设置轮廓颜色

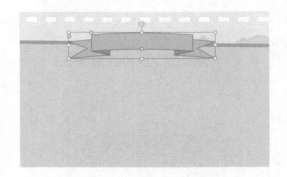

图 4-135 填充颜色后的效果

step 23 选择"插入"选项卡,在"文本"组中单击"绘制横排文本框"按钮 ,在幻灯片中绘制文本框并输入文字,选中文本框。在"开始"选项卡的"字体"组中,将字体设置为"Microsoft YaHei UI",将字号设置为 29.3,将字体颜色设置为白色,并单击"加粗"按钮 B ,如图 4-136 所示。

step 24 选择"绘图工具"下的"格式"选项卡,在"艺术字样式"组中单击"文本轮廓"按钮右侧的 ,在弹出的下拉列表中选择"灰色-50%,着色 3,深色 50%"选项,即可为文本轮廓填充该颜色,效果如图 4-137 所示。

step 25 选择"开始"选项卡,在"绘图"组中单击"形状"按钮,在弹出的下拉列表框中选择"圆角矩形"选项,如图 4-138 所示。

step 26 在幻灯片中绘制圆角矩形,效果如图 4-139 所示。

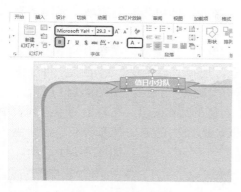

图 4-136 输入并设置文字

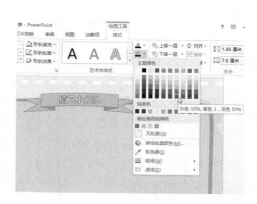

图 4-137 设置轮廓颜色

图 4-138 选择"圆角矩形"选项

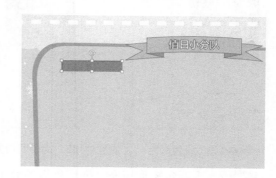

图 4-139 绘制圆角矩形

step 27 选择"绘图工具"下"格式"选项卡,在"形状样式"组中单击 按钮,弹出"设置形状格式"任务窗格,在"填充"选项组中选中"渐变填充"单选按钮,将74%位置上的渐变光圈删除,将83%位置上的渐变光圈移动至50%位置上,如图4-140所示。

step 28 选择左侧渐变光圈,然后单击"颜色"右侧的 按钮,在弹出的下拉列表中选择"其他颜色"选项,如图4-141所示。

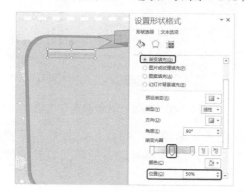

图 4-140 调整渐变光圈

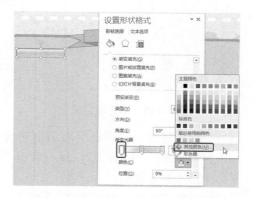

图 4-141 选择"其他颜色"选项

step 29 在弹出的"颜色"对话框中选择"自定义"选项卡,将红色、绿色和蓝色的值分别设置为 255、199、70，单击"确定"按钮，即可为左侧的渐变光圈填充颜色，如图 4-142 所示。

step 30 选择中间的渐变光圈，单击"颜色"右侧的 ⬜▾ 按钮，在弹出的下拉列表中选择"其他颜色"选项，弹出"颜色"对话框，选择"自定义"选项卡，将红色、绿色和蓝色的值分别设置为 255、198、0，单击"确定"按钮，如图 4-143 所示。

step 31 选择右侧渐变光圈，并单击"颜色"右侧的 ⬜▾ 按钮，在弹出的下拉列表中选择"其他颜色"选项，弹出"颜色"对话框。选择"自定义"选项卡，将红色、绿色和蓝色的值分别设置为 229、182、0，单击"确定"按钮，如图 4-144 所示。

图 4-142　设置颜色　　图 4-143　为中间渐变光圈设置颜色　　图 4-144　为右侧渐变光圈设置颜色

step 32 为圆角矩形填充渐变颜色后的效果如图 4-145 所示。

step 33 在"线条"选项组中单击"颜色"右侧的 ⬜▾ 按钮，在弹出的下拉列表中选择"其他颜色"选项，如图 4-146 所示。

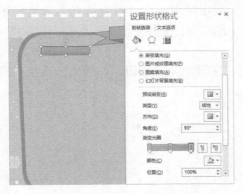 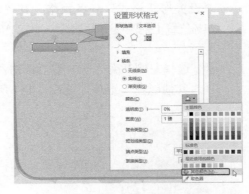

图 4-145　填充渐变颜色　　　　　　图 4-146　选择"其他颜色"选项

step 34 在弹出的"颜色"对话框中选择"自定义"选项卡，将红色、绿色和蓝色的值分别设置为 146、93、38，单击"确定"按钮，即可为圆角矩形填充该轮廓颜色，如图 4-147 所示。

step 35 将"宽度"设置为"0.5 磅"，效果如图 4-148 所示。

图 4-147　设置颜色

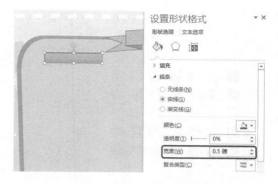

图 4-148　设置轮廓颜色

step 36　选择"开始"选项卡，在"绘图"组中单击"形状"按钮，在弹出的下拉列表中选择"笑脸"选项，如图 4-149 所示。

step 37　在幻灯片中插入笑脸，如图 4-150 所示。

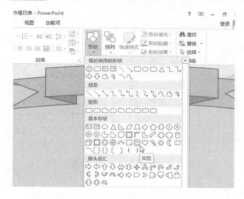

图 4-149　选择"笑脸"选项

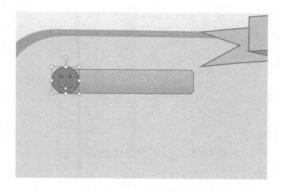

图 4-150　插入笑脸

step 38　选择"绘图工具"下的"格式"选项卡，在"形状样式"组中单击"其他"按钮　，在弹出的下拉列表中选择"浅色 1 轮廓，彩色填充-绿色，强调颜色 6"选项，即可为绘制的笑脸应用该样式，如图 4-151 所示。

step 39　在"形状样式"组中单击"形状填充"按钮，在弹出的下拉列表中选择"浅绿"选项，效果如图 4-152 所示。

step 40　在"形状样式"组中单击"形状效果"按钮，在弹出的下拉列表中选择"预设"|"三维选项"选项，如图 4-153 所示。

step 41　弹出"设置形状格式"任务窗格，在"三维格式"选项组中，将"顶部棱台"的"宽度"和"高度"均设置为"5 磅"，将"曲面图"的颜色设置为白色，将"大小"设置为"3.5 磅"，如图 4-154 所示。

step 42　单击"材料"按钮，在弹出的下拉列表中选择"亚光效果"选项，如图 4-155 所示。

step 43　单击"照明"按钮，在弹出的下拉列表中选择"柔和"选项，如图 4-156 所示。

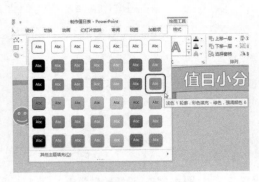

图 4-151　选择形状样式

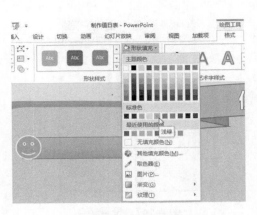

图 4-152　更改填充颜色

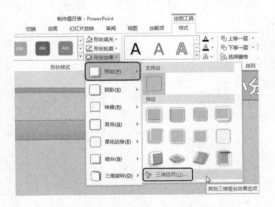

图 4-153　选择"三维选项"选项

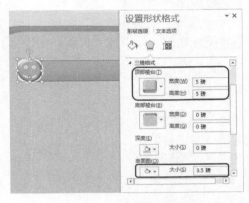

图 4-154　设置参数

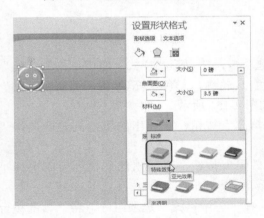

图 4-155　选择"亚光效果"选项

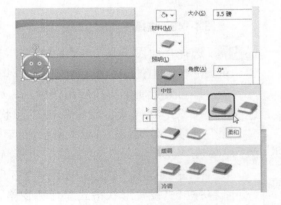

图 4-156　选择"柔和"选项

step 44　在"阴影"选项组中将阴影的颜色设置为黑色，将模糊设置为"8.5 磅"，将距离设置为"1 磅"，如图 4-157 所示。

step 45　选择"开始"选项卡，在"绘图"组中单击"形状"按钮，在弹出的下拉列表中选择"圆角矩形"选项，然后在幻灯片中绘制圆角矩形，如图 4-158 所示。

图 4-157　设置阴影

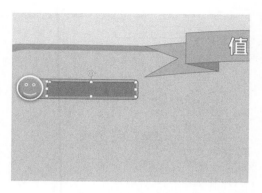

图 4-158　绘制圆角矩形

step 46 选择"绘图工具"下的"格式"选项卡，在"形状样式"组中单击"形状填充"按钮，在弹出的下拉列表中选择"褐色"选项，如图 4-159 所示。

step 47 在"形状样式"组中单击"形状轮廓"按钮，在弹出的下拉列表中选择"无轮廓"选项，如图 4-160 所示。

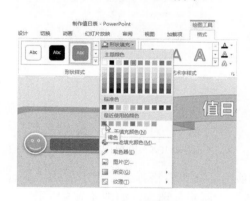

图 4-159　设置填充颜色

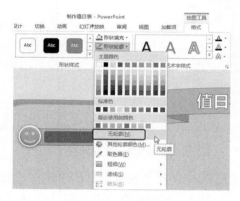

图 4-160　取消轮廓填充

step 48 选择"插入"选项卡，在"文本"组中单击"绘制横排文本框"按钮，在幻灯片中绘制文本框并输入文字，选中文本框，在"开始"选项卡的"字体"组中将字体设置为"Microsoft YaHei UI"，将字号设置为 18.3，将字体颜色设置为白色，并单击"加粗"按钮，如图 4-161 所示。

step 49 结合前面介绍的方法，继续绘制图形并输入文字，效果如图 4-162 所示。

step 50 选择"插入"选项卡，在"表格"组中单击"表格"按钮，在弹出的下拉列表中选中 4 列 5 行的网格，如图 4-163 所示。

step 51 单击，即可在幻灯片中插入一个 5 行 4 列的表格。选择"表格工具"下"布局"选项卡，在"单元格大小"组中将"表格行高"设置为"3.3 厘米"，将"表格列宽"设置为"7.03 厘米"，并在幻灯片中调整表格的位置，效果如图 4-164 所示。

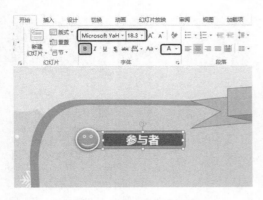

图 4-161　输入并设置文字

图 4-162　绘制图形并输入文字

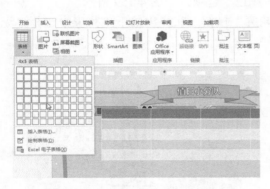

图 4-163　选择网格

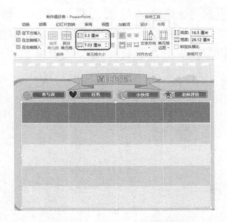

图 4-164　设置行高和列宽

step 52　选择"表格工具"下的"设计"选项卡，在"表格样式"组中单击"其他"按钮▼，在弹出的下拉列表中选择"无样式，无网格"选项，如图 4-165 所示。

step 53　在"绘图边框"组中单击"笔样式"右侧的▾按钮，在弹出的下拉列表中选中最后一项，如图 4-166 所示。

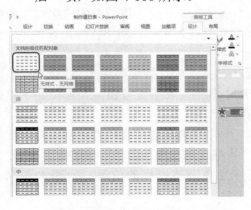

图 4-165　选择表格样式

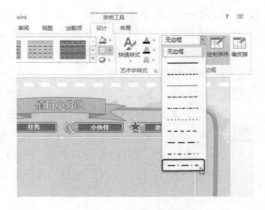

图 4-166　设置笔样式

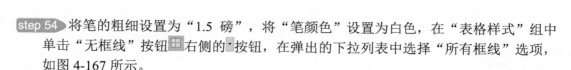

step 54 将笔的粗细设置为"1.5 磅",将"笔颜色"设置为白色,在"表格样式"组中单击"无框线"按钮![icon]右侧的![icon]按钮,在弹出的下拉列表中选择"所有框线"选项,如图 4-167 所示。

step 55 添加线框后的效果如图 4-168 所示。

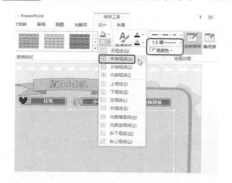

图 4-167 选择"所有框线"选项

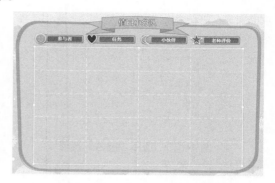

图 4-168 添加线框后的效果

案例精讲 34 制作广告公司收入统计表

> 案例文件:CDROM\场景\Cha04\制作广告公司收入统计表.pptx
> 视频文件:视频教学\Cha04\制作广告公司收入统计表.avi

制作概述

本例介绍广告公司收入统计表的制作。首先收入公司标题,然后插入三维簇状柱形图,并对柱形图的布局、颜色和图表元素等进行设置。完成后的效果如图 4-169 所示。

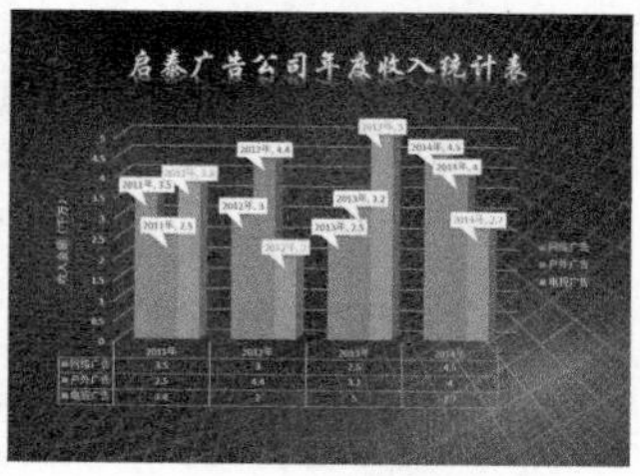

图 4-169 广告公司收入
统计表效果图

学习目标

- 学习插入三维簇状柱形图的方法。
- 掌握添加图表元素的方法。

操作步骤

制作广告公司收入统计表的具体操作步骤如下。

step 01 按 Ctrl+N 键新建空白演示文稿,选择"开始"选项卡,在"幻灯片"组中单击"版式"按钮,在弹出的下拉列表中选择"空白"选项,如图 4-170 所示。

step 02 选择"设计"选项卡,在"自定义"组中单击"幻灯片大小"按钮,在弹出的下拉列表中选择"标准(4:3)"选项,如图 4-171 所示。

step 03 在弹出的对话框中单击"最大化"按钮,如图 4-172 所示。

step 04 在"自定义"组中单击"设置背景格式"按钮,弹出"设置背景格式"任务窗格,在"填充"选项组中选中"图片或纹理填充"单选按钮,然后单击"文件"按钮,弹出"插入图片"对话框。在该对话框中选中素材图片"收入统计表背景图.jpg"，单击"插入"按钮，即可将幻灯片背景设置为素材图片，如图 4-173 所示。

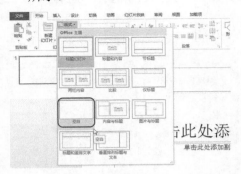

图 4-170 选择"空白"选项

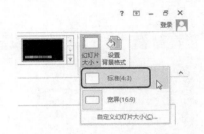

图 4-171 选择"标准(4:3)"选项

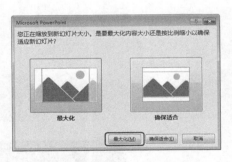

图 4-172 单击"最大化"按钮

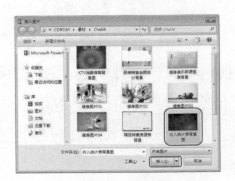

图 4-173 选择素材图片

step 05 选择"插入"选项卡，在"文本"组中单击"绘制横排文本框"按钮，在幻灯片中绘制文本框并输入文字，选中文本框，在"开始"选项卡的"字体"组中将字体设置为"方正行楷简体"，将字号设置为 36，将字体颜色设置为黄色，如图 4-174 所示。

step 06 选择"绘图工具"下的"格式"选项卡，在"艺术字样式"组中单击"文字效果"按钮，在弹出的下拉列表中选择"映像"|"紧密映像，接触"选项，如图 4-175 所示。

图 4-174 输入并设置文字

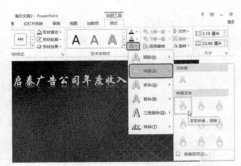

图 4-175 添加映像效果

step 07 选择"插入"选项卡,在"插图"组中单击"图表"按钮,如图 4-176 所示。

step 08 弹出"插入图表"对话框,在左侧列表中选择"柱形图"选项,然后选中"三维簇状柱形图"选项,单击"确定"按钮,即可在幻灯片中插入三维簇状柱形图,如图 4-177 所示。

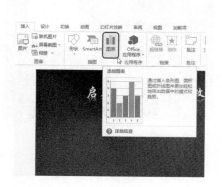

图 4-176 单击"图表"按钮

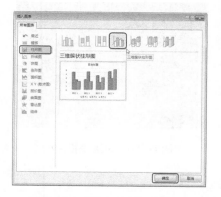

图 4-177 选择柱形图

step 09 插入三维簇状柱形图的效果如图 4-178 所示。

step 10 在弹出的 Excel 界面中输入内容,如图 4-179 所示。

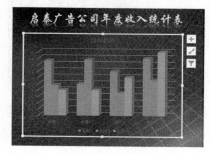

图 4-178 插入的柱形图

图 4-179 输入内容

step 11 输入完成后,在 Excel 界面中单击"关闭"按钮 × 即可。确认插入的图表处于选中状态,选择"图表工具"下的"格式"选项卡,在"大小"组中将"形状高度"设置为"12.57 厘米",将"形状宽度"设置为"22.86 厘米",并在幻灯片中调整表格位置,如图 4-180 所示。

step 12 在"艺术字样式"组中单击"文本填充"按钮右侧的 ,在弹出的下拉列表中选择"白色,背景 1"选项,如图 4-181 所示。

step 13 选择"图表工具"下的"设计"选项卡,在"图表布局"组中单击"快速布局"按钮,在弹出的下拉列表中选择"布局 10"选项,如图 4-182 所示。

step 14 在"图表布局"组中单击"添加图表元素"按钮,在弹出的下拉列表中选择"轴坐标"|"主要纵坐标轴"选项,如图 4-183 所示。

step 15 单击"添加图表元素"按钮,在弹出的下拉列表中选择"数据表"|"显示图例项标示"选项,如图 4-184 所示。

step 16 在图表中输入纵坐标轴标题为"收入金额(千万)",如图 4-185 所示。

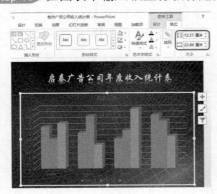

图 4-180　设置表格大小

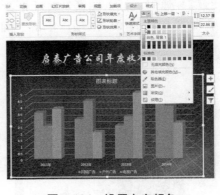

图 4-181　设置文字颜色

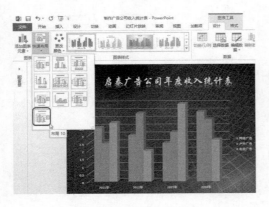

图 4-182　选择布局样式

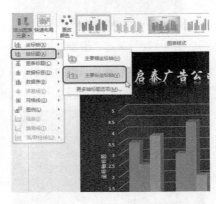

图 4-183　选择"主要纵坐标轴"选项

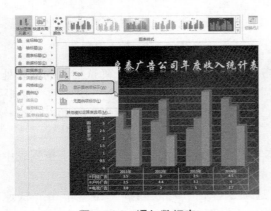

图 4-184　添加数据表

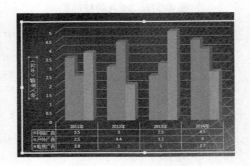

图 4-185　输入坐标轴标题

step 17 在图表中选中数据表,然后选择"图表工具"下的"格式"选项卡,在"艺术字样式"组中单击"文本填充"按钮右侧的 ▾ 按钮,在弹出的下拉列表中选择"黄色",即可更改数据表颜色,效果如图 4-186 所示。

step 18 选中整个表格,然后选择"图表工具"下的"设计"选项卡,在"图表布局"

组中单击"添加图表元素"按钮,在弹出的下拉列表中选择"数据标签"|"数据标注"选项,如图4-187所示。

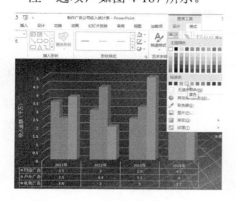

图 4-186　更改数据表颜色

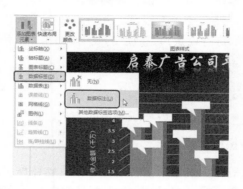

图 4-187　添加数据标注

step 19 在图表中选中"网络广告"数据标签,然后选择"图表工具"下的"格式"选项卡,在"艺术字样式"组中单击"文本填充"按钮右侧的▾按钮,在弹出的下拉列表中选择红色,即可更改数据标签颜色,效果如图4-188所示。

step 20 使用同样的方法,更改其他数据标签的颜色,效果如图4-189所示。

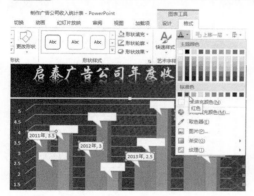

图 4-188　更改"网络广告"数据标签颜色

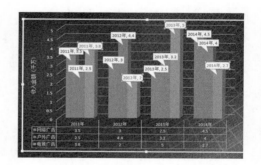

图 4-189　更改其他数据标签颜色

知识链接

排列在工作表的列或行中的数据可以绘制到柱形图中。柱形图用于显示一段时间内的数据变化或显示各项之间的比较情况。在柱形图中,通常沿水平轴组织类别,而沿垂直轴组织数值。

案例精讲35　制作服装销售金额统计表

📝 案例文件:CDROM\场景\Cha04\制作服装销售金额统计表.pptx

🎬 视频文件:视频教学\Cha04\制作服装销售金额统计表.avi

制作概述

本例介绍服装销售金额统计表的制作。首先插入背景图片，然后插入折线图，并对折线图的颜色、标题和图表元素等进行设置。完成后的效果如图 4-190 所示。

图 4-190 服装销售金额
统计表效果图

学习目标

● 学习插入折线图的方法。
● 掌握更改图表颜色的方法。

操作步骤

制作服装销售金额统计表的具体操作步骤如下。

step 01 按 Ctrl+N 键新建空白演示文稿，选择"开始"选项卡，在"幻灯片"组中单击"版式"按钮，在弹出的下拉列表中选择"空白"选项，如图 4-191 所示。

step 02 选择"设计"选项卡，在"自定义"组中单击"设置背景格式"按钮，弹出"设置背景格式"任务窗格。在"填充"选项组中选中"图片或纹理填充"单选按钮，然后单击"文件"按钮，弹出"插入图片"对话框。在该对话框中选中素材图片"服装销售金额统计背景.jpg"，单击"插入"按钮，即可将幻灯片背景设置为素材图片，如图 4-192 所示。

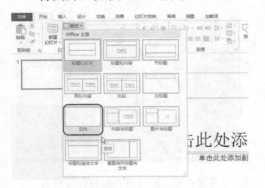

图 4-191 选择"空白"选项

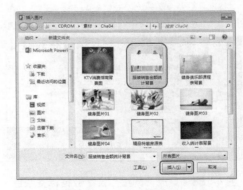

图 4-192 选择素材图片

step 03 在"设置背景格式"任务窗格中，将"向上偏移"设置为"−23%"，如图 4-193 所示。

step 04 选择"插入"选项卡，在"插图"组中单击"图表"按钮，弹出"插入图表"对话框。在其左侧列表中选择"折线图"选项，然后在其右侧选择"折线图"选项，单击"确定"按钮，即可在幻灯片中插入折线图，如图 4-194 所示。

step 05 插入折线图后的效果如图 4-195 所示。

step 06 在弹出的 Excel 界面中输入内容，效果如图 4-196 所示。

step 07 选择"图表工具"下的"设计"选项卡，在"图表布局"组中单击"添加图表元素"按钮，在弹出的下拉列表中选择"轴标题"|"主要纵坐标轴"选项，如图 4-197 所示。

step 08 在图表中更改图表标题和纵坐标轴标题，效果如图 4-198 所示。

图 4-193　调整背景图片

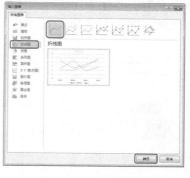

图 4-194　选择折线图

图 4-195　插入折线图

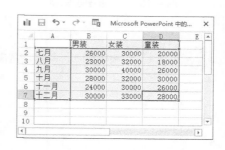

图 4-196　输入内容

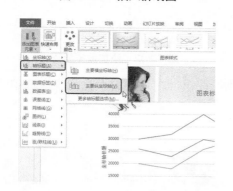

图 4-197　添加纵坐标轴

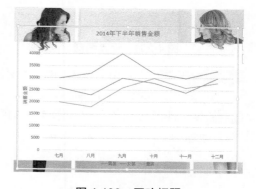

图 4-198　更改标题

step 09 选中图表标题，然后选择"开始"选项卡，在"字体"组中将字体设置为"方正大黑简体"，将字号设置为 22，将字体颜色设置为橙色，如图 4-199 所示。

step 10 在图表中选中纵坐标轴标题，在"开始"选项卡的"字体"组中，将字号设置为 14，将字体颜色设置为浅蓝色，效果如图 4-200 所示。

step 11 使用同样的方法，对图例进行设置，并向下调整幻灯片的位置，效果如图 4-201 所示。

step 12 选中整个图表，然后选择"图表工具"下的"设计"选项卡，在"图表布局"组中单击"添加图表元素"按钮，在弹出的下拉列表中选择"数据标签"|"居中"选项，如图 4-202 所示。

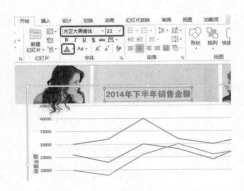

图 4-199　设置图表标题

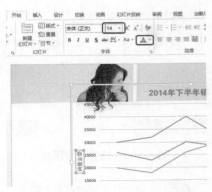

图 4-200　更改纵坐标轴标题

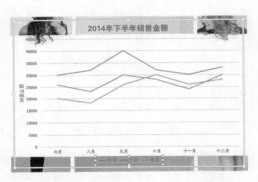

图 4-201　设置图例

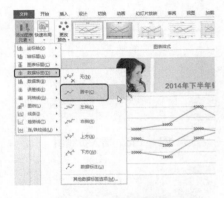

图 4-202　添加数据标签

step 13 在"图表样式"组中单击"更改颜色"按钮，在弹出的下拉列表中选中"颜色3"选项，如图 4-203 所示。

step 14 更改颜色后的效果如图 4-204 所示。

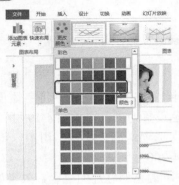

图 4-203　选择颜色

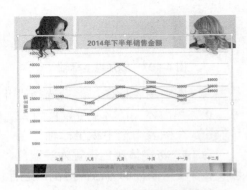

图 4-204　更改颜色后的效果

知识链接

排列在工作表的列或行中的数据可以绘制到折线图中。折线图可以显示随时间(根据常用比例设置)而变化的连续数据，因此非常适用于显示在相等时间间隔下数据的趋势。在折线图中，类别数据沿水平轴均匀分布，所有数据沿垂直轴均匀分布。

案例精讲 36　制作气温折线图幻灯片

> 案例文件：CDROM\场景\Cha04\制作气温折线图幻灯片.pptx
>
> 视频文件：视频教学\Cha04\制作气温折线图幻灯片.avi

制作概述

本例介绍如何制作气温折线图幻灯片。首先制作幻灯片的矩形形状和直线，然后输入并设置文字，最后插入折线图。完成后的效果如图 4-205 所示。

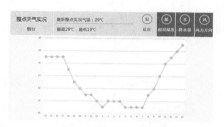

图 4-205　气温折线图幻灯片效果图

学习目标

● 学习如何设置形状。
● 学习如何设置折线图。

操作步骤

制作气温折线图幻灯片的具体操作步骤如下。

step 01 启动 PowerPoint 2013 软件，新建一个空白演示文稿。将文本框删除，然后在空白文稿上右击，在弹出的快捷菜单中选择"设置背景格式"命令，如图 4-206 所示。

step 02 在"设置背景格式"任务窗格中，单击"颜色"右侧的图标，在弹出的列表中选择"其他颜色"选项，如图 4-207 所示。

step 03 在弹出的"颜色"对话框中，切换至"自定义"选项卡，将红色设置为 240，将绿色设置为 250，将蓝色设置为 255，然后单击"确定"按钮，如图 4-208 所示。

 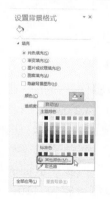 

图 4-206　选择"设置背景格式"命令　图 4-207　选择"其他颜色"选项　图 4-208　"颜色"对话框

step 04 ▸ 切换至"插入"选项卡，在"插图"组中，选择"形状"|"矩形"选项，如图 4-209 所示。

step 05 ▸ 在"设置形状格式"任务窗格中，将"大小"组中的"高度"设置为"4.2 厘米"，"宽度"设置为"24.36 厘米"，在"位置"组中，将"水平位置"设置为"0 厘米"，"垂直位置"设置为"0 厘米"，如图 4-210 所示。

图 4-209　选择"矩形"选项　　　　　　　图 4-210　设置"大小"和"位置"

step 06 ▸ 在"设置形状格式"任务窗格中，切换至"填充线条"，单击"颜色"右侧的图标，在弹出的列表中选择"其他颜色"选项。在弹出的"颜色"对话框中，切换至"自定义"选项卡，将红色设置为 188，将绿色设置为 233，将蓝色设置为 250，然后单击"确定"按钮，如图 4-211 所示。

step 07 ▸ 将"线条"中的"颜色"设置为白色，如图 4-212 所示。

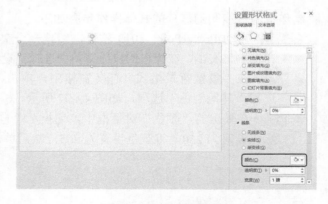

图 4-211　"颜色"对话框　　　　　　　　图 4-212　设置"颜色"

step 08 ▸ 参照前面的操作步骤创建矩形，在"设置形状格式"任务窗格中，将"大小"组中的"高度"设置为"4.2 厘米"，"宽度"设置为"3.1 厘米"，在"位置"组中，将"水平位置"设置为"24.4 厘米"，"垂直位置"设置为"0 厘米"，如图 4-213 所示。

step 09 ▸ 切换至"填充线条"，参照前面的操作方法，在"填充"组中，将"颜色"中的红色设置为 7，将绿色设置为 110，将蓝色设置为 168。将"线条"组中的"颜色"设置为白色，如图 4-214 所示。

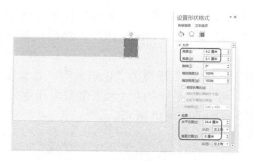

图 4-213　创建矩形　　　　　　　　　图 4-214　设置"填充线条"

step 10 将创建的小矩形向右复制 2 个，并调整矩形的位置，如图 4-215 所示。

step 11 切换至"插入"选项卡，在"插图"组中，选择"形状"|"直线"选项，在适当位置创建一个垂直直线。在"设置形状格式"任务窗格中，将"线条"组中的"颜色"设置为白色，如图 4-216 所示。

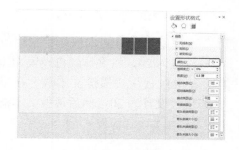

图 4-215　复制小矩形　　　　　　　　图 4-216　创建垂直直线

提示

　　按住 Ctrl 键，选中矩形向右进行拖动，即可复制矩形。

　　绘制直线时，按住 Shift 键可以绘制垂直或水平直线。

step 12 切换至"大小属性"，将"大小"组中的"高度"设置为"4.2 厘米"，"宽度"设置为"0 厘米"，在"位置"组中，将"水平位置"设置为"7.2 厘米"，"垂直位置"设置为"0 厘米"，如图 4-217 所示。

step 13 将直线向右进行复制，在"位置"组中，将"水平位置"设置为"21.2 厘米"，"垂直位置"设置为"0 厘米"，如图 4-218 所示。

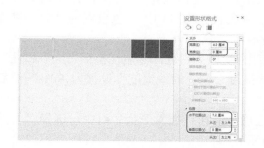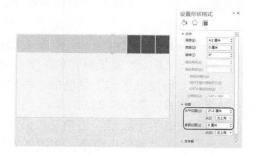

图 4-217　设置"大小"和"位置"　　　　图 4-218　设置"位置"

step 14 参照前面的操作方法创建一条水平直线，在"设置形状格式"任务窗格中，将"线条"中的"颜色"设置为黑色，"宽度"设置为"0.25 磅"，然后设置"短划线类型"，如图 4-219 所示。

step 15 切换至"大小属性"，将"大小"中的"高度"设置为"0 厘米"，"宽度"设置为"13 厘米"，"旋转"设置为 0°，将"位置"中的"水平位置"设置为"7.6 厘米"，"垂直位置"设置为"2.1 厘米"，如图 4-220 所示。

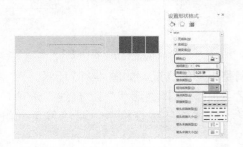 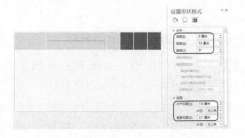

图 4-219 创建水平直线　　　　　图 4-220 设置"大小"和"位置"

step 16 使用"横排文本框"在空白位置输入文字，将字体设置为"微软雅黑"，将字号设置为 24，将字体颜色设置为黑色，然后调整文本框的位置，如图 4-221 所示。

step 17 继续使用"横排文本框"在空白位置输入文字，将字体设置为"微软雅黑"，将字号设置为 20，然后调整文本框的位置，如图 4-222 所示。

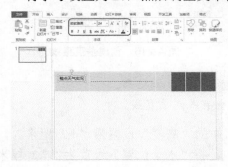 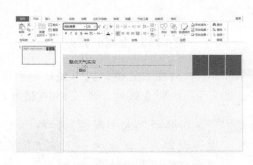

图 4-221 输入文字　　　　　图 4-222 输入文字

step 18 使用相同的方法输入其他文字，如图 4-223 所示。

step 19 参照前面的操作步骤使用椭圆。在幻灯片的空白位置，按住 Shift 键绘制一个正圆，将其"颜色"中的红色设置为 7，绿色设置为 110，蓝色设置为 168。将"线条"设置为"无线条"，如图 4-224 所示。

step 20 按 Ctrl+D 键复制圆形，将其填充颜色更改为白色，然后切换至"大小属性"，选中"锁定纵横比"复选框。将"缩放高度"或"缩放宽度"设置为 90%，然后调整其位置，如图 4-225 所示。

step 21 选中两个圆形，切换至"格式"选项卡，在"插入形状"组中，选择"合并形状"中的"剪除"命令，如图 4-226 所示。

图 4-223　输入其他文字

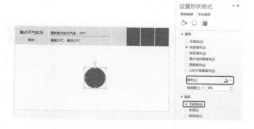

图 4-224　绘制正圆

图 4-225　复制圆形

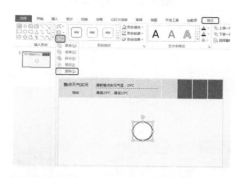

图 4-226　选择"剪除"命令

step 22 选中圆环，在"设置形状格式"任务窗格中，将圆环的"高度"和"宽度"均设置为 1.7，然后调整其位置，如图 4-227 所示。

step 23 将圆环进行复制，并将圆环的填充颜色更改为白色，然后调整圆环的位置，如图 4-228 所示。

图 4-227　设置圆环的"大小"

图 4-228　复制圆环

step 24 在空白位置输入文字，将字号设置为 20，单击"加粗"按钮 B，然后设置字体颜色，然后调整文字位置，如图 4-229 所示。

step 25 在空白位置继续输入文字，将字号设置为 20，单击"加粗"按钮 B，然后设置字体颜色为白色，然后调整文字位置，如图 4-230 所示。

step 26 切换至"插入"选项卡，单击"插图"组中的"图表"按钮，如图 4-231 所示。

step 27 在弹出的"插入图表"对话框中，选择"折线图"中的"带数据标记的折线图"选项，然后单击"确定"按钮，如图 4-232 所示。

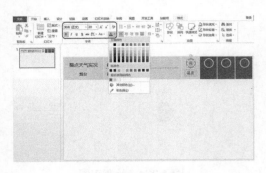

图 4-229　输入文字　　　　　　　　　　　图 4-230　输入文字

图 4-231　单击"图表"按钮　　　　　　　图 4-232　"插入图表"对话框

step 28　在 Excel 图表中输入图表数据，并将多余的两列删除，如图 4-233 所示。

step 29　将 Excel 图表关闭。选中折线图图表，单击右侧的 ➕ 按钮。在弹出的"图表元素"列表中，只选中"坐标轴"和"网格线"，如图 4-234 所示。

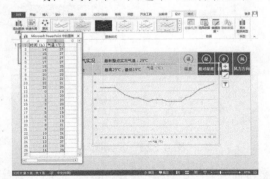

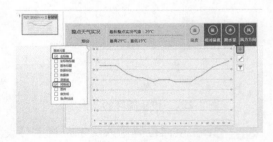

图 4-233　输入图表数据　　　　　　　　　图 4-234　选择"坐标轴"和"网格线"

　　　　选中要删除的列标签，右击，在弹出的快捷菜单中选择"删除"命令，即可将列删除。

step 30　再次单击右侧的 ➕ 按钮。将"图表元素"列表关闭。然后选择图表左侧的"垂直(值)轴",右击,在弹出的快捷菜单中选择"设置坐标轴格式"命令,如图 4-235 所示。

step 31 在"设置坐标轴格式"任务窗格中,将"边界"中的"最小值"设置为 18.0,"最大值"设置为 30.0,如图 4-236 所示。

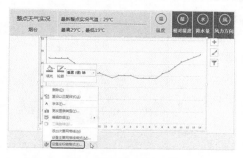

图 4-235 选择"设置坐标轴格式"命令

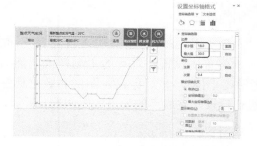

图 4-236 设置"边界"

step 32 选中图表中的折线,在"设置数据系列格式"任务窗格中,切换至"填充线条",将"线条"中的"颜色"设置为浅绿,"宽度"设置为"3 磅",如图 4-237 所示。

step 33 切换至"标记",将"边框"中的"颜色"设置为橙色,"宽度"设置为"9.5 磅",如图 4-238 所示。

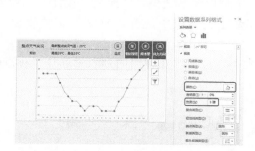

图 4-237 设置"线条"

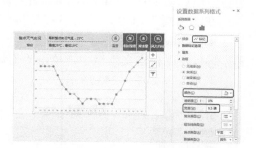

图 4-238 设置"边框"

step 34 选中图表中的网格线,在"设置主要网格线格式"任务窗格中,将"线条"中的"宽度"设置为"3 磅",如图 4-239 所示。

step 35 单击图表的背景绘图区,在"设置绘图区格式"任务窗格中,将"填充"设置为"纯色填充",将"颜色"设置为白色,如图 4-240 所示。

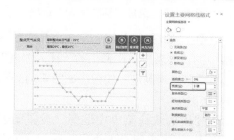

图 4-239 设置"线条"

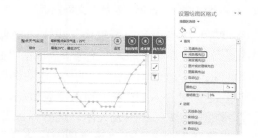

图 4-240 设置"填充"

案例精讲 37　创建网购人群年龄分布饼图幻灯片

📝 案例文件：CDROM\场景\Cha04\创建网购人群年龄分布饼图幻灯片.pptx
🎬 视频文件：视频教学\Cha04\制作网购人群年龄分布饼图幻灯片.avi

制作概述

本例介绍如何创建网购人群年龄分布饼图幻灯片。本例首先设置幻灯片的主题样式，然后插入"三维饼图"图表，并对标题、图例和数据标签的文字样式进行设置。完成后的效果如图 4-241 所示。

学习目标

- 学习如何设置"三维饼图"图表。
- 学习如何设置文字样式。

图 4-241　网购人群年龄分布饼图效果图

操作步骤

创建网购人群年龄分布饼图幻灯片的具体操作步骤如下。

step 01 启动 PowerPoint 2013 软件，新建一个空白演示文稿。切换至"设计"选项卡，在"主题"组中，单击下三角按钮，在弹出的列表中选择"丝状"文稿模板，如图 4-242 所示。

step 02 在"自定义"组中，单击"幻灯片大小"按钮，在弹出的列表中选择"标准(4:3)选项"，如图 4-243 所示。

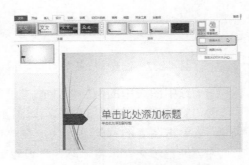

图 4-242　选择"丝状"文稿模板　　　　图 4-243　选择"标准(4:3)"选项

step 03 在弹出的对话框中，单击"确保合适"按钮，如图 4-244 所示。

step 04 切换至"插入"选项卡，单击"插图"组中的"图表"。在弹出的"插入图表"对话框中，选择"饼图"中的"三维饼图"选项，然后单击"确定"按钮，如图 4-245 所示。

step 05 在 Excel 图表中输入图表数据，如图 4-246 所示。

step 06 将 Excel 图表关闭。选择饼图并右击，在弹出的快捷菜单中选择"设置图表区域格式"命令。在"设置图表区格式"任务窗格中，切换到"大小"，将"大小"中的"高度"设置为"15 厘米"，"宽度"设置为"22 厘米"，在"位置"中，将"水平位置"设置为"2.8 厘米"，"垂直位置"设置为"2.8 厘米"，如图 4-247 所示。

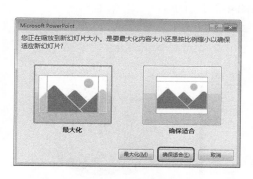

图 4-244　单击"确保合适"按钮

图 4-245　选择"三维饼图"选项

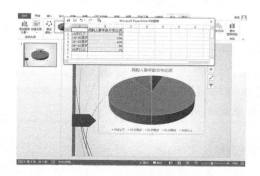

图 4-246　输入图表数据

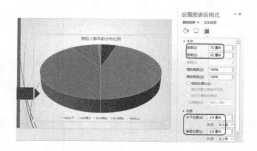

图 4-247　设置"大小"和"位置"

step 07 选中标题文本框，切换至"开始"选项卡，将"字体"设置为"华文新魏"，字号设置为 36，将"字体颜色"中的红色设置为 165，绿色设置为 48，蓝色设置为 16，如图 4-248 所示。

step 08 选中图例文本框，将"字体"设置为"华文新魏"，字号设置为 16，如图 4-249 所示。

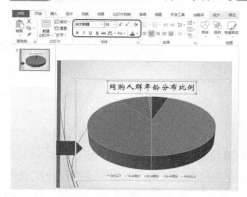

图 4-248　设置标题文字

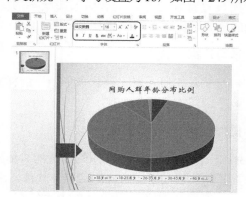

图 4-249　设置图例文字

step 09 在饼图上右击，在弹出的快捷菜单中选择"添加数据标签"|"添加数据标签"命令，如图 4-250 所示。

step 10 选中数据标签文字，切换至"开始"选项卡，将字体设置为"华文新魏"，字号设置为 18，字体颜色设置为黑色，如图 4-251 所示。

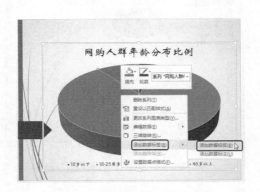

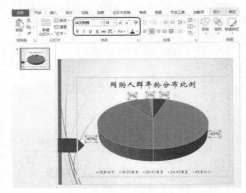

图 4-250 选择"添加数据标签"命令　　　图 4-251 设置数据标签文字

知识链接

仅排列在工作表的一列或一行中的数据可以绘制到饼图中。饼图显示一个数据系列中各项的大小与各项总和的比例。饼图中的数据点显示为整个饼图的百分比。

案例精讲 38　图书销量统计条形图幻灯片

案例文件：CDROM\场景\Cha04\图书销量统计条形图幻灯片.pptx

视频文件：视频教学\Cha04\图书销量统计条形图幻灯片.avi

制作概述

本例介绍如何制作图书销量统计条形图幻灯片。本例首先设置背景图片，然后插入簇状条形图，并设置条形图的样式。完成后的效果如图 4-252 所示。

学习目标

● 学习如何设置"簇状条形图"的样式。
● 学习如何设置文字。

图 4-252 图书销量统计条形图效果图

操作步骤

制作图书销量统计条形图幻灯片的具体操作步骤如下。

step 01 启动 PowerPoint 2013 软件，新建一个空白演示文稿。切换至"设计"选项卡，在"自定义"组中，单击"幻灯片大小"按钮，在弹出的列表中选择"标准(4:3)选项"，如图 4-253 所示。

step 02 将多余的文本框删除，然后右击，在弹出的快捷菜单中选择"设置背景格式"命令。在"设置背景格式"任务窗格中，选中"填充"中的"图片或纹理填充"单选按钮，然后单击"文件"按钮。在弹出的"插入图片"对话框中，选中随书附带光盘中的"CDROM\素材\Cha04\图书销量统计背景.jpg"素材图片，然后单击"插入"按钮，如图 4-254 所示。

图 4-253　选择"标准(4:3)"选项

图 4-254　选择素材图片

step 03 切换至"插入"选项卡，单击"插图"组中的"图表"选项。在弹出的"插入图表"对话框中，选择"条形图"中的"簇状条形图"选项，然后单击"确定"按钮，如图 4-255 所示。

step 04 在 Excel 图表中输入图表数据，如图 4-256 所示。

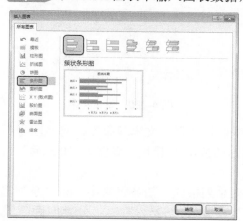

图 4-255　选择"簇状条形图"选项

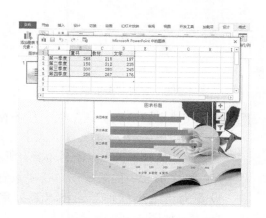

图 4-256　输入图表数据

step 05 选中插入的条形图，右击，在弹出的快捷菜单中选择"设置图表区域格式"命令，如图 4-257 所示。

step 06 在"设置图表区格式"任务窗格中，切换至"大小属性"，将"大小"中的"高度"设置为"16 厘米"，"宽度"设置为"22 厘米"，在"位置"中，将"水平位置"设置为"0.5 厘米"，"垂直位置"设置为"2.2 厘米"，如图 4-258 所示。

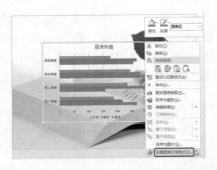

图 4-257　选择"设置图表区域格式"命令

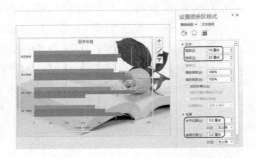

图 4-258　设置"大小"和"位置"

step 07 将图表标题中的文字进行更改，然后选中图表标题文本框，在"设置图表标题格式"任务窗格中，选择"文本选项"选项，将"文本填充"设置为"渐变填充"，如图 4-259 所示。

step 08 切换至"开始"选项卡，将字体设置为"方正粗倩简体"，字号设置为 28，如图 4-260 所示。

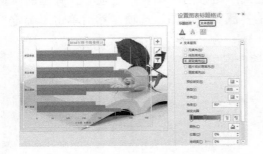

图 4-259　设置"渐变填充"

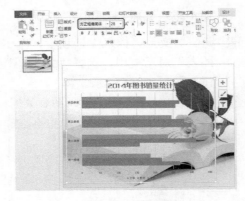

图 4-260　设置文字

step 09 在"设置图表标题格式"任务窗格中，切换至"文本效果"，将"映像"中的"透明度"设置为 47%，"大小"设置为 36%，"模糊"设置为"0.5 磅"，"距离"设置为"0 磅"，如图 4-261 所示。

step 10 选中图表中的条形图，在"设置数据系列格式"任务窗格中，将"系列选项"设置为"主坐标轴"，将"系列重叠"设置为"-25%"，"分类间距"设置为150%，如图 4-262 所示。

step 11 选中图表中的"文学"矩形条，在"设置数据系列格式"任务窗格中，切换至"填充线条"，将"填充"｜"颜色"中的红色设置为 167，绿色设置为 181，蓝色设置为 219，如图 4-263 所示。

step 12 选中图表中的"教材"矩形条，在"设置数据系列格式"任务窗格中，在"填充"中设置"颜色"，如图 4-264 所示。

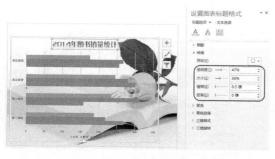

图 4-261　设置"映像"

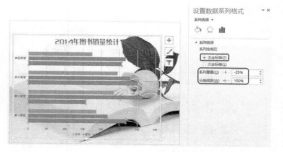

图 4-262　设置"系列选项"

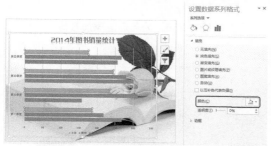

图 4-263　设置"文学"矩形条颜色

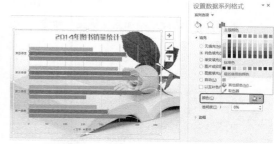

图 4-264　设置"教材"矩形条颜色

step 13　选中图表中的"童书"矩形条，在"设置数据系列格式"任务窗格中，将"填充"｜"颜色"中的红色设置为 55，绿色设置为 93，蓝色设置为 161，如图 4-265 所示。

step 14　选中图例，在"设置图例格式"任务窗格中，切换至"图例选项"，将"图例选项"设置为"靠上"，然后将字号设置为 16，如图 4-266 所示。

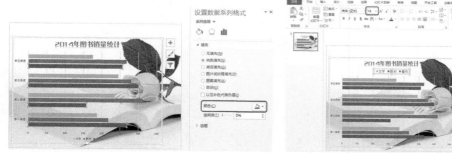

图 4-265　设置"童书"矩形条颜色

图 4-266　设置图例

step 15　在各个矩形条上右击，在弹出的快捷菜单中选择"添加数据标签"｜"添加数据标签"命令，如图 4-267 所示。为条形图添加数值，如图 4-268 所示。

step 16　分别选中为条形图添加的数值，将字号设置为 16，如图 4-269 所示。

step 17　选中"垂直(类别)轴"，将字号设置为 16，如图 4-270 所示。

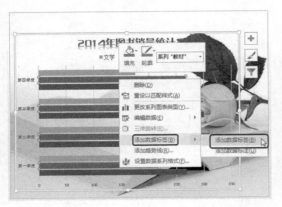

图 4-267　选择"添加数据标签"命令

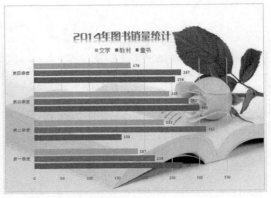

图 4-268　为条形图添加数值

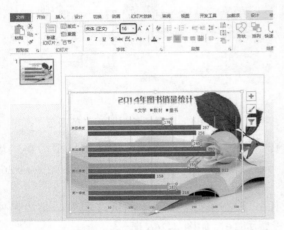

图 4-269　设置数值的字号

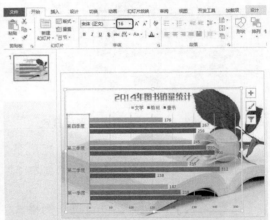

图 4-270　设置字号

第 5 章
制作多媒体幻灯片

本章重点

- 制作美丽的舞蹈幻灯片
- 制作卷轴画幻灯片
- 制作生日贺卡幻灯片
- 制作 Flash 游戏幻灯片
- 制作古诗朗诵幻灯片
- 制作球场介绍演示文稿

随着 PowerPoint 的不断升级，其功能也逐渐变得强大。本章节将重点讲解幻灯片的多媒体功能，其中包括音频、视频、Flash 等。通过本章节的学习读者可以对幻灯片有新的认识。

案例精讲 39　制作美丽的舞蹈幻灯片

案例文件：CDROM\场景\Cha05\美丽的舞蹈.pptx

视频文件：视频教学\Cha05\美丽的舞蹈.avi

制作概述

本例将介绍如何利用 PowerPoint 制作美丽的舞蹈，其中主要应用了"淡出"效果，对声音的加入主要应用了联机声音。完成后的效果如图 5-1 所示。

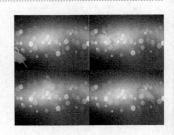

图 5-1　美丽的舞蹈效果图

学习目标

● 学习如何制作美丽的舞蹈。

● 掌握动画特效和声音的添加。

操作步骤

制作美丽的舞蹈幻灯片的具体操作步骤如下。

step 01 启动软件后，新建一个空白演示文稿，在"开始"选项卡的"幻灯片"组中，单击单击"版式"按钮，在弹出的下拉列表中选择"空白"选项，如图 5-2 所示。

step 02 切换到"设计"选项卡，在"自定义"组中单击"幻灯片大小"按钮，在弹出的下拉列表中选择"自定义幻灯片大小"选项，如图 5-3 所示。

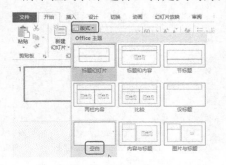

图 5-2　设置"空白"版式

图 5-3　选择"自定义幻灯片大小"选项

提示　　在实际操作过程中，默认幻灯片大小有时不能满足需求，这时就需要对幻灯片的大小进行更改。

step 03 在弹出的"幻灯片大小"对话框中将"宽度"设为"25.4 厘米"，"高度"设为"19.05 厘米"，并单击"确定"按钮，如图 5-4 所示。

step 04 弹出提示对话框，单击"确保适合"按钮，如图 5-5 所示。

图5-4 设置幻灯片的大小

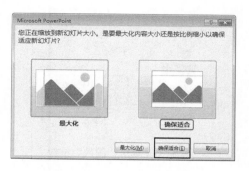

图5-5 单击"确保适合"按钮

step 05 切换到"设计"选项卡,在"自定义"组中单击"设置背景格式"按钮,如图5-6所示。

step 06 在场景文档的右侧会弹出"设置背景格式"任务窗格,选中"填充"下的"图片或纹理填充"单选按钮,然后单击"文件"按钮,如图5-7所示。

图5-6 单击"设置背景格式"按钮

图5-7 单击"文件"按钮

step 07 在弹出的"插入图片"对话框中选择随书附带光盘中的"CDROM\素材\Cha05\芭蕾背景.jpg"素材文件,单击"插入"按钮,如图5-8所示。

step 08 查看添加的背景素材,如图5-9所示。

图5-8 选择素材文件

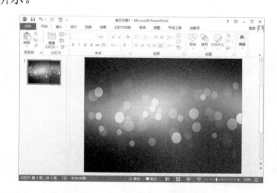

图5-9 查看添加的背景素材

step 09 切换到"插入"选项卡,在"图像"组中单击"图片"按钮,如图5-10所示。

step 10 在弹出的"插入图片"对话框中选择随书附带光盘中的"CDROM\素材\Cha05\芭蕾.png"素材文件,并单击"插入"按钮,如图5-11所示。

图 5-10　单击"图片"按钮　　　　　　图 5-11　选择需要插入的素材图片

step 11　选择插入的素材图片，对其调整位置，如图 5-12 所示。

step 12　切换到"动画"选项卡，在"动画"选项组中选择"退出"组中的"淡出"效果，如图 5-13 所示。

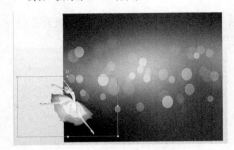

图 5-12　调整素材的位置　　　　　　　图 5-13　选择"淡出"效果

step 13　在"计时"选项组中，将"开始"设为"上一动画之后"，将"持续时间"设为 02.00，如图 5-14 所示。

step 14　在场景中选中插入的图片素材，按 Ctrl+C 键进行复制，按 Ctrl+V 键进行粘贴，并调整其位置，如图 5-15 所示。

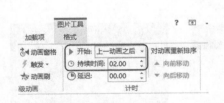

图 5-14　设置计时　　　　　　　　　　图 5-15　复制并调整位置

step 15　切换到"动画"选项卡并单击"其他"按钮，在弹出的下拉列表中选择"无"，将特效删除，如图 5-16 所示。

step 16　使用前面讲过的方法对其添加"进入"效果组中的"淡出"效果，单击"高级动画"组中的"动画窗格"按钮，弹出"动画窗格"任务窗格，选择添加的"淡出"效果，在"计时"组中将"开始"设为"上一动画之后"，将"持续时间"设为 02.00，将"延迟"设为 00.50，如图 5-17 所示。

图 5-16　删除多余的效果

图 5-17　设置计时

step 17 继续选中复制的图片，在"高级动画"组中单击"添加动画"按钮，在弹出的下拉列表中选择"退出"效果组中的"淡出"效果，如图 5-18 所示。

step 18 在"动画窗格"任务窗格组中最下面的特效中，将"开始"设为"上一动画之后"，将"持续时间"设为 02.00，将"延迟"设为 00.50，如图 5-19 所示。

图 5-18　选择"淡出"效果

图 5-19　设置计时

step 19 选中上一步操作的素材图片，对其进行依次复制 3 次，并调整位置，如图 5-20 所示。

step 20 切换到"插入"选项卡，在"媒体"组中单击"音频"按钮，在弹出的下拉列表中选择"联机音频"命令，如图 5-21 所示。

图 5-20　复制对象

图 5-21　选择"联机音频"命令

step 21 在弹出的"插入音频"对话框中的文本框中输入"鼓掌"，然后单击后面的搜索按钮，系统会自动搜索关于鼓掌的音效。选择搜索的音效，单击"插入"按钮，如图 5-22 所示。

step 22 在场景文档中会发现多了一个喇叭形状的图标，如图 5-23 所示。

图 5-22　选择搜索的音效　　　　　图 5-23　查看插入的音效

 用户还可以在演示文稿中插入电脑中的声音。在插入音频时选择 "PC 上的音频" 选项，选择需要添加的音频。需要主意的是幻灯片中插入了电脑中保存的音效或影片后，PowerPoint 2013 将应用声音或影片在当前电脑中的位置，如果将文件从原位置删除或将演示文稿复制、移动到其他电脑中，原引用位置将失效，将不能播放插入的声音或影片。

案例精讲 40　制作卷轴画幻灯片

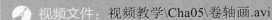

案例文件：CDROM\场景\Cha05\卷轴画.pptx

视频文件：视频教学\Cha05\卷轴画.avi

制作概述

本例重点介绍如何为卷轴画添加视频素材。完成后的效果如图 5-24 所示。

学习目标

- 学习如何添加视频素材。
- 掌握卷轴画的制作流程。

图 5-24　卷轴画效果图

操作步骤

制作卷轴画幻灯片的具体操作步骤如下。

step 01 新建空白幻灯片演示文稿，选择 "设计" 选项卡，在 "自定义" 组中单击 "幻灯片大小" 按钮，在弹出的下拉列表中选择 "自定义幻灯片大小" 选项，如图 5-25 所示。

step 02 在弹出的 "幻灯片大小" 对话框，将 "宽度" 设为 "28.218 厘米"，将 "高度" 设为 "12.211 厘米"，单击 "确定" 按钮，如图 5-26 所示。

知识链接

卷轴画是一种在纸和绢上画成的艺术作品。已经有 2000 年的时间，历史相当悠久，绘画风格也经历了多次变化。经过几千年来不断演变、提高，形成了浓厚民族风格和鲜明的时代特色。

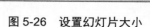

图 5-25 选择"自定义幻灯片大小"选项 　　　　图 5-26 设置幻灯片大小

step 03 在弹出的 Microsoft PowerPoint 对话框中单击"确保适合"按钮，如图 5-27 所示。

step 04 切换到"开始"选项卡，单击"版式"按钮，在弹出的下拉列表中选择"空白"选项，如图 5-28 所示。

图 5-27 单击"确保适合"按钮 　　　　图 5-28 选择"空白"选项

step 05 在文档的空白处，右击，在弹出的快捷菜单中选择"设置背景格式"命令，如图 5-29 所示。

step 06 在弹出的"设置背景格式"任务窗格中选中"图片或纹理填充"单选按钮，然后单击"文件"按钮，如图 5-30 所示。

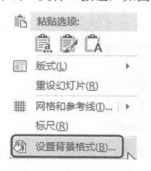

图 5-29 选择"设置背景格式"命令 　　　　图 5-30 单击"文件"按钮

step 07 在弹出的"插入图片"对话框中选择随书附带光盘中的"CDROM\素材\Cha05\卷轴画.jpg"素材文件，然后单击"插入"按钮，如图 5-31 所示。

step 08 按 F5 键，预览插入背景图像的效果，如图 5-32 所示。

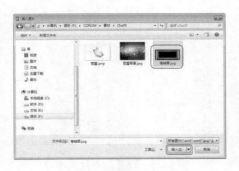

图 5-31 选择素材文件

图 5-32 查看背景效果

step 09 选择"插入"选项卡，在"媒体"组中单击"视频"按钮，在弹出的下拉列表中选择"PC 上的视频"选项，如图 5-33 所示。

step 10 弹出"插入视频文件"对话框，选择随书附带光盘中的"CDROM\素材\Cha05\卷轴画视频.avi"文件，单击"插入"按钮，如图 5-34 所示。

图 5-33 选择"PC 上的视频"选项

图 5-34 选择视频文件

提示　　PPT 直接支持的视频文件有 AVI、MPG、WMV、ASF 等。另外有些视频文件可以通过链接方式播放，只需调用系统播放器，如 RM 格式的视频，在系统安装有 RealPlayer 的情况下，可通过超链接到 RM 文件，调用播放器进行播放。

step 11 在场景中对插入视频的大小进行调整，播放查看效果，如图 5-35 所示。

图 5-35 查看插入视频后的效果

案例精讲 41　制作生日贺卡幻灯片

📝 案例文件：　CDROM\场景\Cha05\生日贺卡.pptx

🌐 视频文件：　视频教学\Cha05\生日贺卡.avi

制作概述

本例介绍如何制作生日贺卡。首先制作贺卡封面部分，然后添加文字，组后对贺卡添加音效。完成后的效果如图 5-36 所示。

学习目标

- 学习如何制作生日贺卡。
- 掌握文字动画的添加及音频的添加。

操作步骤

制作生日贺卡幻灯片的具体操作步骤如下。

图 5-36　生日贺卡

step 01　启动软件后，新建一空白演示文稿，切换到"开始"选项卡，在"幻灯片"组中单击"版式"按钮，在弹出的下拉列表中选择"空白"选项，如图 5-37 所示。

step 02　切换到"设计"选项卡，在"主题"组中单击"其他"按钮 ，在其下拉列表中选择文件主题，如图 5-38 所示。

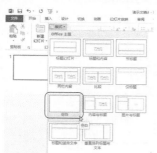

图 5-37　选择"空白"选项

图 5-38　选择主题

step 03　切换到"插入"选项卡，在"图像"组中单击"图片"按钮，如图 5-39 所示。

step 04　在弹出的"插入图片"对话框中选择随书附带光盘中的"CDROM\素材\Cha05\美图.jpg"素材文件，单击"插入"按钮，如图 5-40 所示。

图 5-39　单击"图片"按钮

图 5-40　选择插入的素材图片

step 05　选中插入的素材图片，切换到"图片工具"下的"格式"选项卡，在"图片样

式"组中单击"其他"按钮 ▼，在弹出的下拉列表中选择"棱台透视"选项，如
图 5-41 所示。

step 06 ▶ 选中素材图片对其适当放大，效果如图 5-42 所示。

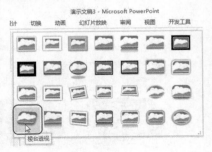

图 5-41 选择"棱台透视"选项　　　　　　图 5-42 调整大小

step 07 ▶ 确认添加的素材图片处于选中状态，切换到"动画"选项卡在"动画"组中单
击"其他"按钮 ▼，在弹出的下拉列表中选择"进入"组中大"弹跳"选项，如
图 5-43 所示。

step 08 ▶ 在"计时"选项组中将"开始"设为"上一动画之后"，将"持续时间"设为
02.00，将"延迟"设为 00.00，如图 5-44 所示。

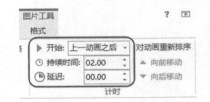

图 5-43 选择"弹跳"选项　　　　　　　图 5-44 设置计时

step 09 ▶ 切换到"插入"选项卡，在"文本"组中单击"文本框"按钮，在弹出的下拉
列表中选择"横排文本框"选项，如图 5-45 所示。

step 10 ▶ 在场景中拖出文本框，并在其内输入文字"亲爱的朋友"，将字体设为"方正
粗倩简体"，将字号设为 40，将字体颜色设为深红，如图 5-46 所示。

图 5-45 选择"横排文本框"选项　　　　　图 5-46 设置文字的属性

step 11 ▶ 选中上一步输入的文字，切换到"动画"选项卡，在"动画"组中单击"其
他"按钮 ▼，在其下拉列表中选择"更多进入效果"选项，如图 5-47 所示。

step 12 在弹出的"更改进入效果"对话框中选择"华丽型"组中的"下拉"选项，并单击"确定"按钮，如图 5-48 所示。

图 5-47 选择"更多进入效果"选项

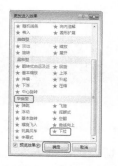

图 5-48 选择"下拉"选项

step 13 确认文本框处于选中状态，在"计时"组中将"开始"设为"上一动画之后"，"持续时间"设为 01.00，"延迟"设为 00.00，如图 5-49 所示。

step 14 选中文本框，按 Ctrl+C 键进行复制，按 Ctrl+V 键进行粘贴，并将文字修改为"在这特别的日子里"，如图 5-50 所示。

图 5-49 设置计时

图 5-50 复制并修改文字

step 15 选中复制的文本框，在"动画"组中单击"其他"按钮 ，在弹出的下拉列表中选择"进入"动画组中的"弹跳"选项，如图 5-51 所示。

step 16 在"计时"组中，将"开始"设为"上一动画之后"，将"持续时间"设为 02.00，将"延迟"设为 00.00，如图 5-52 所示。

图 5-51 选择"弹跳"选项

图 5-52 设置计时

step 17 在场景中对文本框的位置稍做调整，效果如图 5-53 所示。

step 18 在幻灯片窗格中选择第 1 张幻灯片，按 Enter 键，添加第 2 张幻灯片，如图 5-54 所示。

图 5-53　调整位置

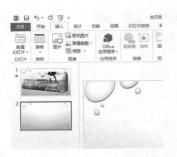

图 5-54　添加幻灯片

step 19 切换到"插入"选项卡，在"图像"组中单击"图片"按钮，在弹出的"插入图片"对话框中选择随书附带光盘中的"CDROM\素材\Cha05\蜡烛.jpg"素材文件，并单击"插入"按钮，如图 5-55 所示。

step 20 选择插入的素材图片，切换到"图片工具"下的"格式"选项卡，在"图片样式"组中，单击"其他"按钮 ，在弹出的下拉列表中选择"棱台透视"选项，如图 5-56 所示。

图 5-55　选择插入的素材文件

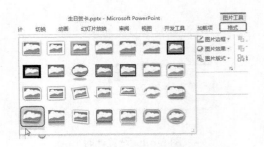

图 5-56　选择"棱台透视"选项

step 21 选中插入的素材图片，适当调整大小，如图 5-57 所示。

step 22 确认图片处于选中状态，切换到"动画"选项卡，对其添加"进入"组中的"浮入"动画特效，在"计时"组中将"开始"设为"上一动画之后"，将"持续时间"设为 01.00，将"延迟"设为 00.00，如图 5-58 所示。

图 5-57　调整图像的大小

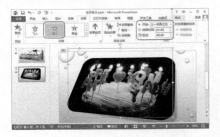

图 5-58　设置特效

step 23 切换到"插入"选项卡，在"文本"组中单击"文本框"按钮，在弹出的下拉列表中选择"垂直文本框"选项，如图 5-59 所示。

step 24 拖出文本框，并在其内输入"祝你"，在"开始"选项卡下的"字体"选项组中，将字体设为"方正粗倩简体"，字号设为54，如图5-60所示。

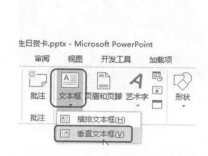

图 5-59 选择"垂直文本框"选项

图 5-60 设置字体属性

step 25 确认文本框内的文字处于选中状态，切换到"绘图工具"下的"格式"选项卡，在"艺术字样式"组中单击"文本填充"按钮 ▲，在弹出的下拉列表中选择"其他填充颜色"选项，如图5-61所示。

step 26 在弹出的"颜色"对话框中选择"自定义"选项，将"颜色模式"设为"RGB"，将红色、绿色、蓝色分别设为251、37、21，如图5-62所示。

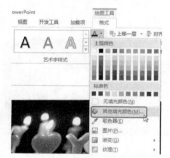

图 5-61 选择"其他填充颜色"选项

图 5-62 自定义颜色

知识链接

RGB 色彩模式是使用 RGB 模型为图像中每一个像素的 RGB 分量分配一个 0～255 的强度值。RGB 图像只使用 3 种颜色，就可以使它们按照不同的比例混合，在屏幕上重现 16 777 216(256×256×256)种颜色。目前的显示器大都是采用了 RGB 颜色标准。在显示器上，RGB 通过电子枪打在屏幕上的红、绿、蓝三色发光极来产生色彩的。目前的电脑一般都能显示32位颜色，约有100万种以上的颜色。

step 27 切换到"动画"选项卡，在"动画"组中选择"进入"下的"浮入"动画特效，并对进行添加，在"计时"组中选择将"开始"设为"上一动画之后"，将"持续时间"设为01.00，将"延迟时间"设为00.00，如图5-63所示。

step 28 选中文本框，按 Ctrl+C 键进行复制，按 Ctrl+V 键进行粘贴，并将其内的文字修改为"生日快乐"，并对文字的位置进行调整，如图5-64所示。

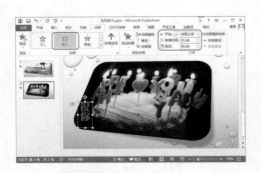

图 5-63　设置动画

图 5-64　调整文字的位置

step 29　使用前面介绍的方法，再次插入一个"横排文本框"，并在其内输入"Happy Birthday"，设置与上一步竖排文本框相同的属性，将字号修改为 60，调整位置，如图 5-65 所示。

step 30　选中上一步创建的文本框，切换到"动画"选项卡，对其添加"进入"的"浮入"动画特效，在"计时"组中将"开始"设为"上一动画之后"，其他保持默认值，如图 5-66 所示。

图 5-65　输入文字并设置位置

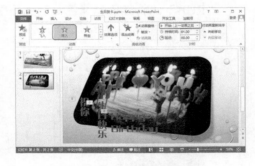

图 5-66　设置动画特效

step 31　选中第 2 张幻灯片，切换到"切换"选项卡下，在"切换到此幻灯片"组中，单击"其他"按钮▼，在弹出的下拉列表中选择"华丽型"组中的"立方体"切换，如图 5-67 所示。

step 32　选中第 1 张幻灯片，切换到"切换"选项卡，在"计时"选项组中，取消选中"单击鼠标时"复选框，选中"设置自动换片时间"复选框，并将其设为 00:01.00，如图 5-68 所示。

图 5-67　选择"立方体"特效

图 5-68　设置切换方式

step 33　切换到"插入"选项卡，在"媒体"组中单击"音频"按钮，在弹出的下拉列表中选择"PC 上的音频"选项，如图 5-69 所示。

step 34 ▶ 在弹出的"插入音频"对话框中选择随书附带光盘中的"CDROM\素材\Cha05\生日祝福.mp3"音频素材，单击"插入"按钮，如图 5-70 所示。

图 5-69 选择"PC 上的音频"选项

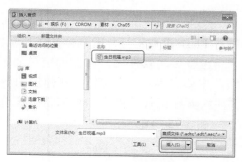

图 5-70 选择音频素材文件

step 35 ▶ 返回到场景，此时会发现幻灯片中多了一个喇叭形状的图标，调整其位置，如图 5-71 所示。

step 36 ▶ 选中上一步添加的音频，切换到"音频工具"下的"播放"选项卡，在"音频选项"组中，将"开始"设为"自动"，并选中"跨幻灯片播放"和"循环播放，直到停止"复选框，如图 5-72 所示。

图 5-71 插入音频

图 5-72 设置音频选项

案例精讲 42 制作 Flash 游戏幻灯片

案例文件：CDROM\场景\Cha05\Flash 游戏.pptx

视频文件：视频教学\Cha05\Flash 游戏幻灯片.avi

制作概述

本例介绍如何制作 Flash 游戏幻灯片，主要通过设置 Flash 控件完成。完成后的效果如图 5-73 所示。

图 5-73 Flash 游戏幻灯片效果图

学习目标

学习如何制作 Flash 游戏幻灯片。

操作步骤

制作 Flash 游戏幻灯片的具体操作步骤如下。

`step 01` 启动软件后，新建一空白演示文稿，切换到"开始"选项卡，在"幻灯片"组中单击"版式"按钮，在弹出的下拉列表中选择"空白"选项，如图 5-74 所示。

`step 02` 在幻灯片的空白处右击，在弹出的快捷菜单中选择"设置背景格式"命令，如图 5-75 所示。

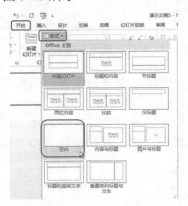

图 5-74　选择"空白"选项　　　　图 5-75　选择"设置背景格式"命令

知识链接

Flash：Flash 是由 Macromedia 公司推出的交互式矢量图和 Web 动画的标准。网页设计者使用 Flash 可创作出既漂亮又可改变尺寸的导航界面以及其他奇特的效果。Flash 的前身是 Future Wave 公司的 Future Splash，是世界上第一个商用的二维矢量动画软件，用于设计和编辑 Flash 文档。1996 年 11 月，美国 Macromedia 公司收购了 Future Wave，并将其改名为 Flash，后又被 Adobe 公司收购。Flash 通常也指 Macromedia Flash Player(现 Adobe Flash Player)。2012 年 8 月 15 日，Flash 退出 Android 平台，正式告别移动端。

"Flash 游戏"：Flash 游戏在游戏形式上的表现与传统游戏基本无异，但主要生存于网络之上。因为它的体积小、传播快、画面美观，所以大有取代传统 Web 网游的趋势。现在国内外用 Flash 制作无端网游已经成为一种趋势，只要浏览器安装了 Adobe 的 Flash Player，就可以玩所有的 Flash 游戏了，这比传统的 Web 网游进步许多。

`step 03` 在弹出的"设置背景格式"任务窗格中确认"纯色填充"单选按钮处于选中状态，然后单击"颜色"后面的"填充颜色"按钮 ，在弹出的下拉列表中选择"黑色"，如图 5-76 所示。

`step 04` 在菜单栏单击"文件"按钮，然后选择"选项"命令，如图 5-77 所示。

图 5-76　设置背景颜色

图 5-77　选择"选项"命令

step 05 在弹出的"PowerPoint 选项"对话框中选择"自定义功能区"选项，选择"主选项卡"，并选中"开发工具"复选框，然后单击"确定"按钮，如图 5-78 所示。

step 06 切换到"开发工具"选项卡，在"控件"组中单击"其他控件"按钮 ，如图 5-79 所示。

图 5-78　选中"开发工具"复选框

图 5-79　单击"其他控件"按钮

step 07 在弹出的"其他控件"对话框中选择"Shockwave Flash Object"控件，然后单击"确定"按钮，如图 5-80 所示。

step 08 在场景中长按鼠标左键进行拖动，拖动控件，如图 5-81 所示。

图 5-80　选择控件

图 5-81　添加控件

step 09 在控件上右击，在弹出的快捷菜单中选择"属性表"命令，如图 5-82 所示。

step 10 在弹出的"属性"对话框中，在"名称"列表中选择 Movie，并后面的文本框中输入"F:\CDROM\素材\Cha05\游戏.swf"，如图 5-83 所示。

图 5-82　选择"属性表"命令

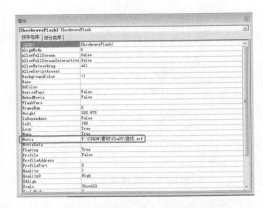

图 5-83　查看插入的音频

 在"Movie"后面文本框输入的地址为 Flash 文件所在的地址，用户可以自行进行更改。

step 11　将 Flash 文件插入到文档后，对控件的大小进行调整，如图 5-84 所示。

 在拖动控件时，可以配合使用 Shift 键进行拖动，这样控件就会等比放大。

图 5-84　查看添加的 Flash 游戏

案例精讲 43　制作古诗朗诵幻灯片

案例文件：CDROM\场景\Cha05\制作古诗朗诵幻灯片.pptx

视频文件：视频教学\Cha05\制作古诗朗诵幻灯片.avi

制作概述

本例介绍如何制作古诗朗诵幻灯片。首先插入视频素材，然后输入并设置文字，插入音频素材，最后设置动画效果。完成后的效果如图 5-85 所示。

学习目标

● 学习如何插入视频素材。

图 5-85　古诗朗诵幻灯片效果图

● 学习如何插入音频素材。

操作步骤

制作古诗朗诵幻灯的具体操作步骤如下。

step 01 启动 PowerPoint 2013 软件，新建一个空白演示文稿。将文本框删除，然后切换至"插入"选项卡，选择"媒体"组中的"视频"|"PC 上的视频"选项，如图 5-86 所示。

step 02 在弹出的"插入视频文件"对话框中，选择随书附带光盘中的"CDROM\素材\Cha05\背景视频.avi"素材视频，然后单击"插入"按钮，如图 5-87 所示。

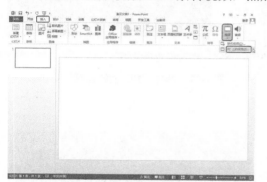

图 5-86 选择"PC 上的视频"选项

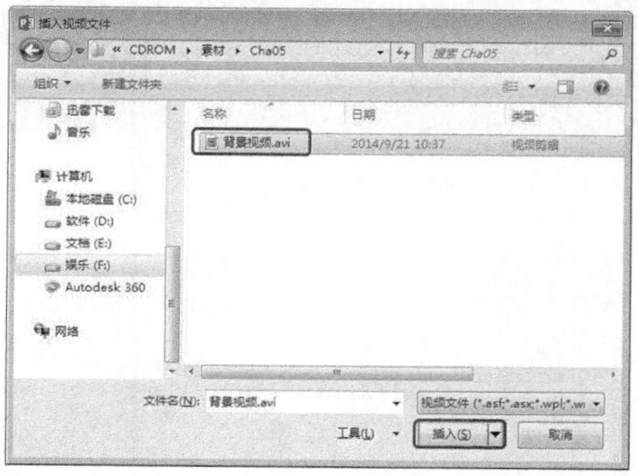

图 5-87 选择素材视频

step 03 调整视频素材的宽度，使其与幻灯片的大小一致，如图 5-88 所示。

step 04 使用"横排文本框"输入文字，将字体设置为"汉仪行楷简"，字号分别设置为 88 和 36，字体颜色设置为白色，然后单击"居中"按钮≡，如图 5-89 所示。

图 5-88 调整视频素材的宽度

图 5-89 输入并设置文字

step 05 继续使用"横排文本框"输入文字，将字体设置为"汉仪行楷简"，字号设置为 32，字体颜色设置为白色，如图 5-90 所示。

step 06 切换至"插入"选项卡，选择"媒体"组中的"音频"|"PC 上的音频"选项，如图 5-91 所示。

step 07 在弹出的"插入音频"对话框中，选择随书附带光盘中的"CDROM\素材

\Cha05\古诗朗诵.mp3"素材音频，然后单击"插入"按钮，如图 5-92 所示。

step 08 将音频图标移动至幻灯片的左下角，如图 5-93 所示。

图 5-90 输入文字

图 5-91 选择"PC 上的音频"选项

图 5-92 选择素材音频

图 5-93 移动音频图标位置

step 09 选中视频素材，切换至"动画"选项卡，为其设置"播放"动画，将"开始"设置为"与上一动画同时"，如图 5-94 所示。

step 10 选中第 1 个文本框，为其设置"淡出"动画，将"开始"设置为"与上一动画同时"，如图 5-95 所示。

图 5-94 设置视频的"播放"动画

图 5-95 设置"淡出"动画

step 11 选中音频图标，将"开始"设置为"与上一动画同时"，然后在"动画窗格"

中，单击 ▲ 按钮，将其向上移动，如图 5-96 所示。

step 12 选中第 2 个文本框，为其设置"飞入"动画，将"开始"设置为"与上一动画同时"，"持续时间"设置为 01.00，"延迟"设置为 03.00，如图 5-97 所示。

图 5-96 设置音频动画

图 5-97 设置"飞入"动画

在"高级动画"组中单击"动画窗格"，即可打开"动画窗格"任务窗格。

案例精讲 44 制作球场介绍演示文稿

案例文件：CDROM\场景\Cha05\制作球场介绍演示文稿.pptx

视频文件：视频教学\Cha05\制作球场介绍演示文稿.avi

制作概述

本例介绍如何制作球场介绍演示文稿。首先设置幻灯片的背景，然后插入素材图片并输入文字，使用相同的方法制作其他幻灯片。幻灯片制作完成后，设置幻灯片的动画效果，最后插入音频。完成后的效果如图 5-98 所示。

学习目标

● 学习如何设置图片动画。

● 学习如何添加和编辑音频。

操作步骤

图 5-98 球场介绍演示文稿效果图

制作球场介绍演示文稿的具体操作步骤如下。

step 01 启动 PowerPoint 2013 软件后，在打开的界面中选择"空白演示文稿"选择，如图 5-99 所示。

step 02 在新建的幻灯片中，将标题和副标题文本框都删除，如图 5-100 所示。

step 03 在幻灯片空白处，右击，在弹出的快捷菜单中选择"设置背景格式"命令，如图 5-101 所示。

step 04 在"设置背景格式"任务窗格中，单击"填充颜色"按钮，在弹出的选项区域中选择"其他颜色"选项，如图 5-102 所示。

图 5-99　选择"空白演示文稿"选项

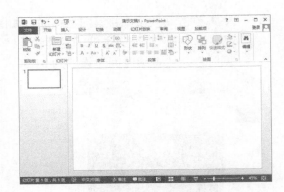

图 5-100　删除文本框

图 5-101　选择"设置背景格式"命令

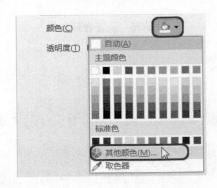

图 5-102　选择"其他颜色"选项

step 05　在弹出的"颜色"对话框中，切换至"自定义"选项卡，设置红色为 84，绿色为 130，蓝色为 53，如图 5-103 所示。

step 06　单击"确定"按钮，完成背景格式的设置，如图 5-104 所示。

图 5-103　设置颜色

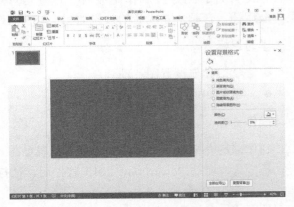

图 5-104　背景格式

step 07　单击"全部应用"按钮，并新建 4 个空白幻灯片，如图 5-105 所示。

step 08　选中第 1 张幻灯片，切换至"插入"选项卡，在"图像"组中，单击"图片"按钮，如图 5-106 所示。

图 5-105　复制幻灯片

图 5-106　单击"图片"按钮

step 09　在"插入图片"对话框中，选择随书附带光盘中的"CDROM\素材\Cha05\图片001.jpg"素材图片，然后单击"插入"按钮，如图 5-107 所示。

step 10　调整图片位置，在"设置图片格式"任务窗格中，将"大小"组中的"高度"设置为"9 厘米"，"宽度"设置为"12.24 厘米"，如图 5-108 所示。

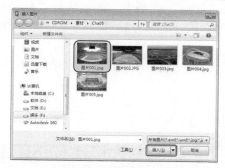

图 5-107　选择素材图片

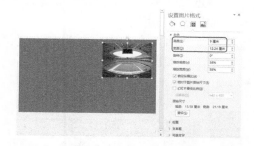

图 5-108　调整图片位置及大小

step 11　选中图片，在"格式"选项卡中，设置图片样式，如图 5-109 所示。

step 12　使用"横排文本框"输入文字，将字号分别设置为 48 和 24，然后设置文字颜色，如图 5-110 所示。

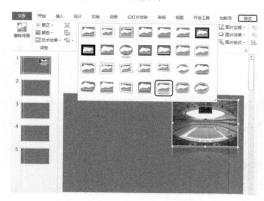

图 5-109　设置图片样式

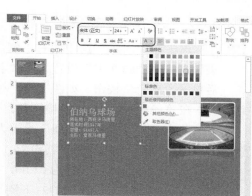

图 5-110　输入并设置文字

step 13 继续使用"横排文本框"输入文字，将字号设置为 24，然后设置文字颜色为白色，如图 5-111 所示。

step 14 使用相同的方法，制作其他幻灯片，如图 5-112 所示。

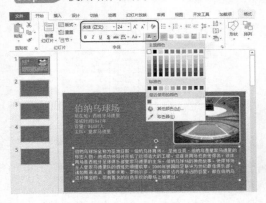

图 5-111　输入并设置文字

图 5-112　完成后的效果

step 15 选中第 1 张幻灯片中的图片，切换至"动画"选项卡，为其添加"翻转式由远及近"动画，将"开始"设置为"与上一动画同时"，"持续时间"设置为 01.00，如图 5-113 所示。

step 16 选中两个文本框，为其设置"出现"动画，将"开始"设置为"上一动画之后"，如图 5-114 所示。

图 5-113　设置"翻转式由远及近"动画　　　图 5-114　设置"出现"动画

step 17 单击在"动画"组中的右下侧 按钮，在弹出的"出现"对话框中，设置"效果"。将"动画文本"设置为"按字母"，将"字母之间延迟秒数"设置为 0.1，然后单击"确定"按钮，如图 5-115 所示。

step 18 在第 2 张幻灯片中选中图片，为其添加"缩放"动画，将"开始"设置为"上一动画之后"，"持续时间"设置为 02.00，如图 5-116 所示。

step 19 选中两个文本框，为其设置"淡出"动画，将"开始"设置为"上一动画之后"，"持续时间"设置为 01.00，如图 5-117 所示。

step 20 单击在"动画"组中的右下侧 按钮，在弹出的"淡出"对话框中，设置"效果"。将"动画文本"设置为"按字母"，将"字母之间延迟百分比"设置为 15，然后单击"确定"按钮,如图 5-118 所示。

图 5-115 "出现"对话框

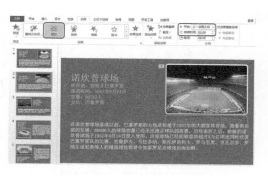

图 5-116 设置"缩放"动画

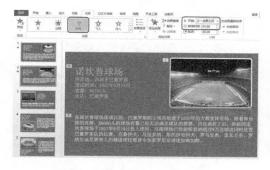

图 5-117 设置"淡出"动画

图 5-118 "淡出"对话框

step 21 在第 3 张幻灯片中选中图片,为其添加"弹跳"动画,将"开始"设置为"上一动画之后",如图 5-119 所示。

step 22 选中两个文本框,为其设置"飞入"动画,将"开始"设置为"上一动画之后",如图 5-120 所示。

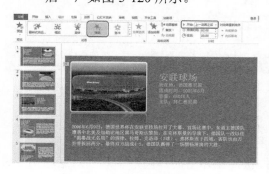

图 5-119 设置"弹跳"动画

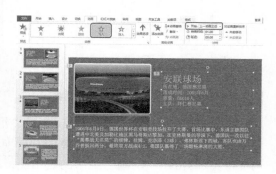

图 5-120 设置"飞入"动画

step 23 单击在"动画"组中的右下侧 按钮,在弹出的"飞入"对话框中,设置"效果"。将"动画文本"设置为"按字母",将"字母之间延迟百分比"设置为 20,然后单击"确定"按钮,如图 5-121 所示。

step 24 选中第 4 张幻灯片的图片,单击"动画"组中的下三角按钮,在弹出的列表中选择"更多进入效果"选项，如图 5-122 所示。

图 5-121　"飞入"对话框

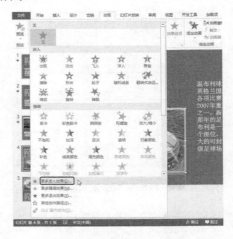

图 5-122　选择"更多进入效果"选项

step 25　在弹出的"更改进入效果"对话框中，选择"华丽型"中的"曲线向上"，然后单击"确定"按钮，如图 5-123 所示。

step 26　在"计时"组中，将"开始"设置为"上一动画之后"，如图 5-124 所示。

图 5-123　"更改进入效果"对话框

图 5-124　设置"开始"

step 27　选中两个文本框，为其设置"形状"动画，将"开始"设置为"上一动画之后"，"持续时间"设置为 01.00，如图 5-125 所示。

step 28　单击在"动画"组中的右下侧 按钮，在弹出的"圆形扩展"对话框中，设置"效果"。将"动画文本"设置为"按字母"，将"字母之间延迟百分比"设置为 10，然后单击"确定"按钮，如图 5-126 所示。

step 29　选中第 5 张幻灯片的图片，单击"动画"组中的下三角按钮，在弹出的列表中选择"更多进入效果"选项。在弹出的"更改进入效果"对话框中，选择"华丽型"中的"浮动"，然后单击"确定"按钮，如图 5-127 所示。

step 30　在"计时"组中，将"开始"设置为"上一动画之后"，如图 5-128 所示。

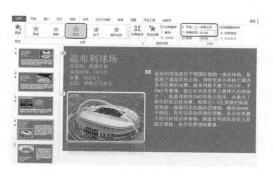

图 5-125　设置"形状"动画

图 5-126　"圆形扩展"对话框

图 5-127　"更改进入效果"对话框

图 5-128　设置"开始"

step 31　选中两个文本框，为其设置"浮入"动画，将"开始"设置为"上一动画之后"，如图 5-129 所示。

step 32　单击在"动画"组中的右下侧 按钮，在弹出的"上浮"对话框中，设置"效果"。将"动画文本"设置为"按字母"，将"字母之间延迟百分比"设置为 20，然后单击"确定"按钮，如图 5-130 所示。

图 5-129　设置"浮入"动画

图 5-130　"上浮"对话框

step 33　选中第 1 张幻灯片，切换至"插入"选项卡，选择"媒体"组中的"音频" |

"PC 上的音频"选项，如图 5-131 所示。

step 34　在弹出的"插入音频"对话框中，选择随书附带光盘中的"CDROM\素材\Cha05\背景音乐.mp3"素材音频，然后单击"插入"按钮，如图 5-132 所示。

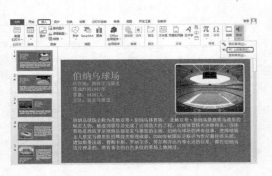

图 5-131　选择"PC 上的音频"选项

图 5-132　选择素材音频

step 35　调整音频图标的位置。在"编辑"组中，将"淡出"设置为 05:00，在"音频选项"组中，将"开始"设置为"自动"，选中"跨幻灯片播放"和"放映时隐藏"复选框，如图 5-133 所示。

step 36　切换至"动画"选项卡，单击"高级动画"组中的"动画窗格"按钮，在弹出的"动画窗格"任务窗格中，单击向上箭头 ▲ 按钮，将"背景音乐"调整到第一个位置，如图 5-134 所示。

图 5-133　设置音频播放

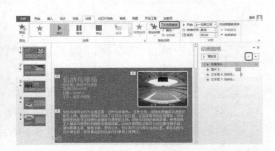

图 5-134　调整"背景音乐"的位置

第 6 章
美化幻灯片

本章重点

- ◆ 美化茶文化演示文稿
- ◆ 编辑端午节演示文稿
- ◆ 制作数据分析演示文稿
- ◆ 美化美食文化演示文稿

- ◆ 美化文化礼仪演示文稿
- ◆ 编辑生活帮助演示文稿
- ◆ 制作环境保护讲座幻灯片

相比较单一文字或图片的幻灯片，图文并茂的幻灯片更受人们的青睐。在 PowerPoint 中能够设置文字效果样式和图片效果样式，使幻灯片的画面更加生动，读者可以使用 PowerPoint 中所提供的多种效果样式设计出多样风格的幻灯片。本章将对多个案例的幻灯片进行美化，使读者掌握一些美化幻灯片的方法与技巧。

案例精讲 45　美化茶文化演示文稿

> 案例文件：CDROM\场景\Cha06\美化茶文化演示文稿.pptx
>
> 视频文件：视频教学\Cha06\美化茶文化演示文稿.avi

制作概述

本例介绍如何美化茶文化演示文稿。首先打开素材文件，设置文字格式，然后添加素材图片并绘制形状，最后设置幻灯片的动画效果。完成后的效果如图 6-1 所示。

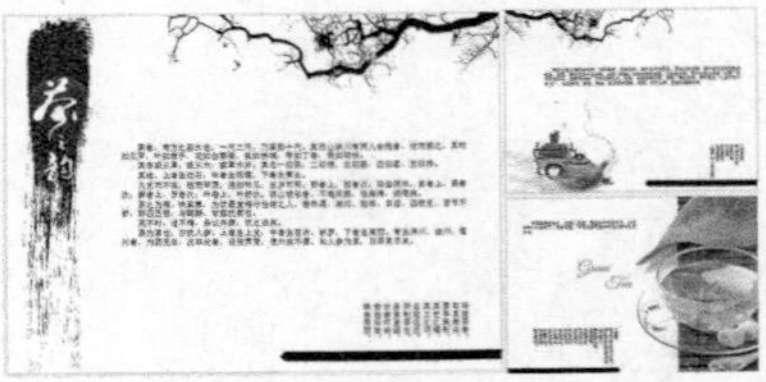

学习目标

● 学习如何设置文字的"首行缩进"。

● 掌握插入图片的方法。

图 6-1　美化茶文化演示文稿效果图

操作步骤

制作美化茶文化演示文稿的具体操作步骤如下。

step 01 打开随书附带光盘中的"CDROM\素材\Cha06\茶文化演示文稿.pptx"素材文件，如图 6-2 所示。

step 02 选中第 1 个文本框，在"开始"选项卡的"段落"组中，单击其右下角的 按钮，如图 6-3 所示。

图 6-2　打开素材文件

图 6-3　选择文本框

step 03 在弹出的"段落"对话框中，将"特殊格式"设置为"首行缩进"，"度量值"设置为"0.85 厘米"，如图 6-4 所示。

step 04 将第 1 张幻灯片的文字字号设置为 12，如图 6-5 所示。

step 05 选中第 2 个文本框，在"段落"组中的"文字方向"按钮 ，在弹出的列表中选择"竖排"选项，如图 6-6 所示。然后调整文本框的位置。

step 06 切换至"插入"选项卡，单击"图像"组中的"图片"按钮，在弹出的"插入图片"对话框中，选择随书附带光盘中的"CDROM\素材\Cha06\标题字.png"和"树.png"素材图片，单击"插入"按钮，如图 6-7 所示。

图 6-4 "段落"对话框

图 6-5 设置"字号"

图 6-6 选择"竖排"选项

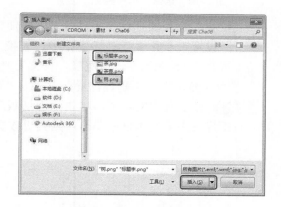

图 6-7 选择素材图片

step 07 调整素材图片的大小及位置，然后调整文本框的位置，如图 6-8 所示。

step 08 在"绘图"组中单击"形状"按钮，在弹出的列表中选择"箭头总汇"|"五边形"选项，如图 6-9 所示。

图 6-8 调整图片和文本框的位置

图 6-9 选择"五边形"选项

> **step 09** 在适当位置绘制图形，然后在"格式"选项卡的"排列"组中，单击"旋转"|"水平翻转"选项，如图 6-10 所示。

> **step 10** 在"形状样式"组中，单击如图 6-11 所示样式。

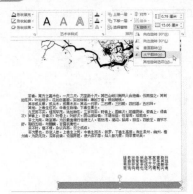

图 6-10 选择"水平翻转"选项　　　　　　　　　　　图 6-11 设置样式

> **step 11** 在绘制的形状上右击，在弹出的快捷菜单中选择"设置形状格式"命令。在"设置形状格式"任务窗格中，切换至"大小属性"，将"大小"中的"高度"设置为"0.5 厘米"，"宽度"设置为"11.4 厘米"，将"位置"中的"水平位置"为"14 厘米"，"垂直位置"设置为"18 厘米"，如图 6-12 所示。

> **step 12** 分别选中文本框，单击"剪切板"组中的"格式刷"按钮，然后分别在两个幻灯片中的文本框中单击，为其更改文本格式，如图 6-13 所示。

图 6-12 设置"大小"和"位置"　　　　　　　　　　图 6-13 设置文本格式

> **step 13** 将第 1 张幻灯片中的"树.png"素材图片和"五边形"形状复制到第 2 张幻灯片中，将"树.png"素材图片进行水平旋转，然后调整各个对象的位置，如图 6-14 所示。

> **step 14** 参照前面的操作方法，插入随书附带光盘中的"CDROM\素材\Cha06\茶壶.png"素材图片，然后对图片进行适当调整，如图 6-15 所示。

> **step 15** 参照前面的草纸步骤，设置第 3 张幻灯片，插入随书附带光盘中的"CDROM\素材\Cha06\茶.jpg"素材图片，然后对图片进行适当调整，如图 6-16 所示。

> **step 16** 在插入的图片上右击，在弹出的快捷菜单中选择"置于底层"命令，如图 6-17 所示。

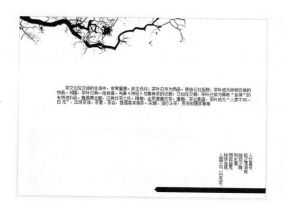

图 6-14　复制对象并调整位置

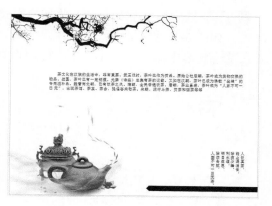

图 6-15　插入素材图片

图 6-16　设置第 3 张幻灯片

图 6-17　选择"置于底层"命令

step 17　选中的第 1 张幻灯片"标题字.png"的素材图片，切换至"动画"选项卡，为其设置"擦除"动画，将"效果选项"设置为"自顶部"，在"计时"组中，将"开始"设置为"上一动画之后"，"持续时间"设置为 01.00，如图 6-18 所示。

step 18　切换至"切换"选项卡，将切换样式设置为"分割"，"持续时间"设置为 02.00，如图 6-19 所示。

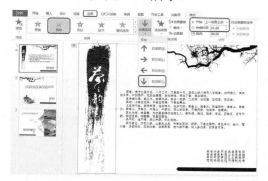

图 6-18　设置图片动画

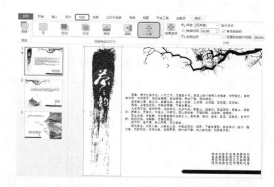

图 6-19　设置"切换"动画

step 19 ▶ 选中第 2 张幻灯片，将切换样式设置为"剥离"，"持续时间"设置为 02.00，如图 6-20 所示。

step 20 ▶ 选中第 3 张幻灯片，将切换样式设置为"立方体"，"持续时间"设置为 02.00，如图 6-21 所示。

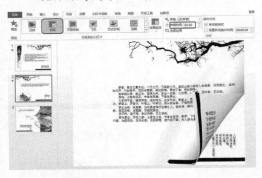 

图 6-20　设置"剥离"切换样式　　　　图 6-21　设置"立方体"切换样式

案例精讲 46　编辑端午节演示文稿

✎ 案例文件：CDROM\场景\Cha06\编辑端午节演示文稿.pptx

▶ 视频文件：视频教学\Cha06\编辑端午节演示文稿.avi

制作概述

本例介绍如何编辑端午节演示文稿。首先打开素材文件，然后设置文字格式，并设置素材图片，最后设置幻灯片的动画效果。完成后的效果如图 6-22 所示。

学习目标

● 学习如何设置文字格式。

● 掌握设置图片格式的方法。

图 6-22　编辑端午节演示文稿效果图

操作步骤

编辑端午节演示文稿的具体操作步骤如下。

step 01 ▶ 打开随书附带光盘中的"CDROM\素材\Cha06\端午节演示文稿.pptx"素材文件，如图 6-23 所示。

step 02 ▶ 在幻灯片的空白位置右击，在弹出的快捷菜单中选择"设置背景格式"命令。在"设置背景格式"任务窗格中，将"填充"设置为"纯色填充"，然后设置"颜色"，并单击"全部应用"按钮，如图 6-24 所示。

step 03 ▶ 选中"端午节"文本框，将字体设置为"方正魏碑简体"，将字号设置为 80，单击"文字阴影"按钮 $, 然后设置字体颜色，如图 6-25 所示。

step 04 ▶ 选中另外一个文本框，将"文字方向"设置为"竖排"，将字体设置为"隶书"，字号设置为 24，然后设置字体颜色，如图 6-26 所示。

图 6-23　打开素材文件

图 6-24　设置背景颜色

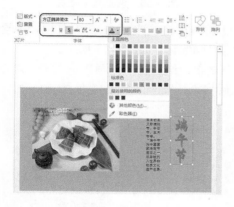

图 6-25　设置文字

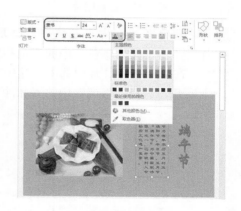

图 6-26　设置文字

step 05 选中图片，在"设置图片格式"任务窗格中，切换到"效果"，将"柔化边缘"的"大小"设置为"25 磅"，如图 6-27 所示。

step 06 打开第 2 张幻灯片，选中文本框，将字体设置为"隶书"，将字号设置为 24，然后设置字体颜色，如图 6-28 所示。

图 6-27　设置"柔化边缘"

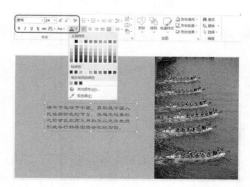

图 6-28　设置文字

step 07 调整图片的大小及位置，然后在"设置图片格式"任务窗格中，切换至"图片"，将"图片更正"中的"清晰度"设置为50%，如图 6-29 所示。

step 08 选中文本框，单击"剪切板"组中的"格式刷"按钮 ，然后在第 3 张幻灯片中的文本框中单击，为其更改文字格式，如图 6-30 所示。

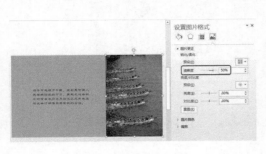

图 6-29　设置图片

图 6-30　设置文字格式

step 09 调整图片的大小及位置，然后在"设置图片格式"任务窗格中，切换至"图片"，将"图片颜色"中的"饱和度"设置为400%，如图 6-31 所示。

step 10 在第 1 张幻灯片中选中"端午节"3 个文字，切换至"动画"选项卡，将动画列表展开，选择"强调"中的"脉冲"，然后将"持续时间"设置为 02.00，如图 6-32 所示。

图 6-31　设置图片

图 6-32　设置动画

案例精讲 47　制作数据分析演示文稿

案例文件：CDROM\场景\Cha06\制作数据分析演示文稿.pptx

视频文件：视频教学\Cha06\制作数据分析演示文稿.avi

制作概述

本例介绍如何制作数据分析演示文稿。首先新建幻灯片，输入标题，然后创建形状并输入文字。使用相同的方法创建第 2 张和第 3 张幻灯片，最后设置幻灯片的动画效果。完成后的效果如图 6-33 所示。

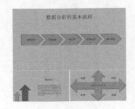

图 6-33　数据分析演示文稿效果图

学习目标

- 学习如何设置形状格式。
- 学习设置动画效果。

操作步骤

制作数据分析演示文稿的具体操作步骤如下。

`step 01` 启动 PowerPoint 2013 软件，新建一个空白演示文稿。在"开始"选项卡的"幻灯片"组中，单击"版式"按钮，在弹出的列表中选择"仅标题"选项，如图 6-34 所示。

`step 02` 单击"单击此处添加标题"文本框，输入标题文字"数据分析的基本流程"，然后将其设置为居中对齐，如图 6-35 所示。

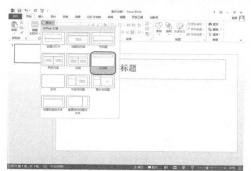

图 6-34 选择"仅标题"选项

图 6-35 输入标题

`step 03` 切换至"插入"选项卡，在"插图"组中单击"形状"按钮，在弹出的列表中选择"箭头总汇"|"五边形"选项，绘制一个"五边形"，如图 6-36 所示。

`step 04` 在"设置形状格式"任务窗格中，将"大小"中的"高度"设置为"3.3 厘米"，"宽度"设置为"6.7 厘米"，将"位置"中的"水平位置"设置为"2.5 厘米"，"垂直位置"设置为"8 厘米"，如图 6-37 所示。

图 6-36 绘制"五边形"

图 6-37 设置"大小"和"位置"

提示

在绘制的形状上右击，在弹出的快捷菜单中选择"设置形状格式"命令，即可打开"设置形状格式"任务窗格。

step 05 ▶ 切换至"插入"选项卡,在"插图"组中单击"形状"按钮,在弹出的列表中选择"箭头总汇"|"燕尾形"选项,绘制一个"燕尾形",如图 6-38 所示。

step 06 ▶ 在"设置形状格式"任务窗格中,将"大小"中的"高度"设置为"3.3 厘米","宽度"设置为"6.6 厘米",将"位置"中的"水平位置"为"8.4 厘米","垂直位置"设置为"8 厘米",如图 6-39 所示。

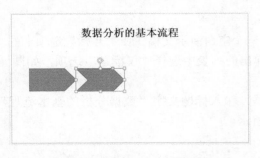

图 6-38 绘制一个"燕尾形" 　　　　图 6-39 设置"大小"和"位置"

step 07 ▶ 将"燕尾形"进行复制,然后调整其位置,如图 6-40 所示。

step 08 ▶ 选中第 1 个"五边形",右击,在弹出的快捷菜单中选择"编辑文字"命令,如图 6-41 所示。

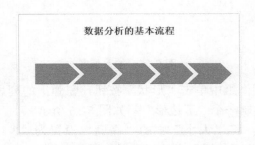

图 6-40 复制"燕尾形" 　　　　图 6-41 选择"编辑文字"命令

step 09 ▶ 在"五边形"中输入文字,将字体设置为"微软雅黑",单击"倾斜"按钮 I,将字体颜色设置为黑色,如图 6-42 所示。

step 10 ▶ 使用相同的方法输入其他文字,如图 6-43 所示。

图 6-42 输入文字 　　　　图 6-43 输入其他文字

step 11 选中所有形状，切换至"格式"选项卡，在"形状样式"组中选择"形状效果"|"棱台"|"松散嵌入"选项，如图 6-44 所示。

step 12 在幻灯片的空白处右击，在弹出的快捷菜单中选择"设置背景格式"命令。在"设置背景格式"任务窗格中，并设置"颜色"，然后单击"全部应用"按钮，如图 6-45 所示。

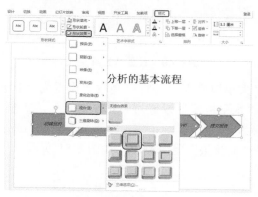

图 6-44　设置"棱台"

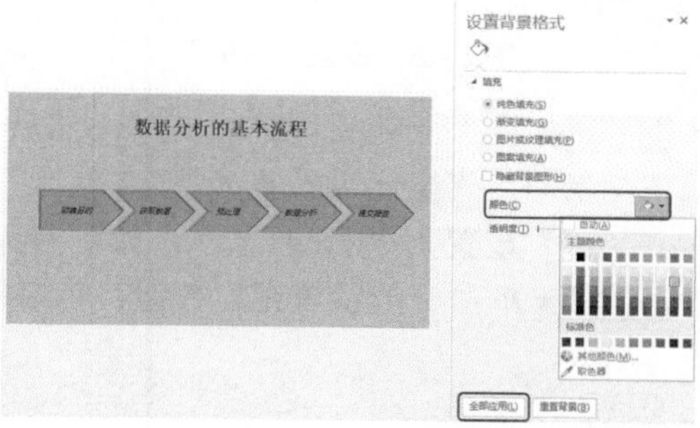

图 6-45　设置"颜色"

step 13 在"开始"选项卡的"幻灯片"组中，单击"新建幻灯片"按钮，在弹出的列表中选择"空白"选项，如图 6-46 所示。

step 14 切换至"插入"选项卡，在"插图"组中单击"形状"按钮，在弹出的列表中选择"箭头总汇"|"上箭头"，在幻灯片的适当位置绘制一个"上箭头"。在"设置形状格式"任务窗格中，将"高度"设置为"6 厘米"，"宽度"设置为"4.8 厘米"，"水平位置"设置为"0 厘米"，"垂直位置"设置为"13 厘米"，如图 6-47 所示。

图 6-46　选择"空白"选项

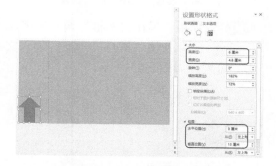

图 6-47　绘制"上箭头"

step 15 切换到"效果"，将"阴影"展开，设置"透明度"为 50%，设置"大小"为 100%，设置"模糊"为"4 磅"，"角度"为 15°，"距离"为"10 磅"，如图 6-48 所示。

step 16 将"三维格式"展开，设置"顶部棱台"中的"宽度"为"5 磅"，"高度"为"5 磅"，设置"曲面图"的颜色为白色，"大小"设置为"3.5 磅"，如图 6-49 所示。

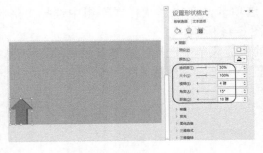

图 6-48　设置"阴影"

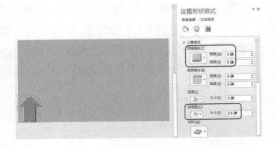

图 6-49　设置"三维格式"

step 17　将"上箭头"进行复制，然后在"大小属性"中，将"高度"设置为"10.4 厘米"，"宽度"设置为"7.2 厘米"，"水平位置"设置为"3.75 厘米"，"垂直位置"设置为"8.6 厘米"，如图 6-50 所示。

step 18　单击"形状填充"按钮，为复制的"上箭头"更改颜色，如图 6-51 所示。

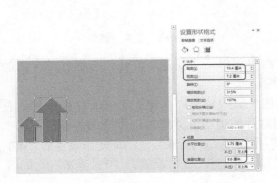

图 6-50　设置"大小"和"位置"

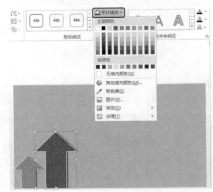

图 6-51　设置"形状填充"

step 19　使用"横排文本框"输入文字，将文字的字号设置为 40，如图 6-52 所示。

step 20　继续使用"横排文本框"输入文字，将文字的字号设置为 24，然后调整文字的位置，如图 6-53 所示。

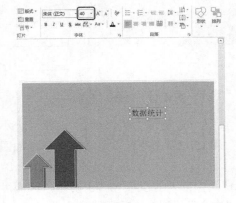

图 6-52　输入文字

图 6-53　输入文字

step 21 新建一个空白幻灯片，然后绘制一个"十字箭头"，并调整其大小及位置，如图 6-54 所示。

step 22 在"十字箭头"中输入文字，然后将字号设置为 40，如图 6-55 所示。

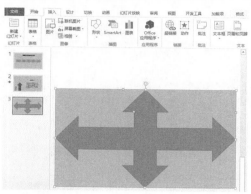

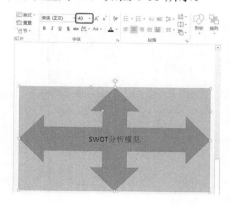

图 6-54 创建"十字箭头"　　　　　　　　图 6-55 输入文字

step 23 选中所有形状，切换至"格式"选项卡，在"形状样式"组中选择"形状效果"|"棱台"|"十字形"选项，如图 6-56 所示。

step 24 在"设置形状格式"任务窗格，切换到"效果"，将"阴影"展开，设置"透明度"为 0%，设置"大小"为 100%，设置"模糊"为"8 磅"，设置"角度"为 90°，"距离"为"3 磅"，如图 6-57 所示。

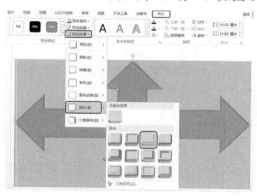

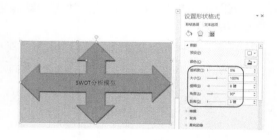

图 6-56 设置"形状效果"　　　　　　　　图 6-57 设置"阴影"

step 25 使用"横排文本框"输入文字，将字体设置为"微软雅黑"，将字号设置为 40，如图 6-58 所示。

step 26 在第 1 张幻灯片中，选中所有对象，切换至"动画"选项卡，为其设置"淡出"动画，在"计时"组中，将"开始"设置为"上一动画之后"，如图 6-59 所示。

step 27 在第 2 张幻灯片中选中两个"上箭头"，为其设置"飞入"动画，在"计时"组中，将"开始"设置为"上一动画之后"，如图 6-60 所示。

step 28 选中所有文本框，为其设置"淡出"动画，在"计时"组中，将"开始"设置为"上一动画之后"，如图 6-61 所示。

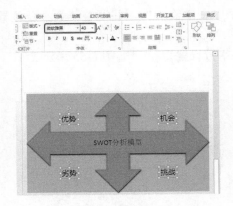

图 6-58　输入文字

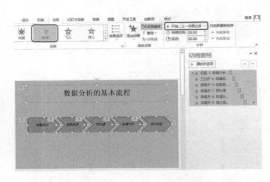

图 6-59　设置"淡出"动画

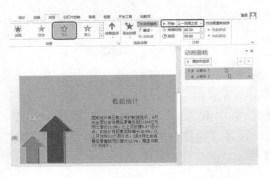

图 6-60　设置"飞入"动画

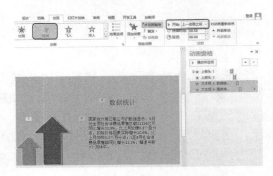

图 6-61　设置"淡出"动画

step 29 ▶ 在第 3 张幻灯片中选择"十字箭头"，为其设置"挥鞭式"动画，在"计时"
组中，将"开始"设置为"上一动画之后"，"持续时间"设置为 01.00，如图 6-62
所示。

step 30 ▶ 选中所有文本框，为其设置"淡出"动画，在"计时"组中，将"开始"设置
为"上一动画之后"，如图 6-63 所示。

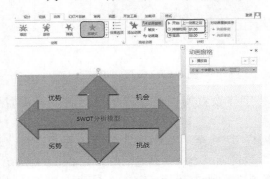

图 6-62　设置"挥鞭式"动画

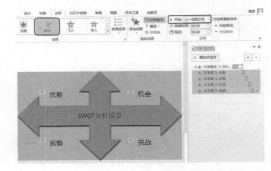

图 6-63　设置"淡出"动画

提示　　　在动画列表中选择"更多进入效果"命令，在弹出的"更改进入效果"对话
框中，选择"挥鞭式"效果，然后单击"确定"按钮。

案例精讲 48 美化美食文化演示文稿

✎ 案例文件：CDROM\场景\Cha06\美化美食文化演示文稿.pptx

🖌 视频文件：视频教学\Cha06\美化美食文化演示文稿.avi

制作概述

本例介绍如何美化美食文化演示文稿。首先打开素材文件后，分别设置每个幻灯片的图片样式和文字样式，创建形状并设置形状样式，设置背景图片，最后设置动画效果。完成后的效果如图 6-64 所示。

学习目标

● 学习如何设置图片样式。

● 学习设置背景图片。

图 6-64　美食文化演示文稿效果图

操作步骤

美化美食文化演示文稿的具体操作步骤如下。

step 01 打开随书附带光盘中的 "CDROM\素材\Cha06\美食文化演示文稿.pptx" 素材文件，如图 6-65 所示。

step 02 在第 1 张幻灯片的空白位置右击，在弹出的快捷菜单中选择 "设置背景格式" 命令。在 "设置背景格式" 任务窗格中，将 "填充" 设置为 "图片或纹理填充"，然后单击 "插入图片来自" 中的 "文件" 按钮，如图 6-66 所示。

图 6-65　打开素材图片

图 6-66　单击 "文件" 按钮

step 03 在弹出的 "插入图片" 对话框中，选择随书附带光盘中的 "CDROM\素材\Cha06\S001.jpg" 素材图片，然后单击 "插入" 按钮，如图 6-67 所示。

step 04 切换至 "图片" 选项，将 "图片更正" 中的 "清晰度" 设置为-50%，如图 6-68 所示。

step 05 选中图片，切换至 "格式" 选项卡，在 "图片样式" 组中的设置如图 6-69 所示的图片样式。

step 06 选中文本框，切换至"开始"选项卡。将字体设置为"微软雅黑"，然后设置字体颜色，如图 6-70 所示。

图 6-67　选择素材图片

图 6-68　设置"清晰度"

图 6-69　设置图片样式

图 6-70　设置文字样式

step 07 在"插入"选项卡中，使用"形状"中的"矩形"，在适当位置绘制一个矩形。在"设置形状格式"任务窗格中，切换至"大小属性"，将"大小"中的"高度"设置为"4.7 厘米"，"宽度"设置为"33.9 厘米"，将"位置"中的"水平位置"设置为"0 厘米"，"垂直位置"设置为"6.85 厘米"，如图 6-71 所示。

step 08 切换至"填充线条"选项，将"填充"中的"颜色"设置为白色，"透明度"设置为 50%，将"线条"中的"颜色"设置为白色，如图 6-72 所示。

step 09 在矩形上右击，在弹出的快捷菜单中选择"置于底层"命令，将矩形置于幻灯片的底层，如图 6-73 所示。

step 10 选择幻灯片中的所有对象，切换至"动画"选项卡，为其设置"浮入"动画，将"开始"设置为"与上一动画同时"，"持续时间"设置为 02.00，如图 6-74 所示。

step 11 选中文本框，切换至"开始"选项卡，单击"剪切板"组中的"格式刷"按钮 ✎，然后在第 2 张幻灯片中的文本框中单击，为其更改文字格式，如图 6-75 所示。

step 12 选中图片，切换至"格式"选项卡，在"图片样式"组中的设置如图 6-76 所示的图片样式。

图 6-71　设置"大小"和"位置"

图 6-72　设置"填充"和"线条"

图 6-73　将矩形置于幻灯片的底层

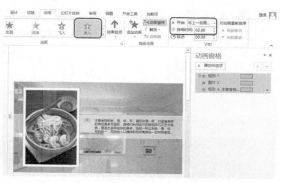

图 6-74　设置"浮入"动画

图 6-75　更改文字格式

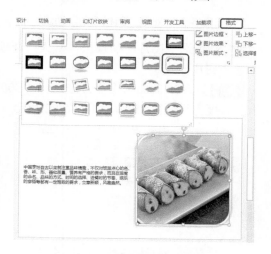

图 6-76　设置图片样式

step 13　参照前面的操作方法，将"S002.jpg"素材图片设置为背景图片，然后将"清晰度"设置为-50%，如图 6-77 所示。

step 14　参照前面的操作方法，创建矩形并设置矩形样式，然后将其置于底层，如图 6-78 所示。

图 6-77　设置背景图片　　　　　　　　　图 6-78　创建矩形

step 15　选中幻灯片中的所有对象，切换至"动画"选项卡，为其设置"随机线条"动画，将"开始"设置为"与上一动画同时"，"持续时间"设置为 02.00，如图 6-79 所示。

step 16　选中文本框，切换至"开始"选项卡，单击"剪切板"组中的"格式刷"按钮，然后在第 3 张幻灯片中的文本框中单击，为其更改文字格式，如图 6-80 所示。

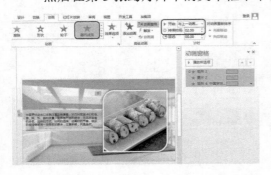

图 6-79　设置"随机线条"动画　　　　　　图 6-80　设置文字格式

step 17　选中图片，切换至"格式"选项卡，在"图片样式"组中设置如图 6-81 所示的图片样式。

step 18　参照前面的操作方法，将"S003.jpg"素材图片设置为背景图片，然后将"清晰度"设置为-50%，如图 6-82 所示。

图 6-81　设置图片样式　　　　　　　　　图 6-82　设置背景图片

step 19 参照前面的操作方法，创建矩形并设置矩形样式，将"大小"中的"高度"设置为"5.5 厘米"，"宽度"设置为"33.9 厘米"，将"位置"中的"水平位置"设置为"0 厘米"，"垂直位置"设置为"6.5 厘米"，然后将其置于底层，如图 6-83 所示。

step 20 选中幻灯片中的所有对象，切换至"动画"选项卡，为其设置"翻转式由远及近"动画，将"开始"设置为"与上一动画同时"，"持续时间"设置为 02.00，如图 6-84 所示。

图 6-83　创建矩形

图 6-84　设置"翻转式由远及近"动画

案例精讲 49　美化文化礼仪演示文稿

案例文件：CDROM\场景\Cha06\美化文化礼仪演示文稿.pptx

视频文件：视频教学\Cha06\美化文化礼仪演示文稿.avi

制作概述

本例介绍如何美化文化礼仪演示文稿。打开素材文件，然后绘制并设置形状，设置文字样式。使用相同的方法设置其他幻灯片并设置动画效果。完成后的效果如图 6-85 所示。

图 6-85　文化礼仪演示文稿效果图

学习目标

- 学习如何设置形状格式。
- 学习如何设置文字。

操作步骤

美化文化礼仪演示文稿的具体操作步骤如下。

step 01 打开随书附带光盘中的"CDROM\素材\Cha06\文化礼仪演示文稿.pptx"素材文件，如图 6-86 所示。

step 02 在"插入"选项卡中，使用"形状"中的"矩形"，在适当位置绘制一个矩形。在"设置形状格式"任务窗格中，切换至"大小属性"选项，将"大小"中的"高度"设置为"13.2 厘米"，"宽度"设置为"25.5 厘米"，如图 6-87 所示。

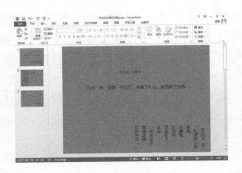

图 6-86　打开素材文件

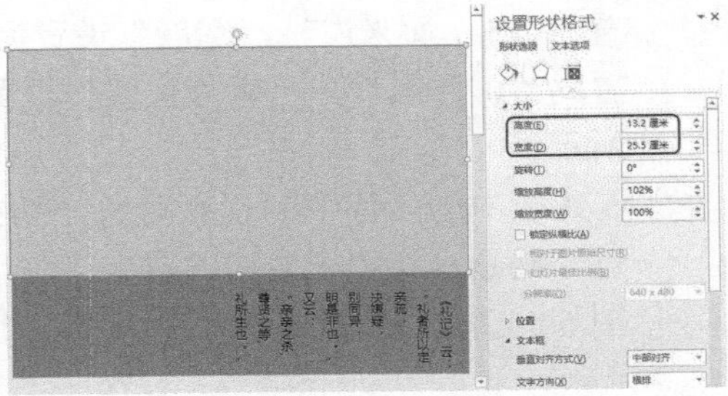

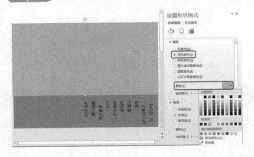

图 6-87　绘制矩形

step 03　切换至"填充线条"，将"填充"设置为"纯色填充"，然后设置颜色，如图 6-88 所示。

step 04　将"线条"中的"颜色"设置为白色，"宽度"设置为"3 磅"，如图 6-89 所示。

图 6-88　设置"填充"

图 6-89　设置"线条"

step 05　在矩形上右击，在弹出的快捷菜单中选择"置于底层"命令，将矩形置于幻灯片的底层，如图 6-90 所示。

step 06　选中第 1 个文本框，在"开始"选项卡中，将字体设置为"微软雅黑"，字号设置为 32，单击"加粗"按钮 B 和"文字阴影"按钮 S，然后将字体颜色设置为白色，如图 6-91 所示。

图 6-90　将矩形置于底层

图 6-91　设置文字

step 07　将剩余文字的颜色都设置为白色，并将最下面的文本的字号设置为 14，如图 6-92 所示。

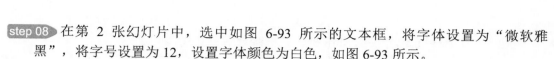

step 08 在第 2 张幻灯片中，选中如图 6-93 所示的文本框，将字体设置为"微软雅黑"，将字号设置为 12，设置字体颜色为白色，如图 6-93 所示。

图 6-92　设置文字

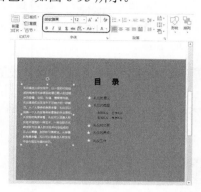

图 6-93　设置文字

step 09 参照前面的操作步骤，创建一个矩形，将其"高度"设置为"19.1 厘米"，"宽度"设置为"16.1 厘米"，如图 6-94 所示。

step 10 将矩形置于底层，然后切换到"填充线条"，将"填充"中的"透明度"设置为 60%，将"线条"设置为"无线条"，如图 6-95 所示。

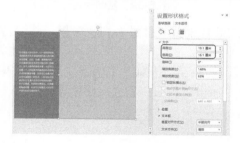

图 6-94　创建矩形

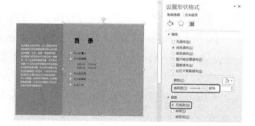

图 6-95　设置"填充"和"线条"

step 11 在"插入"选项卡中，使用"形状"中的"直线"，在适当位置绘制一条直线。在"设置形状格式"对话框中，将"线条"中的"宽度"设置为"3 磅"，"联接类型"设置为"圆形"，如图 6-96 所示。

step 12 创建一个矩形，将其"高度"设置为"0.9 厘米"，"宽度"设置为"13.6 厘米"，将矩形移动到文字的下层，如图 6-97 所示。

图 6-96　绘制直线

图 6-97　创建矩形

绘制直线时按住 Shift 键，能够绘制水平直线。

在矩形上右击，在弹出的快捷菜单中选择"置于底层" | "下移一层"命令，即可将其向下层移动。对矩形执行多次"下移一层"命令，即可将其移动到文字的下层。

step 13 切换至"填充线条"，设置"填充"的颜色，将"线条"设置为"无线条"，如图 6-98 所示。

step 14 对矩形进行多次复制，然后移动到文字的下层，如图 6-99 所示。

图 6-98　设置"填充"和"线条"

图 6-99　复制矩形

step 15 切换至"切换"选项卡，为第 2 张幻灯片设置"推进"切换效果，将"持续时间"设置为 02.00，如图 6-100 所示。

step 16 选中第 3 张幻灯片中的英文文本框，切换至"开始"选项卡，将字体设置为"微软雅黑"，将字号设置为 48，单击"加粗"按钮 B 和"文字阴影"按钮 S，然后将字体颜色设置为白色，如图 6-101 所示。

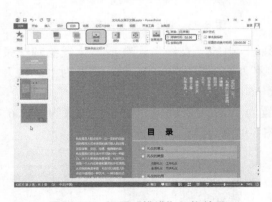

图 6-100　设置"推进"切换效果

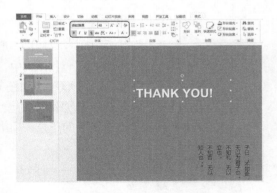

图 6-101　设置文字

step 17 选择中文文本框，将字体设置为"微软雅黑"，将字号设置为 12，然后将字体颜色设置为白色，如图 6-102 所示。

step 18 将第 1 张幻灯片中的矩形复制到第 3 张幻灯片中，然后将其置于底层，如图 6-103 所示。

图 6-102　设置文字

图 6-103　复制矩形

step 19 切换至"切换"选项卡，为第 3 张幻灯片设置"覆盖"切换效果，如图 6-104 所示。

step 20 选中幻灯片中的所有对象，切换至"动画"选项卡，为其设置为"飞入"动画，将"开始"设置为"与上一动画同时"，"持续时间"设置为 01.00，如图 6-105 所示。

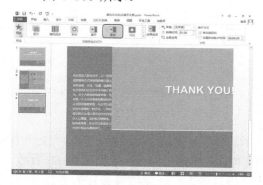

图 6-104　设置"覆盖"切换效果

图 6-105　设置"飞入"动画

案例精讲 50　编辑生活帮助演示文稿

> 案例文件：CDROM\场景\Cha06\生活帮助演示文稿.pptx
>
> 视频文件：视频教学\Cha06\编辑生活帮助演示文稿.avi

制作概述

本例介绍如何编辑生活帮助演示文稿。首先打开素材文件，然后设置各个幻灯片的背景图片、文字样式、图片样式和动画效果，最后设置幻灯片之间的切换效果。完成后的效果如图 6-106 所示。

学习目标

● 　学习如何设置背景图片。

图 6-106　生活帮助演示文稿效果图

- 学习如何设置文字样式。
- 学习如何设置动画效果。

操作步骤

编辑生活帮助演示文稿的具体操作步骤如下。

step 01 打开随书附带光盘中的"CDROM\素材\Cha06\生活帮助演示文稿.pptx"素材文件，如图 6-107 所示。

step 02 在幻灯片的空白位置右击，在弹出的快捷菜单中选择"设置背景格式"命令。在"设置背景格式"任务窗格中，选中"图片或纹理填充"单选按钮，单击"文件"按钮。在弹出的"插入图片"对话框中，选择随书附带光盘中的"CDROM\素材\Cha06\001.jpg"素材图片，然后单击"插入"按钮，如图 6-108 所示。

图 6-107 打开素材文件　　　　　　　　图 6-108 选择素材图片

step 03 选中第 1 个文本框，将字体设置为"微软雅黑"，将字号设置为 60，单击"加粗"按钮 B 和"文字阴影"按钮 S，然后将"字体颜色"设置为白色，如图 6-109 所示。

step 04 选中第 2 个文本框，将字体设置为"微软雅黑"，将字号设置为 32，单击"加粗"按钮 B，如图 6-110 所示。

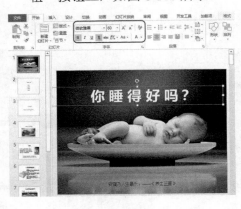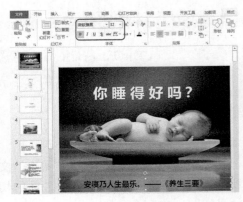

图 6-109 设置文字　　　　　　　　图 6-110 设置文字

step 05 选中文本框中的部分文字，将字体颜色更改为白色，如图 6-111 所示。

step 06 选中第 1 个文本框，切换至"动画"选项卡，为其设置"淡出"动画，在"计时"组中，将"持续时间"设置为 01.00，如图 6-112 所示。

图 6-111　更改"字体颜色"

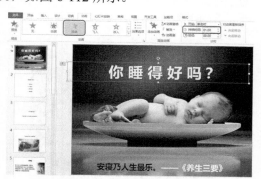

图 6-112　设置"淡出"动画

step 07 选中第 2 个文本框，在"动画"组中，单击下三角按钮，在弹出的下拉列表中选择"更多进入效果"，如图 6-113 所示。

step 08 在弹出的"更改进入效果"对话框中，选择"华丽型"中的"挥鞭式"，然后单击"确定"按钮，如图 6-114 所示。

step 09 单击在"动画"组中的右下侧 按钮，在弹出的"挥鞭式"对话框中，设置"效果"。将"动画文本"设置为"按字母"，将"字母之间延迟百分比"设置为 10，然后单击"确定"按钮，如图 6-115 所示。

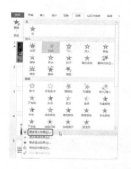
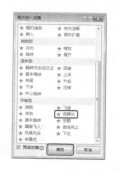
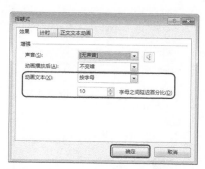

图 6-113　选择"更多进入效果"　　图 6-114　选择"挥鞭式"　　图 6-115　　"挥鞭式"对话框

step 10 在"计时"组中，将"持续时间"设置为 01.00，如图 6-116 所示。

step 11 参照前面的操作步骤，将随书附带光盘中的"CDROM\素材\Cha06\背景.jpg"素材图片设置为第 2 张幻灯片的背景，在"设置背景格式"任务窗格中，将"向上偏移"和"向下偏移"都设置为 0%，如图 6-117 所示。

step 12 选中第 1 个文本框，将字体设置为"微软雅黑"，将字号设置为 48，然后将部分文字的字体颜色设置为红色，如图 6-118 所示。

step 13 选择剩余的文本框，将字体设置为"微软雅黑"，将字号设置为 36，如图 6-119 所示。

step 14 在第 1 张幻灯片中，选中下侧的文本框，切换至"动画"选项卡，单击"高级动画"组中的"动画刷"按钮，如图 6-120 所示。

step 15 在第 2 张幻灯片中，分别在各文本框上单击，为其设置动画效果，如图 6-121
所示。

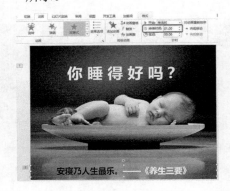

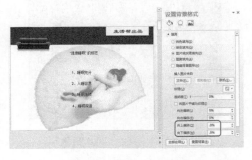

图 6-116 设置"持续时间"   图 6-117 设置背景图片

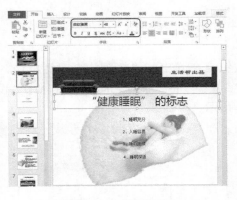

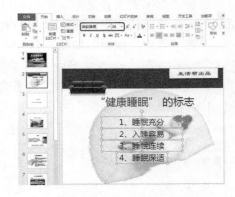

图 6-118 设置文字   图 6-119 设置文字

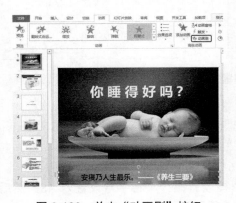

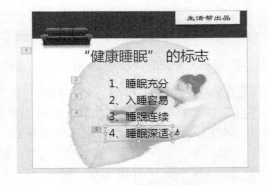

图 6-120 单击"动画刷"按钮   图 6-121 设置动画效果

再次单击"高级动画"组中的"动画刷"或按 Esc 键，将取消"动画刷"。

step 16 参照前面的操作方法设置第 3 张幻灯片的背景。然后选中第 1 个文本框，将字

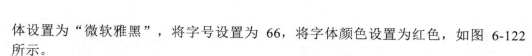

体设置为"微软雅黑"，将字号设置为 66，将字体颜色设置为红色，如图 6-122
所示。

step 17 ▶ 选中第 2 个文本框，将字体设置为"微软雅黑"，将字号设置为 32，然后设置
字体颜色，如图 6-123 所示。

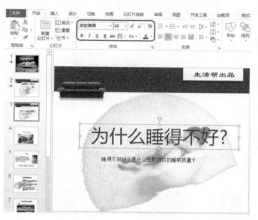

图 6-122 设置文字

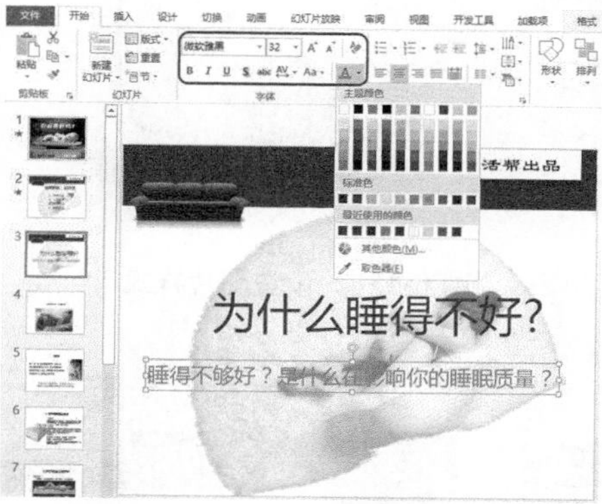

图 6-123 设置文字

step 18 ▶ 选中第 3 张幻灯片中的两个文本框，切换至"动画"选项卡，为其设置"淡
出"动画，将"开始"设置为"上一动画之后"，"持续时间"设置为 01.50，如
图 6-124 所示。

step 19 ▶ 参照前面的操作方法设置第 4 张幻灯片的背景。然后选中文本框，将字体设置
为"黑体"，将字号设置为48，将字体颜色设置为红色，如图 6-125 所示。

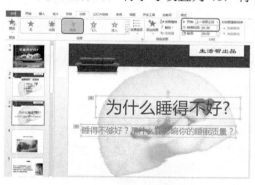

图 6-124 设置"淡出"动画

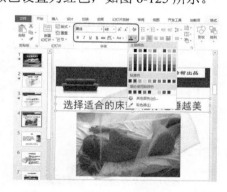

图 6-125 设置文字

step 20 ▶ 选中幻灯片中的图片，切换至"格式"选项卡，设置图片样式，如图 6-126 所示。

step 21 ▶ 在"图片样式"组中，选择"图片边框"|"无轮廓"选项，如图 6-127 所示。

step 22 ▶ 切换至"动画"选项卡，为其设置"淡出"动画，将"持续时间"设置为
01.00，如图 6-128 所示。

step 23 ▶ 选中文本框，为其设置"淡出"动画，将"开始"设置为"上一动画之后"，
将"持续时间"设置为 01.00，如图 6-129 所示。

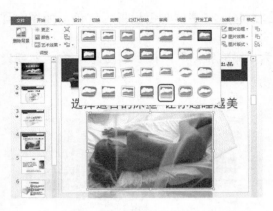

图 6-126　设置图片样式

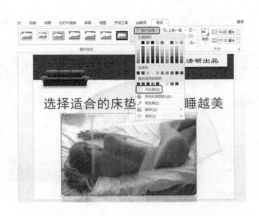

图 6-127　选择"无轮廓"选项

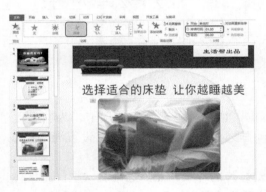

图 6-128　设置"淡出"动画

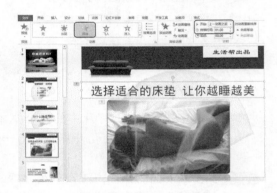

图 6-129　设置"淡出"动画

step 24 参照前面的操作方法设置第 5 张幻灯片的背景。然后选中第 1 个文本框，将字号设置为 40，将字体颜色设置为白色，如图 6-130 所示。

step 25 选中第 2 个文本框，在"段落"组中，单击"项目符号"按钮，在弹出的列表中选择要设置的项目符号，如图 6-131 所示。

图 6-130　设置文字

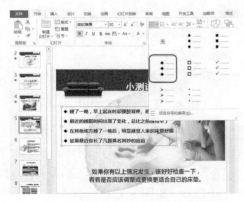

图 6-131　设置"项目符号"

step 26 选中第 1 个文本框，切换至"动画"选项卡，为其设置"淡出"动画，如图 6-

132 所示。

step 27 选中第 2 个文本框中的第 1 段文字，为其设置"淡出"动画，如图 6-133 所示。

图 6-132　设置"淡出"动画　　　　　　　　　　图 6-133　设置"淡出"动画

step 28 使用相同的方法设置其他段落的文字动画，如图 6-134 所示。

step 29 选中最下侧的文本框，为其设置"飞入"动画，如图 6-135 所示。

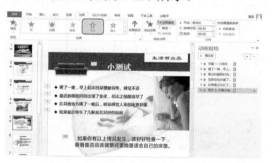

图 6-134　设置其他段落的文字动画　　　　　　图 6-135　设置"飞入"动画

step 30 选择第 6 张幻灯片，参照前面的操作方法设置第 5 张幻灯片的背景。然后选中第 1 个文本框，将字体颜色设置为白色，如图 6-136 所示。

step 31 选中第 2 个文本框中的黑色文字，在"段落"组中，单击"项目符号"按钮，在弹出的列表中选择要设置的项目符号，如图 6-137 所示。

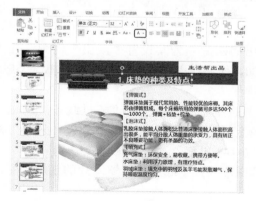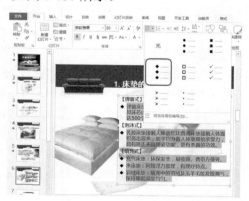

图 6-136　设置文字　　　　　　　　　　　　图 6-137　设置"项目符号"

step 32 选中第 1 个文本框，切换至"动画"选项卡，为其设置"基本缩放"动画，如图 6-138 所示。

step 33 选中第 2 个文本框中的红色文字，为其设置"淡出"动画，如图 6-139 所示。

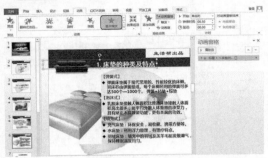

图 6-138 设置"基本缩放"动画

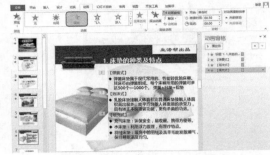

图 6-139 设置"淡出"动画

 在动画列表中选择"更多进入效果"命令，在弹出的"更改进入效果"对话框中，选择"基本缩放"效果，然后单击"确定"按钮。

step 34 选择如图 6-140 所示文字，为其设置"淡出"动画。

step 35 使用相同的方法为其他段落文字设置"淡出"动画，如图 6-141 所示。

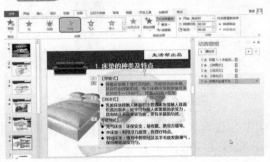

图 6-140 设置"淡出"动画 　　　　　　图 6-141 设置"淡出"动画

step 36 选中图片，为其添加"随机线条"动画，在"计时"组中，将"开始"设置为"与上一动画同时"，如图 6-142 所示。

step 37 将图片置于底层，然后选中显示出的图片，为其设置"淡出"动画，在"计时"组中，将"持续时间"设置为 02.00，然后在"动画窗格"对话框中，单击 ▲ 按钮调整动画顺序，如图 6-143 所示。

step 38 将图片置于底层，然后选中显示出的图片，为其设置"随机线条"动画，在"计时"组中，将"开始"设置为"与上一动画同时"，然后在"动画窗格"对话框中，单击 ▲ 按钮调整动画顺序，如图 6-144 所示。

step 39 将图片置于底层，然后将显示出的图片也置于底层，设置图片的叠放顺序，如图 6-145 所示。

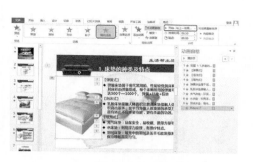

图 6-142　设置"随机线条"动画

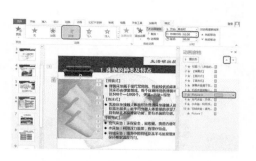

图 6-143　设置"淡出"动画

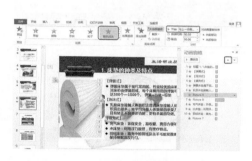

图 6-144　设置"随机线条"动画

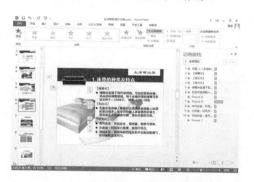

图 6-145　设置图片的叠放顺序

step 40　参照前面的操作步骤，设置第 7 张幻灯片的背景，并设置字体颜色及项目符号，如图 6-146 所示。

step 41　选中两个图片，切换至"格式"选项卡，为其设置图片样式，如图 6-147 所示。

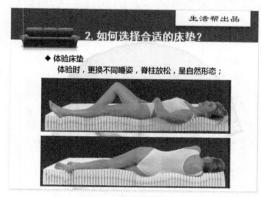

图 6-146　设置第 7 张幻灯片

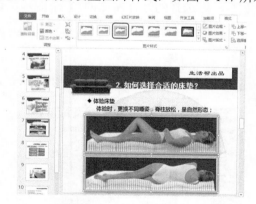

图 6-147　设置图片样式

step 42　选中第 1 个文本框，为其设置"基本缩放"动画，如图 6-148 所示。

step 43　选中"体验床垫"4 个字，为其设置"弹跳"动画，如图 6-149 所示。

step 44　为剩余的文字和图片分别设置"淡出"动画，如图 6-150 所示。

step 45　参照前面的操作步骤，设置第 8 张幻灯片的背景，并设置字体颜色及项目符号，如图 6-151 所示。

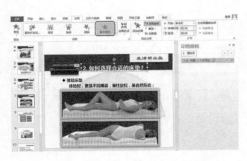

图 6-148 设置"基本缩放"动画

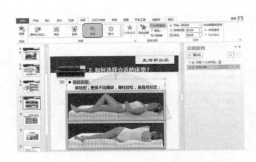

图 6-149 设置"弹跳"动画

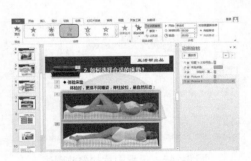

图 6-150 设置"淡出"效果

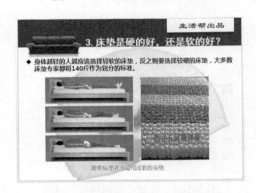

图 6-151 设置第 8 个幻灯片

step 46 选中最下侧的文本框，将字体设置为"方正粗倩简体"，将字号设置为 32，单击"文字阴影"按钮，然后将字体颜色设置为白色，如图 6-152 所示。

step 47 选择幻灯片左侧的 3 个图片，切换至"格式"选项卡，为其设置图片样式，如图 6-153 所示。

图 6-152 设置文字

图 6-153 设置图片样式

step 48 选中幻灯片右侧的图片，为其设置图片样式，如图 6-154 所示。

step 49 选中幻灯片中的所有对象，切换至"动画"选项卡，为其设置"淡出"动画，将"开始"设置为"单击时"，然后在"动画窗格"对话框中调整动画的播放顺序，如图 6-155 所示。

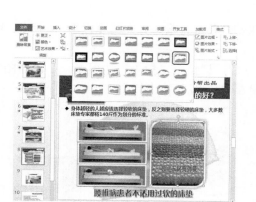

图 6-154　设置图片样式

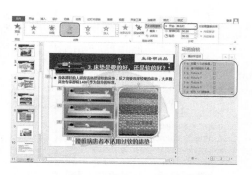

图 6-155　设置"淡出"动画

　参照前面的操作步骤，设置第 9 张幻灯片的背景，并为其设置文字，如图 6-156 所示。

step 51　选中图片，切换至"格式"选项卡，选择"图片样式"组中的"图片效果"|"预设"|"预设 1"选项，如图 6-157 所示。

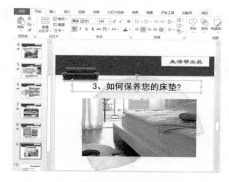

图 6-156　设置第 9 张幻灯片

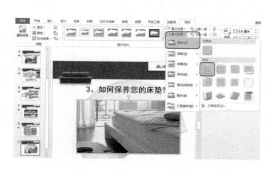

图 6-157　设置"图片效果"

step 52　选择文本框，切换至"动画"选项卡，为其设置"基本缩放"动画，如图 6-158 所示。

step 53　选中图片，为其设置"飞入"动画，并将"持续时间"设置为 01.00，如图 6-159 所示。

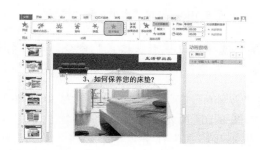

图 6-158　设置"基本缩放"动画

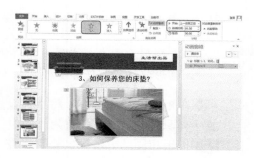

图 6-159　设置"飞入"动画

step 54 参照前面的操作步骤，设置第 10 张幻灯片的背景，并为其设置文字，如图 6-160 所示。

step 55 在幻灯片窗格中，选择第 11 张幻灯片，切换至"插入"选项卡，在"插图"组中，选择"形状"|"矩形"选项，如图 6-161 所示。

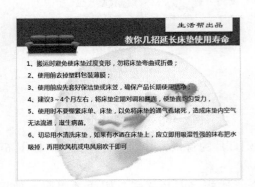

图 6-160 设置第 10 张幻灯片   图 6-161 选择"矩形"选项

step 56 在适当位置绘制矩形，设置"形状填充"的颜色，并将"形状轮廓"设置为白色，如图 6-162 所示。

step 57 在"设置形状格式"任务窗格中，将"大小"中的"高度"设置为"3.7 厘米"，"宽度"设置为"12.3 厘米"；在"位置"中，将"水平位置"设置为"0 厘米"，"垂直位置"设置为"0.9 厘米"，如图 6-163 所示。

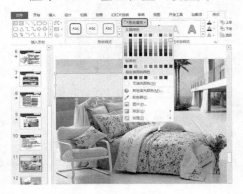 

图 6-162 绘制矩形   图 6-163 设置"大小"和"位置"

在矩形上右击，在弹出的快捷菜单中选择"设置形状格式"命令，即可打开"设置形状格式"任务窗格。

step 58 在矩形中输入文字，将字体设置为"黑体(正文)"，将字号设置为 40，然后设置字体颜色，并将其设置为"居中"，如图 6-164 所示。

step 59 使用相同的方法绘制矩形，在"设置形状格式"任务窗格中，将"填充"中的"颜色"设置为白色，"透明度"设置为 36%，将"线条"设置为"无线条"，如图 6-165 所示。

图 6-164　输入文字　　　　　　　　　　图 6-165　绘制矩形

 在矩形上右击，在弹出的快捷菜单中选择"编辑文字"命令，即可在矩形中输入文字。

step 60　切换至"大小属性"，将"大小"中的"高度"设置为"4.3 厘米"，"宽度"设置为"25.67 厘米"；在"位置"中，将"水平位置"设置为"0 厘米"，"垂直位置"设置为"14.7 厘米"，如图 6-166 所示。

step 61　在矩形中输入文字，将字体设置为"微软雅黑"，将字号设置为 60，单击"加粗"按钮 B ，然后设置字体颜色，并将其设置为"居中"，然后单击"对齐文本"按钮，在弹出的列表中选择"中部对齐"选项，如图 6-167 所示。

图 6-166　设置"大小"和"位置"　　　　图 6-167　输入文字

step 62　选中第 1 个矩形，切换至"动画"选项卡，为其设置"淡出"动画，如图 6-168 所示。

step 63　选中第 2 个矩形，为其设置"基本缩放"动画，如图 6-169 所示。

step 64　在第 12 张幻灯片中绘制一个矩形。在"设置形状格式"任务窗格中，将"大小"中的"高度"设置为"5.4 厘米"，"宽度"设置为"12.9 厘米"；在"位置"中，将"水平位置"设置为"0 厘米"，"垂直位置"设置为"5.76 厘米"，如图 6-170 所示。

step 65　切换至"填充线条"中，将"填充"中的"颜色"设置为白色，"透明度"设置为 36%，将"线条"设置为"无线条"，如图 6-171 所示。

图 6-168　设置"淡出"动画

图 6-169　设置"基本缩放"动画

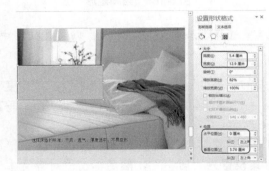

图 6-170　绘制矩形

图 6-171　设置矩形样式

step 66 在矩形中输入文字，将字体设置为"微软雅黑"，将字号设置为 54，单击"加粗"按钮 B，然后设置字体颜色，并将其设置为"居中"，如图 6-172 所示。

step 67 选中文本框，将字体设置为"微软雅黑"，将字号设置为 24，单击"加粗"按钮 B，然后设置字体颜色，并将其设置为"居中"，如图 6-173 所示。

图 6-172　输入文字

图 6-173　设置文字

step 68 选中矩形，切换至"动画"选项卡，为其设置"淡出"动画，如图 6-174 所示。

step 69 选中文本框，为其设置"淡出"动画，在"计时"组中，将"持续时间"设置为 01.00，如图 6-175 所示。

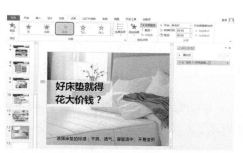

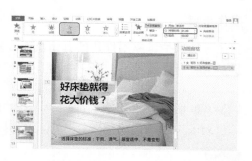

图 6-174　设置"淡出"动画　　　　　　　　图 6-175　设置"淡出"动画

step 70　参照前面的操作步骤，设置第 13 张幻灯片的背景，并为其设置文字，将字体设置为"黑体"，将字号设置为 80，单击"加粗"按钮 B，然后将字体颜色设置为红色，如图 6-176 所示。

step 71　在幻灯片窗格中，选中第 2 张幻灯片，切换至"切换"选项卡，为其设置为"页面卷曲"切换效果，如图 6-177 所示。

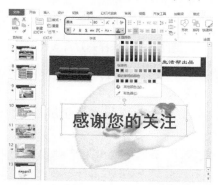

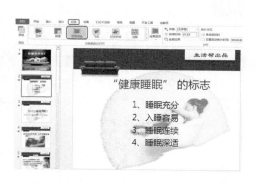

图 6-176　设置文字　　　　　　图 6-177　设置"页面卷曲"切换效果

step 72　使用相同的方法为其他幻灯片设置切换效果，最后将场景文件进行保存。

案例精讲 51　制作环境保护讲座幻灯片

> ✎ 案例文件：CDROM\场景\Cha06\环境保护讲座.pptx
> ▷ 视频文件：视频教学\Cha06\环境保护讲座.avi

制作概述

本例将介绍环境保护讲座幻灯片的制作，主要讲解了文字动画和幻灯片东动画的运用，完成后的效果如图 6-178 所示。

学习目标

- 学习如何环境保护讲座幻灯片。
- 掌握动掌握幻灯片的制作流程及要点。

图 6-178　环境保护讲座幻灯片效果图

操作步骤

制作环境保护讲座幻灯片的具体操作步骤如下。

step 01 启动软件后，在"新建"窗口中选择"空白演示文稿"选项，新建一个空白演示文稿，如图 6-179 所示。

step 02 切换到"开始"选项卡，在"幻灯片"组中单击"版式"按钮，在弹出的下拉列表中选择"仅标题"选项，如图 6-180 所示。

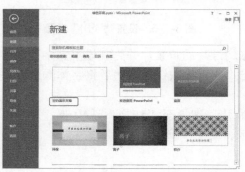

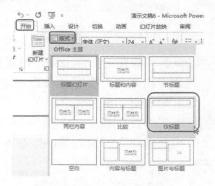

图 6-179　选择"空白演示文稿"选项　　　　图 6-180　选择幻灯片版式

step 03 切换到"设计"选项卡，在"自定义"组中单击"幻灯片大小"按钮，在其下拉列表中选择"自定义幻灯片大小"选项，如图 6-181 所示。

step 04 在弹出的"幻灯片大小"对话框中将"幻灯片大小"设为"全屏显示(4:3)"，如图 6-182 所示。

图 6-181　选择"自定义幻灯片大小"选项　　　　图 6-182　设置幻灯片大小

step 05 在弹出的 Microsoft PowerPoint 对话框中单击"确保适合"按钮，如图 6-183 所示。

step 06 切换到"设计"选项卡，在"自定义"组中单击"设置背景格式"按钮，弹出"设置背景格式"任务窗格，选中"图片或纹理填充"单选按钮，然后单击"文件"按钮，如图 6-184 所示。

step 07 在弹出的"插入图片"对话框中选择随书附带光盘中的"CDROM\素材\Cha06\主背景.jpg"素材文件，并单击"插入"按钮，如图 6-185 所示。

step 08 查看设置背景后的效果，如图 6-186 所示。

图 6-183 单击"确保适合"按钮

图 6-184 单击"文件"按钮

图 6-185 选择素材文件

图 6-186 查看背景效果

step 09 在文本框中输入文字"环境保护讲座",选中输入的文字,切换到"开始"选项卡,将字体设为"微软雅黑",将字号设为 66,并单击"加粗"和"阴影"按钮,并将字体颜色设为白色,如图 6-187 所示。

step 10 选中文本框,切换到"动画"选项卡,在"动画"组中选择"进入"动画组中的"飞入"动画特效。然后单击"效果选项"按钮,在其下拉列表中选择 "自左侧"选项,如图 6-188 所示。

图 6-187 选择素材文件

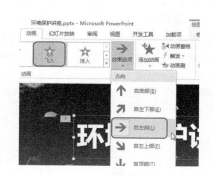

图 6-188 设置动画特效

step 11 在"计时"选项组中,将"开始"设为"上一动画之后",将"持续时间"设为 01.00,将"延迟"设为 00.50,如图 6-189 所示。

step 12 在幻灯片窗格中右击,在弹出的快捷菜单中选择"新建幻灯片"命令,新建一个幻灯片，如图 6-190 所示。

图 6-189　设置动画计时

图 6-190　增加幻灯片

step 13 ▶ 在幻灯片空白位置右击，在弹出的快捷菜单中选择"设置背景格式"命令，弹出"设置背景格式"任务窗格，选中"图片或纹理填充"单选按钮，并单击"文件"按钮，如图 6-191 所示。

step 14 ▶ 在弹出的"插入图片"对话框中选择随书附带光盘中的"CDROM\素材\Cha06\标题背景.jpg"素材图片，并单击"插入"按钮，如图 6-192 所示。

图 6-191　单击"文件"按钮

图 6-192　选择素材图片

step 15 ▶ 在文本框中输入文字"热点讲解"，切换到"开始"选项卡，在字体组中，将字体设为"微软雅黑"，将字号设为 28，如图 6-193 所示。

step 16 ▶ 确认文字处于选中状态，将界面切换到"动画"选项卡，在"动画"组中，对其添加"进入"下的"淡出"动画特效，如图 6-194 所示。

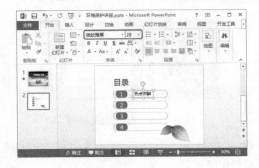

图 6-193　设置文字属性

图 6-194　添加动画特效

step 17 选择上一个创建的文本框，按 Ctrl+C 键进行复制，按 Ctrl+V 键进行粘贴，并将复制文本框的内容修改为"背景材料"，如图 6-195 所示。

step 18 使用同样的方法进行复制，并修改文字，完成后的效果如图 6-196 所示。

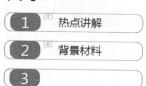

图 6-195 修改文字

图 6-196 设置其他的文字

step 19 切换到"切换"选项卡，在"切换到此幻灯片"组中，选择"推进"特效，进行添加，如图 6-197 所示。

step 20 使用前面讲过的方法再次添加 1 张幻灯片，如图 6-198 所示。

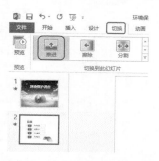

图 6-197 选择"推进"特效

图 6-198 添加幻灯片

step 21 使用前面讲过的方法，将其背景设为"内容背景.jpg"素材文件，如图 6-199 所示。

step 22 在文本框中输入文字"一、热点讲解"，切换到"开始"选项卡，在字体组中，将字体设为"微软雅黑"，将字号设为 39，并单击"加粗"按钮 B，如图 6-200 所示。

图 6-199 设置背景

图 6-200 设置文字属性

step 23 继续选中输入的文字，在"字体"组中单击字体颜色按钮 A·，在弹出的下拉列表中选择"其他颜色"选项，如图 6-201 所示。

step 24 在弹出的"颜色"对话框中选择"自定义"选项，将"颜色模式"设为 RGB，将 RGB 色设为 0、32、96，如图 6-202 所示。

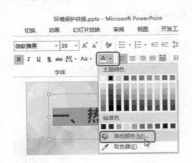

图 6-201　选择"其他颜色"选项

图 6-202　设置颜色

step 25　在幻灯片窗格中，选择第 3 张幻灯片，按 Ctrl+C 键进行复制，然后在窗格中右击，在弹出的快捷菜单中选择"保留源格式"命令，如图 6-203 所示。

step 26　使用同样的方法再次粘贴两次，如图 6-204 所示。

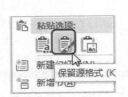

图 6-203　选择粘贴方式

图 6-204　复制幻灯片

step 27　切换到第 3 张幻灯片，在场景中选中文本框，切换到"动画"选项卡，在"动画"组中选择"进入"动画组中的"浮入"动画特效，在"计时"组中将"开始"设为"上一动画之后"，如图 6-205 所示。

step 28　切换到"插入"选项卡，在"文本"组中，单击"文本框"按钮，在弹出的下拉列表中选择"横排文本框"选项，如图 6-206 所示。

图 6-205　设置动画特效

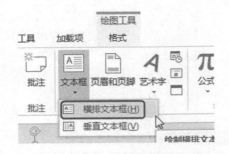

图 6-206　选择"横排文本框"选项

step 29 在文本框中输入文字，在"开始"选项卡下，将字体设为"黑体"，将字号设为 23，并单击"加粗"按钮，并将字体颜色设为与上一文本框文字相同的颜色，如图 6-207 所示。

step 30 选中上一步输入文字的文本框，切换到"动画"选项卡，对其添加"进入"动画组中的"浮入"动画特效，并在"计时"组中将"开始"设为"上一动画之后"，如图 6-208 所示。

图 6-207　设置文字的属性

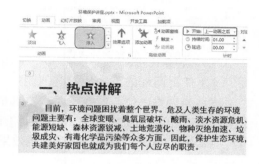

图 6-208　设置动画特效

step 31 切换到"插入"选项卡，在"图像"组中单击"图片"按钮，弹出"插入图片"对话框，选择随书附带光盘中的"CDROM\素材\Cha06\北极熊.jpg"素材文件，并单击"插入"按钮，如图 6-209 所示。

step 32 在"图片工具"下的"格式"选项卡，将"形状高度"设为"5.69 厘米"，将"形状宽度"设为"4.6 厘米"，如图 6-210 所示。

图 6-209　选择素材文件

图 6-210　设置图片的大小

step 33 确认图片处于选中状态，切换到"图片工具"下的"格式"选项卡，在"图片样式"组中单击"其他"按钮，在弹出的下拉列表中选择"旋转，白色"样式，如图 6-211 所示。

step 34 继续选中图片，切换到"动画"选项卡，选择"进入"效果组中的"淡出"特效，并对其进行添加，在"计时"组中将"开始"设为"上一动画之后"，将"持续时间"设为 01.00，如图 6-212 所示。

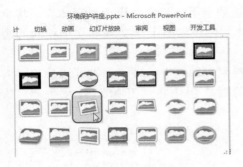

图 6-211　选择图片样式

图 6-212　设置动画参数

step 35　使用同样的方法插入其他图片，并对其应图片样式和动画，对图片的位置和角度适当调整，使其保持美观，如图 6-213 所示。

step 36　选择第 3 张幻灯片，切换到"切换"选项卡，选择"帘式"切换效果，对其进行添加，单击"预览"按钮预览效果，如图 6-214 所示。

图 6-213　插入其他的图片

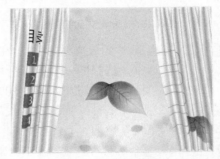

图 6-214　查看效果

step 37　切换到第 4 张幻灯片，将文本框中的文字修改为"二、背景材料"，切换到"动画"选项卡中将添加"进入"效果组中的"浮入"，在"计时"组中将"开始"设为"上一动画之后"，如图 6-215 所示。

step 38　使用前面讲过的方法添加一个横排文本框，并在其内输入文字。选中输入的文字，将字体设为"黑体"，将字号设为 23，并单击"加粗"按钮，将字体演示设为与主标题相同的颜色，如图 6-216 所示。

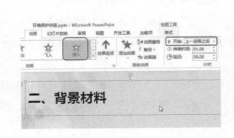

图 6-215　设置动画

图 6-216　设置字体属性

step 39 继续选中输入的文字，在"段落"组中单击"项目符号"按钮，在弹出的下拉列表中选择如图 6-217 所示的项目符号。

step 40 选中上一步创建的文字，切换到"动画"选项卡，选择"进入"动画组中的"擦除"动画特效，进行添加。在"计时"组中将"开始"设为"上一动画之后"，并将"持续时间"设为 01.00，如图 6-218 所示。

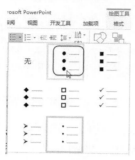

图 6-217　选择项目符号

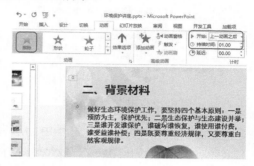

图 6-218　设置动画

step 41 使用同样的方法再次添加一个文本框，并设置与上一个文本框相同的动画及属性，如图 6-219 所示。

step 42 选择第 4 张幻灯片，切换到"切换"选项卡，对其添加"库"切换效果，单击"预览"按钮，查看效果如图 6-220 所示。

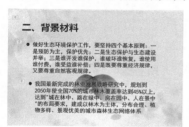

图 6-219　完成后的效果

图 6-220　添加切换效果

step 43 切换到第 5 张幻灯片中，使用前面讲过的方法设置该幻灯片，如图 6-221 所示。

step 44 切换到第 6 张幻灯片，将文本框中的文字修改为"一、热点建议"，切换到"动画"选项卡中将添加"进入"效果组中的"浮入"，在"计时"组中将"开始"设为"上一动画之后"，如图 6-222 所示。

图 6-221　设置完成后的效果

图 6-222　设置动画

step 45 ▶ 插入一个横排文本框，并在其内输入文字，将字体设为"黑体"，将字号设为 23，并单击"加粗"按钮，字体颜色设为与主标题相同的颜色，如图 6-223 所示。

step 46 ▶ 选择输入的文字对其设置项目符号，效果如图 6-224 所示。

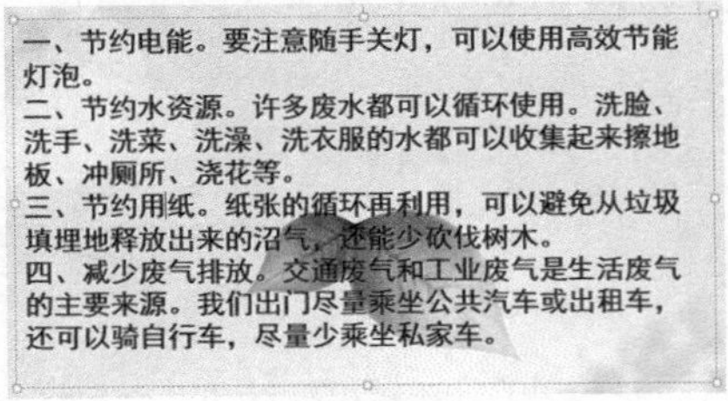

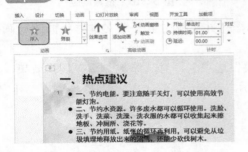

图 6-223　设置文字属性

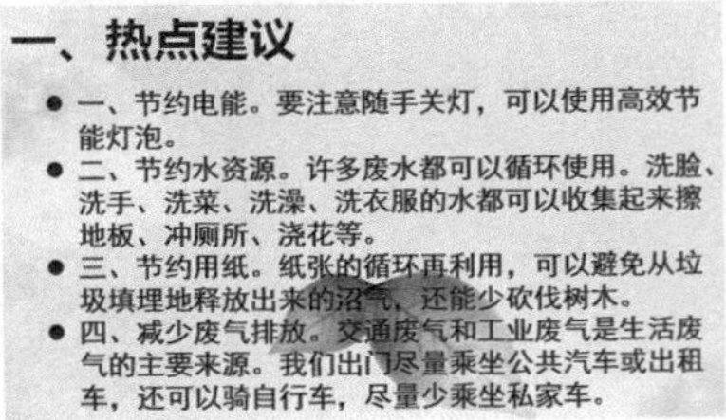

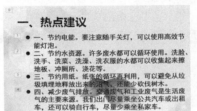

图 6-224　添加项目符号

step 47 ▶ 选中第 1 个项目符号中的所有文字，切换到"动画"选项卡，对其添加"进入"效果组中的"浮入"效果，其他设置保持默认值，如图 6-225 所示。

step 48 ▶ 使用同样的方法，在其他的项目符号上添加该特效，完成后的效果如图 6-226 所示。

图 6-225　添加动画特效

图 6-226　添加动画特效

step 49 ▶ 选择第 6 张幻灯片，切换到"切换"选项卡下，对其添加"库"切换样式，然后新建第 7 张幻灯片，如图 6-227 所示。

step 50 ▶ 进入第 7 张幻灯片组中，在其上右击，在弹出的快捷菜单中选择"设置背景格式"命令，弹出"设置背景格式"任务窗格，选中"图片或纹理填充"单选按钮，并单击"文件"按钮，如图 6-228 所示。

图 6-227　新建空白幻灯片

图 6-228　单击"文件"按钮

step 51 在弹出的"插入图片"对话框中选择随书附带光盘中的"CDROM\素材\Cha06\结束页.jpg"素材文件，并单击"插入"按钮，如图 6-229 所示。

step 52 在文本框中输入文字"白文才制作"，切换到"开始"选项卡，在"字体"组中将字体设为"微软雅黑"，将字号设为 24，并单击"加粗"按钮，将"字符间距"设为"很松"，并将字体颜色设为与上一张幻灯片相同的颜色，调整文本框的位置，如图 6-230 所示。

图 6-229　选择素材图片

图 6-230　设置文字属性

step 53 切换到"切换"选项卡，对最后一张幻灯片添加"库"切换。

第 7 章
幻灯片动画

本章重点

- 制作闪烁星空幻灯片
- 制作梦幻月夜幻灯片
- 制作产品界面展示动画
- 制作掉落文字动画演示文稿
- 制作加载动画幻灯片
- 制作倒计时幻灯片
- 制作产品展示幻灯片

在 PowerPoint 2013 中提供了多种动画方案，用户可以通过这些动画方案使幻灯片动起来，通过这些动画方法，能够使用幻灯片达到生动、美化的效果，本章将介绍如何为幻灯片中的对象添加动画效果。

案例精讲 52　制作闪烁星空幻灯片

案例文件：CDROM\场景\Cha07\闪烁星空.pptx

视频文件：视频教学\Cha07\闪烁星空.avi

制作概述

本例介绍闪烁星空幻灯片的制作。首先通过绘制"十字星"图形来模拟星形，然后为绘制的星形添加"缩放"和"脉冲"动画，通过绘制椭圆形来模拟流星，并为流星添加"对角线向右下"动作路径和"淡出"动画。完成后的效果如图 7-1 所示。

图 7-1　闪烁星空幻灯片效果图

学习目标

● 学习绘制星形的方法。
● 掌握为对象添加多个动画的方法。

操作步骤

制作闪烁星空幻灯片的具体操作步骤如下。

step 01　按 Ctrl+N 键新建空白演示文稿，选择"开始"选项卡，在"幻灯片"组中单击"版式"按钮，在弹出的下拉列表中选择"空白"选项，如图 7-2 所示。

step 02　选择"设计"选项卡，在"自定义"组中单击"设置背景格式"按钮，弹出"设置背景格式"任务窗格，在"填充"选项组中选中"图片或纹理填充"单选按钮，然后单击"文件"按钮，如图 7-3 所示。

如果在"设置背景格式"任务窗格中添加图像文件，将不会弹出"图片工具"下的"格式"选项卡，也不能对图片进行裁剪等操作。

图 7-2　选择"空白"选项

图 7-3　单击"文件"按钮

step 03 在弹出的"插入图片"对话框中选择素材图片"闪烁星空背景.jpg",单击"插入"按钮,即可将素材图片设置为幻灯片背景,如图7-4所示。

step 04 选择"开始"选项卡,在"绘图"组中单击"形状"按钮,在弹出的下拉列表中选择"十字星"选项,如图7-5所示。

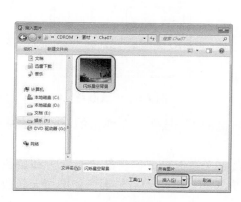

图7-4 选择素材图片

图7-5 选择"十字星"选项

step 05 在幻灯片中绘制十字星,效果如图7-6所示。

step 06 选择"绘图工具"下的"格式"选项卡,在"形状样式"组中单击 按钮,弹出"设置形状格式"任务窗格,在"填充"选项组中选中"渐变填充"单选按钮,将"类型"设置为"路径",将74%位置处和83%位置处的渐变光圈删除,效果如图7-7所示。

提示   用户可以通过"删除渐变光圈"按钮将渐变光圈删除,还可以在选择要删除的渐变光圈后,按Delete键将其删除。

图7-6 绘制十字星

图7-7 设置渐变类型

step 07 选择左侧渐变光圈,然后单击"颜色"右侧的 按钮,在弹出的下拉列表中选择"其他颜色"选项,如图7-8所示。

step 08 在弹出的"颜色"对话框中选择"自定义"选项卡,将红色、绿色和蓝色的值分别设置为253、234、93,单击"确定"按钮,即可为左侧渐变光圈填充颜色,如图7-9所示。

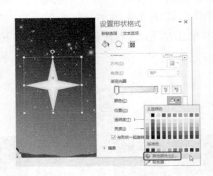

图 7-8　选择"其他颜色"选项

图 7-9　设置颜色

step 09　选择右侧渐变光圈，单击"颜色"右侧的 按钮，在弹出的下拉列表中选择"其他颜色"选项，如图 7-10 所示。

step 10　在弹出的"颜色"对话框中选择"自定义"选项卡，将红色、绿色和蓝色的值分别设置为 239、243、57，单击"确定"按钮，即可为右侧渐变光圈填充颜色，如图 7-11 所示。

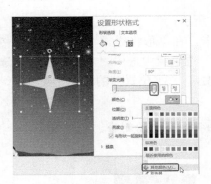

图 7-10　选择"其他颜色"选项

图 7-11　设置颜色

step 11　选择左侧渐变光圈，将"透明度"设置为 20%，效果如图 7-12 所示。

step 12　选择右侧渐变光圈，将"透明度"设置为 90%，效果如图 7-13 所示。

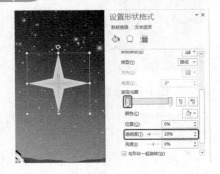

图 7-12　设置左侧渐变光圈透明度

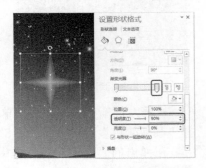

图 7-13　设置右侧渐变光圈透明度

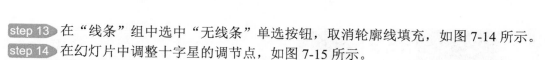

step 13　在"线条"组中选中"无线条"单选按钮，取消轮廓线填充，如图 7-14 所示。

step 14　在幻灯片中调整十字星的调节点，如图 7-15 所示。

图 7-14　取消轮廓线填充

图 7-15　调整十字星

step 15　按 Ctrl+D 键复制十字星，在"形状样式"组中单击 按钮，弹出"设置形状格式"任务窗格。选择左侧渐变光圈，将"透明度"设置为 48%，然后选择右侧渐变光圈，将"透明度"设置为 100%，如图 7-16 所示。

step 16　确认复制后的十字星处于选中状态，将光标移至 图标上，单击并拖动光标，即可旋转复制的十字星，并调整十字星位置，效果如图 7-17 所示。

提示　　　如果需要精确地设置旋转角度，可以在该任务窗格中单击"大小属性"按钮，通过设置"旋转"参数来旋转对象。

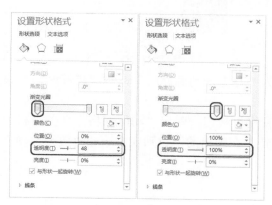

图 7-16　设置透明度

图 7-17　旋转十字星

step 17　在场景中选中两个十字星对象，并右击，在弹出的快捷菜单中选择"组合"|"组合"命令，即可组合选择的对象，如图 7-18 所示。

step 18　选择"动画"选项卡，在"动画"组中单击"其他"按钮，在弹出的下拉列表中选择"缩放"选项，如图 7-19 所示。

图 7-18　选择"组合"命令

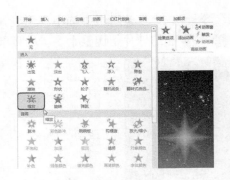

图 7-19　添加动画

step 19 在"计时"组中将"开始"设置为"与上一动画同时"，将"持续时间"设置
为 01.70，如图 7-20 所示。

step 20 在"高级动画"组中单击"添加动画"按钮，在弹出的下拉列表中选择"脉
冲"选项，如图 7-21 所示。

图 7-20　设置计时

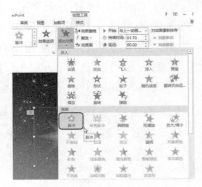

图 7-21　添加动画

step 21 在"计时"组中将"开始"设置为"与上一动画同时"，将"持续时间"设置
为 04.50，如图 7-22 所示。

step 22 在"高级动画"组中单击"动画窗格"按钮，弹出"动画窗格"任务窗格，选
择最后一个选项，并单击右侧的 ▼ 按钮，在弹出的下拉列表中选择"效果选项"选
项，如图 7-23 所示。

图 7-22　设置计时

图 7-23　选择"效果选项"选项

提示 除了上述方法之外，用户可以通过在"动画"组中单击"显示其他效果选项"按钮来显示动画效果对话框。

step 23 在弹出的"脉冲"对话框中选择"计时"选项卡，将"重复"设置为"直到幻灯片末尾"，单击"确定"按钮，如图 7-24 所示。

step 24 按 Ctrl+D 键复制组合对象，在幻灯片中选中如图 7-25 所示的十字星对象，然后选择"绘图工具"下的"格式"选项卡，在"形状样式"组中单击 按钮，弹出"设置形状格式"任务窗格，选择左侧渐变光圈，将"颜色"设置为白色，将"透明度"设置为 20%。

图 7-24 设置重复选项

图 7-25 更改颜色

step 25 选择右侧渐变光圈，将"颜色"设置为白色，将"透明度"设置为 90%，如图 7-26 所示。

step 26 使用同样的方法，更改另外一个十字星的颜色，效果如图 7-27 所示。

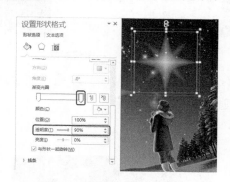

图 7-26 更改渐变光圈颜色

图 7-27 更改十字星颜色

step 27 选中复制后的组合对象，然后选择"动画"选项卡，在"高级动画"组中单击"动画窗格"按钮，弹出"动画窗格"任务窗格，选择最后一个选项，并单击右侧的 按钮，在弹出的下拉列表中选择"删除"选项，即可将选择的动画删除，如图 7-28 所示。

step 28 在"动画窗格"任务窗格中选择最后一个选项，并单击右侧的 按钮，在弹出的下拉列表中选择"效果选项"选项，弹出"缩放"对话框，选择"计时"选项卡，将"期间"设置为"6.1 秒"，"重复"设置为"直到幻灯片末尾"，单击"确定"按钮,如图 7-29 所示。

图 7-28 选择"删除"选项

图 7-29 设置重复选项

step 29 在"计时"选项组中将"持续时间"设置为 06.10,如图 7-30 所示。

step 30 结合前面介绍的方法,继续复制组合对象,并对复制的对象进行调整,然后在幻灯片中调整对象的大小、旋转角度和位置,效果如图 7-31 所示。

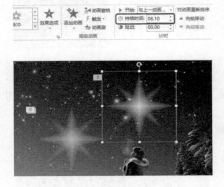

图 7-30 设置持续时间

图 7-31 复制并调整对象

step 31 选择"开始"选项卡,在"绘图"组中单击"形状"按钮,在弹出的下拉列表中选择"椭圆"选项,在幻灯片中绘制椭圆,如图 7-32 所示。

step 32 绘制后的效果如图 7-33 所示。

图 7-32 选择"椭圆"选项

图 7-33 绘制椭圆后的效果

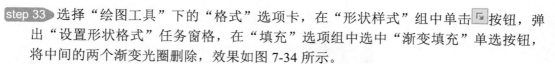

step 33 选择"绘图工具"下的"格式"选项卡，在"形状样式"组中单击 按钮，弹出"设置形状格式"任务窗格，在"填充"选项组中选中"渐变填充"单选按钮，将中间的两个渐变光圈删除，效果如图 7-34 所示。

step 34 选择左侧渐变光圈，将"颜色"设置为白色，将"透明度"设置为 100%，如图 7-35 所示。

图 7-34　删除渐变光圈

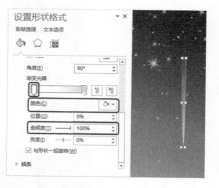

图 7-35　设置左侧渐变光圈

step 35 选择右侧渐变光圈，单击"颜色"右侧的 按钮，在弹出的下拉列表中选择"其他颜色"选项，如图 7-36 所示。

step 36 在弹出的"颜色"对话框中选择"自定义"选项卡，将红色、绿色和蓝色的值分别设置为 242、244、224，单击"确定"按钮，即可为右侧渐变光圈填充颜色，如图 7-37 所示。

图 7-36　选择"其他颜色"选项

图 7-37　设置颜色

step 37 在"线条"选项组中选中"无线条"单选按钮，取消轮廓线填充，如图 7-38 所示。

step 38 在"排列"组中单击"旋转"按钮，在弹出的下拉列表中选择"其他旋转选项"选项，如图 7-39 所示。

step 39 在弹出的"设置形状格式"任务窗格中将"高度"设置为"3.38 厘米"，将"宽度"设置为"0.12 厘米"，将"旋转"设置为 59°，如图 7-40 所示。

step 40 选择"动画"选项卡，在"动画"组中单击"其他"按钮，在弹出的下拉列表中选择"其他动作路径"选项，如图 7-41 所示。

图 7-38　取消轮廓线填充

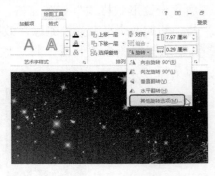

图 7-39　选择"其他旋转选项"选项

图 7-40　调整椭圆

图 7-41　选择"其他动作路径"选项

step 41　在弹出的"更改动作路径"对话框中，在"直线和曲线"选项组中选择"对角线向右下"选项，单击"确定"按钮，即可为椭圆添加该动画，如图 7-42 所示。

step 42　在幻灯片中调整动画运动路径，效果如图 7-43 所示。

图 7-42　选择动画

图 7-43　调整运动路径

step 43　在"计时"组中将"开始"设置为"与上一动画同时"，将"持续时间"设置为 01.70，如图 7-44 所示。

step 44　在"高级动画"组中单击"添加动画"按钮，在弹出的下拉列表中选择"淡

出"选项，即可为椭圆添加该动画，如图 7-45 所示。

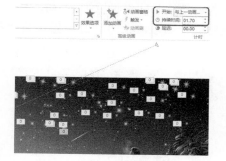

图 7-44 设置持续时间

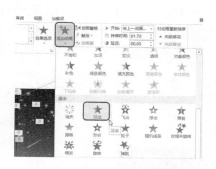

图 7-45 选择"淡出"选项

step 45 在"计时"组中将"开始"设置为"与上一动画同时"，将"持续时间"设置为 01.70，如图 7-46 所示。

step 46 在"高级动画"组中单击"动画窗格"按钮，弹出"动画窗格"任务窗格，选择为椭圆添加的两个效果选项，并单击右侧的 ▼ 按钮，在弹出的下拉列表中选择"效果选项"选项，如图 7-47 所示。

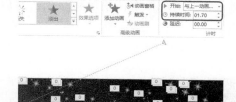

图 7-46 设置持续时间

图 7-47 选择"效果选项"选项

step 47 在弹出的"效果选项"对话框中选择"计时"选项卡，将"重复"设置为"直到幻灯片末尾"，单击"确定"按钮，如图 7-48 所示。

step 48 按 Ctrl+D 键复制椭圆，并在幻灯片中调整复制后的椭圆的运动路径，效果如图 7-49 所示。

图 7-48 设置重复选项

图 7-49 复制椭圆并调整路径

step 49 在"高级动画"组中单击"动画窗格"按钮,弹出"动画窗格"任务窗格,选择如图 7-50 所示的选项,在"计时"组中将"持续时间"设置为 01.40。

step 50 在"动画窗格"任务窗格中,选择最后一个选项,在"计时"组中将"持续时间"设置为 01.40,如图 7-51 所示。

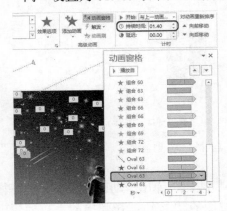
图 7-50　设置时间

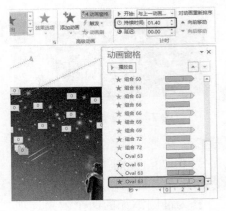
图 7-51　设置持续时间

step 51 结合前面介绍的方法,继续复制椭圆,并在幻灯片中调整运动路径,然后调整动画持续时间,效果如图 7-52 所示。

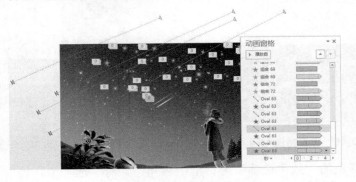
图 7-52　复制并调整对象

案例精讲 53　制作梦幻月夜幻灯片

📄 案例文件：CDROM\场景\Cha07\梦幻月夜.pptx
🎬 视频文件：视频教学\Cha07\梦幻月夜.avi

制作概述

本例介绍梦幻月夜幻灯片的制作。首先为"月亮"素材图片添加"直线"动作路径,通过绘制正圆并添加柔化边缘效果来模拟星形,为星形添加"脉冲"动画,然后复制正圆并为其绘制动作路径来模拟飞舞的小昆虫,最后输入文字,为文字添加"浮入"动画。完成后的效果如图 7-53 所示。

图 7-53　梦幻月夜幻灯片效果图

学习目标

● 学习绘制动作路径的方法。
● 掌握调整动作路径的方法。

操作步骤

制作梦幻月夜幻灯片的具体操作步骤如下。

`step 01` 按 Ctrl+N 键新建空白演示文稿，选择"开始"选项卡，在"幻灯片"组中单击
"版式"按钮，在弹出的下拉列表中选择"空白"选项，如图 7-54 所示。

`step 02` 选择"设计"选项卡，在"自定义"组中单击"幻灯片大小"按钮，在弹出的
下拉列表中选择"自定义幻灯片大小"选项，如图 7-55 所示。

图 7-54 选择"空白"选项

图 7-55 选择"自定义幻灯片大小"选项

`step 03` 在弹出的"幻灯片大小"对话框中将"宽度"设置为"32.7 厘米"，将"高
度"设置为"17.5 厘米"，单击"确定"按钮，如图 7-56 所示。

`step 04` 在弹出的对话框中单击"最大化"按钮，即可更改幻灯片大小，如图 7-57 所示。

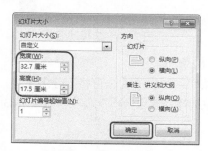

图 7-56 设置幻灯片大小

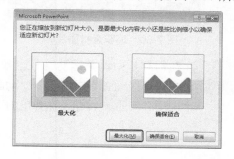

图 7-57 单击"最大化"按钮

`step 05` 在"自定义"组中单击"设置背景格式"按钮，弹出"设置背景格式"任务窗
格，在"填充"选项组中选中"图片或纹理填充"单选按钮，然后单击"文件"按
钮，弹出"插入图片"对话框。在该对话框中选择素材图片"月夜背景.jpg"，单击
"插入"按钮，即可将素材图片设置为幻灯片背景，如图 7-58 所示。

`step 06` 选择"插入"选项卡，在"图像"组中单击"图片"按钮，弹出"插入图片"
对话框。在该对话框中选中素材图片"月亮.png"，单击"插入"按钮，即可将选择的素

材图片导入幻灯片中，如图 7-59 所示。

图 7-58 选择素材图片

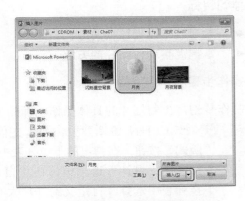

图 7-59 选择素材图片

step 07 选择"图片工具"下的"格式"选项卡，在"大小"组中将"形状高度"和
"形状宽度"均设置为"5.99 厘米"，并在幻灯片中调整其位置，如图 7-60 所示。

step 08 选择"动画"选项卡，在"动画"组中单击"其他"按钮，在弹出的下拉列表
中选择"直线"选项，即可为动画添加该效果，如图 7-61 所示。

图 7-60 调整素材图片

图 7-61 选择动画

step 09 在幻灯片中调整运动路径，效果如图 7-62 所示。

step 10 在"高级动画"组中单击"动画窗格"按钮，弹出"动画窗格"任务窗格，单击第
一个选项右侧的 ▼ 按钮，在弹出的下拉列表中选择"效果选项"选项，如图 7-63 所示。

图 7-62 调整运动路径

图 7-63 选择"效果选项"选项

step 11 在弹出的"向下"对话框中将"平滑开始"和"平滑结束"设置为"0 秒",如图 7-64 所示。

step 12 选择"计时"选项卡,将"开始"设置为"与上一动画同时",将"期间"设置为"35 秒",单击"确定"按钮,如图 7-65 所示。

图 7-64　设置动画

图 7-65　设置时间

step 13 选择"开始"选项卡,在"绘图"组中单击"形状"按钮,在弹出的下拉列表中选择"椭圆"选项,如图 7-66 所示。

step 14 按住 Shift 键,同时绘制正圆,效果如图 7-67 所示。

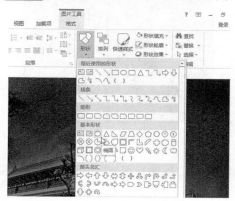

图 7-66　选择"椭圆"选项

图 7-67　绘制正圆

step 15 选择"绘图工具"下的"格式"选项卡,在"形状样式"组中单击"形状填充"按钮,在弹出的下拉列表中选择"白色,背景 1"选项,如图 7-68 所示。

step 16 在"形状样式"组中单击"形状轮廓"按钮,在弹出的下拉列表中选择"无轮廓"选项,如图 7-69 所示。

step 17 在"形状样式"组中单击"形状效果"按钮,在弹出的下拉列表中选择"柔化边缘"|"5 磅"选项,如图 7-70 所示。

step 18 在"大小"组中将"形状高度"和"形状宽度"均设置为"0.5 厘米",如图 7-71 所示。

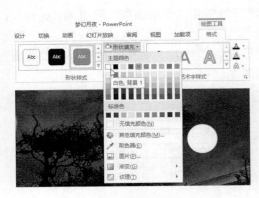

图 7-68　设置填充颜色

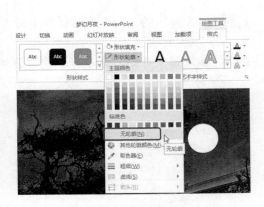

图 7-69　取消轮廓线填充

提示

如果在"柔化边缘"下拉列表中没有需要的选项，可以在该下拉列表中选择"柔化边缘"选项，然后在弹出的"设置形状格式"任务窗格中通过设置柔化边缘的大小来达到所需的效果。

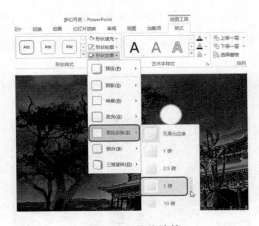

图 7-70　柔化边缘

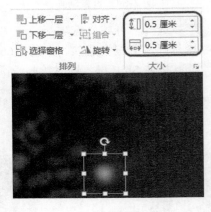

图 7-71　设置正圆大小

step 19 选择"动画"选项卡，在"动画"组中单击"其他"按钮，在弹出的下拉列表中选择"脉冲"选项，如图 7-72 所示。

step 20 在"高级动画"组中单击"动画窗格"按钮，弹出"动画窗格"任务窗格，单击第 2 个选项右侧的▼按钮，在弹出的下拉列表中选择"效果选项"选项，弹出"脉冲"对话框，选择"计时"选项卡，将"开始"设置为"与上一动画同时"，将"期间"设置为"中速(2 秒)"，将"重复"设置为"直到幻灯片末尾"，单击"确定"按钮，如图 7-73 所示。

step 21 按 Ctrl+D 键复制正圆对象，将"柔化边缘"更改为"2.5 磅"，将"形状高度"和"形状宽度"均设置为"0.3 厘米"，并在幻灯片中调整其位置，然后在"计时"组中，将"持续时间"设置为 03.00，将"延迟"设置为 00.40，如图 7-74 所示。

step 22 结合前面介绍的方法，继续复制多个正圆对象，并调整正圆的柔化边缘、大小和位置，然后调整动画的"持续时间"和"延迟"等，效果如图 7-75 所示。

图 7-72 选择动画

图 7-73 设置动画

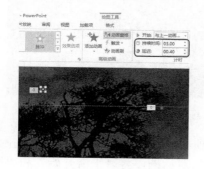

图 7-74 复制并调整对象

图 7-75 制作其他对象

step 23 再次复制一个正圆对象，选择"绘图工具"下的"格式"选项卡，在"大小"组中将"形状高度"和"形状宽度"均设置为"0.55 厘米"，在"形状样式"组中单击"形状效果"按钮，在弹出的下拉列表中选择"柔化边缘"|"5 磅"选项，如图 7-76 所示。

step 24 选择"动画"选项卡，在"高级动画"组中单击"动画窗格"按钮，弹出"动画窗格"任务窗格，在该对话框中选择最后一项，并单击右侧的 ▼ 按钮，在弹出的下拉列表中选择"删除"选项，即可将新复制的正圆上的动画删除，如图 7-77 所示。

技巧

除了上述方法之外，用户还可以在该选项上右击，在弹出的快捷菜单中选择"删除"命令将该动画效果删除，或者直接按 Delete 键也可以删除。

图 7-76 复制并设置正圆

图 7-77 选择"删除"选项

step 25 确认正圆处于选中状态，在"动画"组中单击"其他"按钮▣，在弹出的下拉列表中选择"自定义路径"选项，如图 7-78 所示。

step 26 在幻灯片中绘制运动路径，绘制完成后按 Esc 键即可退出，并在幻灯片中调整运动路径的位置，效果如图 7-79 所示。

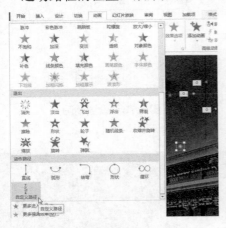

图 7-78 选择"自定义路径"选项

图 7-79 绘制路径

step 27 在"动画窗格"任务窗格中单击最后一项右侧的 ▼ 按钮，在弹出的下拉列表中选择"效果选项"选择，弹出"自定义路径"对话框，将"平滑开始"和"平滑结束"设置为"0 秒"，如图 7-80 所示。

step 28 选择"计时"选项卡，将"开始"设置为"与上一动画同时"，将"期间"设置为"20 秒"，将"重复"设置为"直到幻灯片末尾"，单击"确定"按钮，如图 7-81 所示。

图 7-80 设置动画

图 7-81 设置动画时间

step 29 使用同样的方法，继续复制正圆并为其绘制动画运动路径，效果如图 7-82 所示。

step 30 选择"插入"选项卡，在"文本"组中单击"文本框"按钮，在弹出的下拉列表中选择"垂直文本框"选项，如图 7-83 所示。

图 7-82　复制正圆并绘制路径

图 7-83　选择"垂直文本框"选项

step 31　在幻灯片中绘制垂直文本框并输入文字。选中垂直文本框，在"开始"选项卡的"字体"组中，将字体设置为"汉仪细行楷简"，将字号设置为 22，将字体颜色设置为白色，如图 7-84 所示。

step 32　选择"动画"选项卡，在"动画"组中单击"浮入"选项，即可为输入的文字添加该动画，如图 7-85 所示。

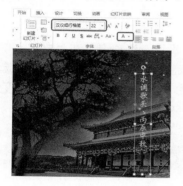

图 7-84　输入并设置文字

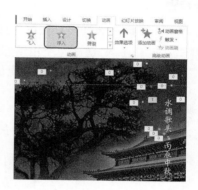

图 7-85　添加动画

step 33　在"计时"组中将"开始"设置为"与上一动画同时"，将"持续时间"设置为 05.00，将"延迟"设置为 01.00，如图 7-86 所示。

step 34　使用同样的方法，输入其他文字并添加动画，效果如图 7-87 所示。

图 7-86　设置动画时间

图 7-87　输入文字并添加动画

案例精讲 54 制作产品界面展示动画

> 📝 案例文件：CDROM\场景\Cha07\产品界面展示动画.pptx
> 🎬 视频文件：视频教学\Cha07\产品界面展示动画.avi

制作概述

本例介绍产品界面展示动画的制作。该例的制作思路是模拟手动操作平面电脑，主要插入的动画有"淡出""放大/缩小"和"直线"动作路径等。完成后的效果如图 7-88 所示。

图 7-88　产品界面展示动画

学习目标

● 学习设置图形透明度的方法。
● 掌握调整"直线"动作路径的方法。

操作步骤

制作产品界面展示动画的具体操作步骤如下。

step 01 按 Ctrl+N 键新建空白演示文稿，选择"设计"选项卡，在"自定义"组中单击"幻灯片大小"按钮，在弹出的下拉列表中选择"自定义幻灯片大小"选项，弹出"幻灯片大小"对话框，将"宽度"设置为"29.28 厘米"，将"高度"设置为"19.23 厘米"，单击"确定"按钮，如图 7-89 所示。

step 02 在弹出的对话框中单击"最大化"按钮，如图 7-90 所示。

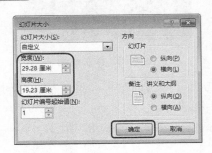

图 7-89　设置幻灯片大小

图 7-90　单击"最大化"按钮

step 03 选择"插入"选项卡，在"图像"组中单击"图片"按钮，弹出"插入图片"对话框。在该对话框中选中素材图片"产品界面展示背景图.jpg"，单击"插入"按钮，即可将选中的素材图片插入幻灯片中，如图 7-91 所示。

step 04 在"大小"组中将"形状高度"设置为"19.23 厘米"，将"形状宽度"设置为"29.28 厘米"，效果如图 7-92 所示。

step 05 选择"插入"选项卡，在"图像"组中单击"图片"按钮，弹出"插入图片"对话框。在该对话框中选中素材图片"壁纸.jpg"，单击"插入"按钮，即可将选中的素材图片插入幻灯片中，如图 7-93 所示。

step 06 在素材图片上右击，在弹出的快捷菜单中选择"置于底层"|"下移一层"命

令，即可将素材图片下移一层，如图 7-94 所示。

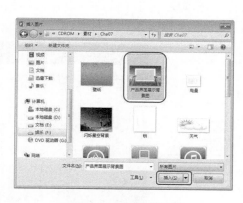

图 7-91　选择素材图片

图 7-92　调整素材图片

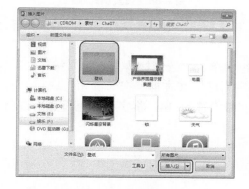

图 7-93　选择素材图片

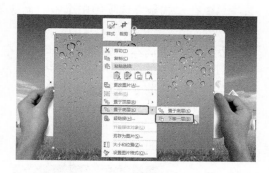

图 7-94　选择"下移一层"命令

step 07　将素材图片下移一层后的效果如图 7-95 所示。

step 08　选择"开始"选项卡，在"绘图"组中单击"形状"按钮，在弹出的下拉列表中选择"矩形"选项，如图 7-96 所示。

图 7-95　下移一层后的效果

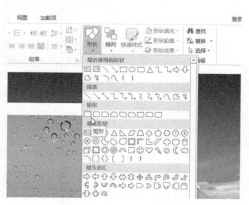

图 7-96　选择"矩形"选项

step 09　在幻灯片中绘制矩形，效果如图 7-97 所示。

step 10 选择"绘图工具"下的"格式"选项卡，在"形状样式"组中单击 按钮，弹出"设置形状格式"任务窗格，在"填充"选项组中将"颜色"设置为黑色，将"透明度"设置为70%，如图 7-98 所示。

图 7-97　绘制矩形

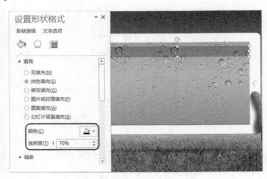

图 7-98　设置填充颜色

step 11 在"线条"选项组中选中"无线条"单选按钮，取消轮廓线填充，效果如图 7-99 所示。

step 12 选择"插入"选项卡，在"文本"组中单击"绘制横排文本框"按钮，在幻灯片中绘制文本框并输入文字，输入文字后选中文本框，在"开始"选项卡的"字体"组中，将字体设置为"黑体"，将字号设置为 14，将字体颜色设置为白色，如图 7-100 所示。

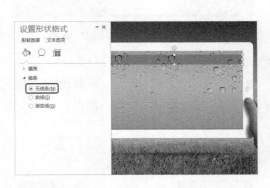

图 7-99　取消轮廓线填充

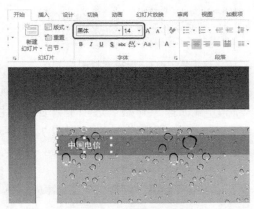

图 7-100　输入并设置文字

step 13 使用同样的方法，在幻灯片中输入其他文字，效果如图 7-101 所示。

step 14 选择"插入"选项卡，在"图像"组中单击"图片"按钮，弹出"插入图片"对话框。在该对话框中选中素材图片"电量.png"，单击"确定"按钮，即可将选择的素材图片插入幻灯片中，如图 7-102 所示。

step 15 调整素材图片的位置，效果如图 7-103 所示。

step 16 使用同样的方法，在幻灯片中插入其他素材图片，效果如图 7-104 所示。

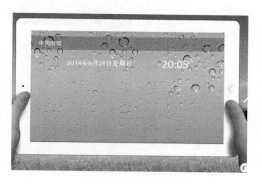

图 7-101　输入其他文字

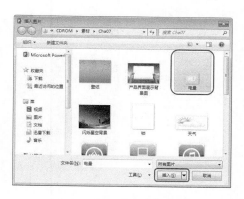

图 7-102　选择素材图片

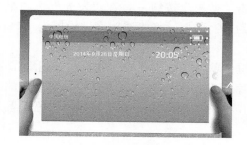

图 7-103　调整图片位置

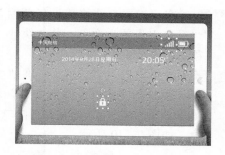

图 7-104　插入其他素材图片

step 17 选择"开始"选项卡，在"绘图"组中单击"形状"按钮，在弹出的下拉列表中选择"椭圆"选项，如图 7-105 所示。

step 18 按住 Shift 键，同时绘制正圆，效果如图 7-106 所示。

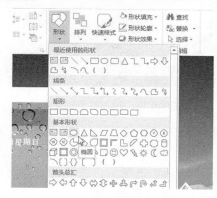

图 7-105　选择"椭圆"选项

图 7-106　绘制正圆

step 19 选择"绘图工具"下的"格式"选项卡，在"形状样式"组中单击 按钮，弹出"设置形状格式"任务窗格，在"填充"选项组中选中"无填充"单选按钮，如图 7-107 所示。

step 20 在"线条"选项组中将"颜色"设置为白色，将"宽度"设置为 2.25 磅，如图 7-108 所示。

图 7-107　取消填充颜色　　　　　　　　图 7-108　设置轮廓

step 21　在"设置形状格式"任务窗格中单击"效果"按钮 ⬠，在"发光"选项组中将"颜色"设置为白色，将"大小"设置为"3 磅"，将"透明度"设置为 74%，效果如图 7-109 所示。

step 22　选择"插入"选项卡，在"文本"组中单击"绘制横排文本框"按钮 🔲，在幻灯片中绘制文本框并输入文字，输入文字后选中文本框，在"开始"选项卡的"字体"组中，将字体设置为"微软雅黑"，将字号设置为 10，将字体颜色设置为白色，如图 7-110 所示。

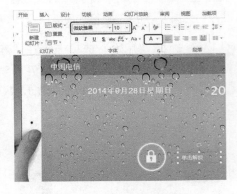

图 7-109　设置发光效果　　　　　　　　图 7-110　输入并设置文字

step 23　在"字体"组中单击"字符间距"按钮 AV，在弹出的下拉列表中选择"很松"选项，如图 7-111 所示。

step 24　确认新输入的文字处于选中状态，选择"动画"选项卡，在"动画"组中单击"淡出"选项，即可为文字添加动画，效果如图 7-112 所示。

step 25　在"高级动画"组中单击"动画窗格"按钮，弹出"动画窗格"任务窗格，单击第 1 个选项右侧的 ▼ 按钮，在弹出的下拉列表中选择"计时"选项，如图 7-113 所示。

step 26　在弹出的"淡出"对话框中将"开始"设置为"与上一动画同时"，将"期间"设置为"1.5 秒"，将"重复"设置为"直到幻灯片末尾"，单击"确定"按钮，如图 7-114 所示。

图 7-111　设置字符间距

图 7-112　添加动画

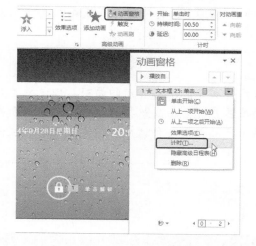

图 7-113　选择"计时"选项

图 7-114　设置动画时间

知识链接

　　"单击时"：选择此选项，则当幻灯片放映到动画效果序列中的该动画时，单击鼠标才开始显示动画，否则将一直停在此位置，等待用户单击激活。

　　"与上一动画同时"：选择此选项，则该动画效果和前一个动画效果同时发生，这时其序号将和前一个用单击来激活的动画效果的序号相同。

　　"上一动画之后"：选择此选项，则该动画效果将在前一个动画效果播放完时发生，这时其序号将和前一个用单击来激活的动画效果的序号相同。

step 27　选择"开始"选项卡，在"幻灯片"组中单击"新建幻灯片"按钮，在弹出的下拉列表中选择"空白"选项，即可新建空白幻灯片，如图 7-115 所示。

step 28　在第 1 张幻灯片中选中除"锁"图片和文字"单击解锁"以外的所有对象，按 Ctrl+C 键进行复制，效果如图 7-116 所示。

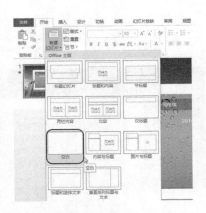

图 7-115 选择"空白"选项

图 7-116 复制对象

step 29 切换到新创建的幻灯片中，按 Ctrl+V 键粘贴选择的对象，效果如图 7-117 所示。

step 30 选中复制后的圆环，然后选择"动画"选项卡，在"动画"组中单击"出现"
选项，即可为选中的对象添加该动画，效果如图 7-118 所示。

知识链接

产品展示的最直接和最直观的方式就是将产品实体展现在客户的面前。但是随着时
代的发展，信息量的爆发，这种方式就不能满足客户对于信息收集的要求。利用平面图
片和文字介绍做成类似目录形式的方式，来展示产品，是一种适应当前发展需求的主流
展示方式。

图 7-117 粘贴对象

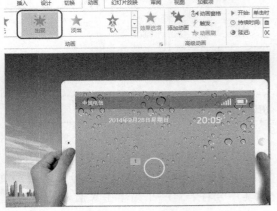

图 7-118 添加动画

step 31 在"计时"组中将"开始"设置为"与上一动画同时"，将"持续时间"设置
为 00.01，将"延迟"设置为 00.05，如图 7-119 所示。

step 32 在"高级动画"组中单击"添加动画"按钮，在弹出的下拉列表中选择"放大/
缩小"选项，如图 7-120 所示。

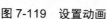

图 7-119　设置动画

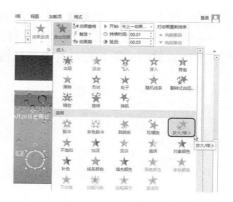

图 7-120　选择"放大/缩小"选项

step 33 在"高级动画"组中单击"动画窗格"按钮，弹出"动画窗格"任务窗格，单击第 2 个选项右侧的 ▼ 按钮，在弹出的下拉列表中选择"效果选项"选项，如图 7-121 所示。

step 34 在弹出的"放大/缩小"对话框中，将"尺寸"设置为 500%，如图 7-122 所示。

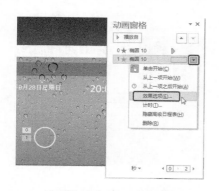

图 7-121　选择"效果选项"选项

图 7-122　设置动画效果

step 35 选择"计时"选项卡，将"开始"设置为"与上一动画同时"，将"延迟"设置为"0.05 秒"，将"期间"设置为"0.6 秒"，单击"确定"按钮，如图 7-123 所示。

step 36 在"高级动画"组中单击"添加动画"按钮，在弹出的下拉列表中选择"淡出"选项，如图 7-124 所示。

step 37 在"计时"组中将"开始"设置为"上一动画之后"，将"持续时间"设置为 00.01，如图 7-125 所示。

step 38 确认圆环对象处于选中状态，选择"绘图工具"下的"格式"选项卡，在"形状样式"组中单击"形状轮廓"按钮，在弹出的下拉列表中选择"粗细"|"1.5 磅"选项，如图 7-126 所示。

step 39 在"形状样式"组中单击"形状效果"按钮，在弹出的下拉列表中选择"发光"|"无发光"选项，如图 7-127 所示。

step 40 选择"插入"选项卡，在"图像"组中单击"图片"按钮，弹出"插入图片"对话框。在该对话框中选中素材图片"天气.png"，单击"插入"按钮，即可将选中的素材图片插入幻灯片中，如图 7-128 所示。

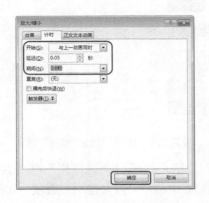

图 7-123 设置动画时间

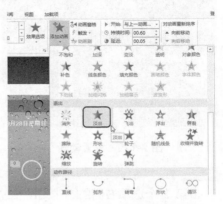

图 7-124 添加"淡出"动画

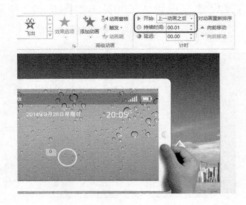

图 7-125 设置动画选项

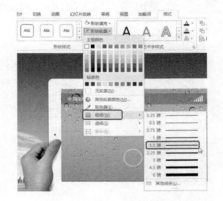

图 7-126 设置轮廓粗细

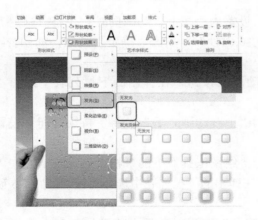

图 7-127 取消添加发光效果

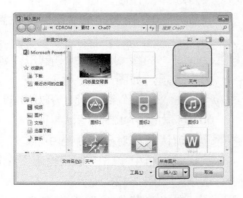

图 7-128 选择素材图片

step 41 在幻灯片中调整其位置，效果如图 7-129 所示。

step 42 选择"插入"选项卡，在"文本"组中单击"绘制横排文本框"按钮，在幻灯片中绘制文本框并输入文字，输入文字后选中文本框，在"开始"选项卡的"字体"组中将字体设置为"黑体"，将字体颜色设置为蓝色，并单击"加粗"按钮，然后选中文字"25℃"，将字号设置为 36，选中其他文字，将字号设置为 14，如图 7-130 所示。

图 7-129　调整素材图片位置

图 7-130　输入并设置文字

step 43 继续输入文字，在"字体"组中将字体设置为"黑体"，将字号设置为 18，将字体颜色设置为红色，如图 7-131 所示。

step 44 选中插入的素材图片和新输入的文字，并右击，在弹出的快捷菜单中选择"组合"|"组合"命令，即可组合选中的对象，如图 7-132 所示。

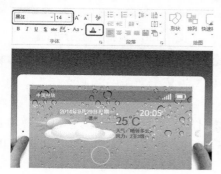

图 7-131　输入并设置文字

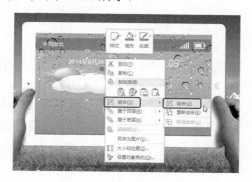

图 7-132　选择"组合"命令

step 45 选择"动画"选项卡，在"动画"组中单击"淡出"选项，即可为组合对象添加该动画，效果如图 7-133 所示。

step 46 在"计时"组中将"开始"设置为"上一动画之后"，将"持续时间"设置为 00.50，如图 7-134 所示。

step 47 选择"插入"选项卡，在"图像"组中单击"图片"按钮，弹出"插入图片"对话框。在该对话框中选中素材图片"图标 1.png"，单击"插入"按钮，即可将选中的素材图片插入幻灯片中，如图 7-135 所示。

step 48 在幻灯片中调整其位置，效果如图 7-136 所示。

图 7-133　添加动画

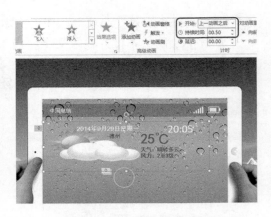

图 7-134　设置动画时间

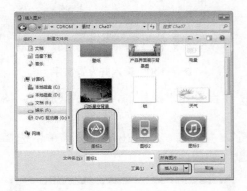

图 7-135　选择素材图片

图 7-136　调整素材图片位置

step 49 选择"动画"选项卡，在"动画"组中单击"淡出"选项，即可为素材图片添加该动画，然后在"计时"组中，将"开始"设置为"上一动画之后"，将"持续时间"设置为 00.50，如图 7-137 所示。

step 50 结合前面介绍的方法，继续插入素材图片，然后为插入的素材图片添加"淡出"动画，将"开始"设置为"与上一动画同时"，将"持续时间"设置为 00.50，效果如图 7-138 所示。

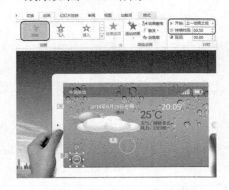

图 7-137　为素材图片添加动画

图 7-138　插入素材图片并添加动画

step 51 选择"开始"选项卡，在"幻灯片"组中单击"新建幻灯片"按钮，在弹出的下拉列表中选择"空白"选项，即可新建空白幻灯片，如图 7-139 所示。

step 52 在第 2 张幻灯片中选中除圆环和组合对象以外的所有对象，按 Ctrl+C 键进行复制，如图 7-140 所示。

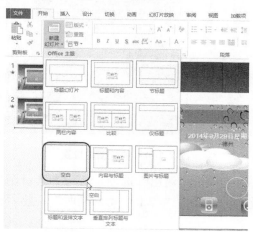

图 7-139　选择"空白"选项

图 7-140　复制对象

step 53 切换到新建的幻灯片中，按 Ctrl+V 键进行粘贴，效果如图 7-141 所示。

step 54 选择"动画"选项卡，在"高级动画"组中单击"动画窗格"按钮，弹出"动画窗格"任务窗格，选中所有选项，然后单击右侧的 ▼ 按钮，在弹出的下拉列表中选择"删除"选项，即可将动画删除，如图 7-142 所示。

图 7-141　粘贴对象

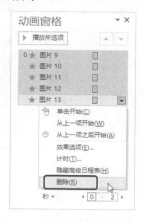

图 7-142　选择"删除"选项

step 55 选择"插入"选项卡，在"图像"组中单击"图片"按钮，弹出"插入图片"对话框。在该对话框中选中素材图片"图标 6.png"，单击"插入"按钮，即可将选中的素材图片插入幻灯片中，如图 7-143 所示。

step 56 在幻灯片中调整其位置，效果如图 7-144 所示。

图 7-143　选择素材图片

图 7-144　调整图片位置

step 57　选择"动画"选项卡，在"动画"组中单击"淡出"选项，即可为素材图片添加该动画，然后在"计时"组中将"开始"设置为"与上一动画同时"，将"持续时间"设置为00.25，如图 7-145 所示。

step 58　在"高级动画"组中单击"添加动画"按钮，在弹出的下拉列表中选择"直线"选项，如图 7-146 所示。

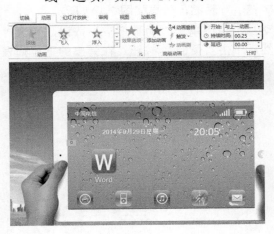

图 7-145　添加动画

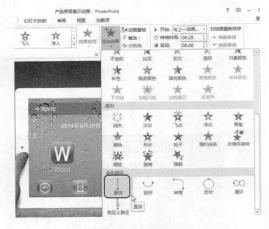

图 7-146　添加动画

step 59　在"动画"组中单击"效果选项"按钮，在弹出的下拉列表中选择"靠左"选项，如图 7-147 所示。

step 60　再次单击"效果选项"按钮，在弹出的下拉列表中选择"反转路径方向"选项，如图 7-148 所示。

step 61　在"计时"组中将"开始"设置为"与上一动画同时"，将"持续时间"设置为00.50，效果如图 7-149 所示。

step 62　结合前面介绍的方法，继续插入素材图片，然后为素材图片添加"淡出"和"直线"动画，效果如图 7-150 所示。

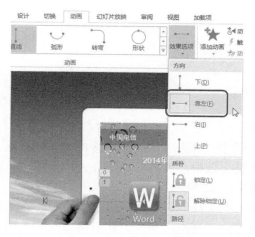

图 7-147　设置效果选项

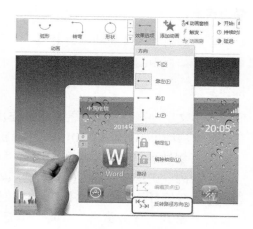

图 7-148　反转路径方向

图 7-149　设置动画时间

图 7-150　为素材图片添加动画

案例精讲 55　制作掉落文字动画演示文稿

> 案例文件：CDROM\场景\Cha07\掉落文字动画演示文稿.pptx
>
> 视频文件：视频教学\Cha07\掉落文字动画演示文稿.avi

制作概述

本例介绍如何制作掉落文字动画演示文稿。首先制作幻灯片的背景，然后插入素材图片并设置图片的动画效果，使用相同的方法制作另外两个幻灯片，最后设置幻灯片的切换动画。完成后的效果如图 7-151 所示。

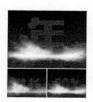

图 7-151　掉落文字动画
演示文稿效果图

学习目标

● 学习如何为图片的动画效果。

● 学习如何为幻灯片的切换效果。

操作步骤

制作掉落文字动画演示文稿的具体操作步骤如下。

step 01 启动 PowerPoint 2013 软件，新建一个空白演示文稿。将多余的文本框删除，然后将切换至"设计"选项卡，在"自定义"组中，单击"幻灯片大小"按钮，在弹出的列表中选择"标准(4:3)"选项，如图 7-152 所示。

step 02 在幻灯片中右击，在弹出的快捷菜单中选择"设置背景格式"命令。在"设置背景格式"任务窗格中，将"填充"设置为"渐变填充"，然后将"渐变光圈"中间的两个色块删除，并设置第 1 个色块的颜色，如图 7-153 所示。

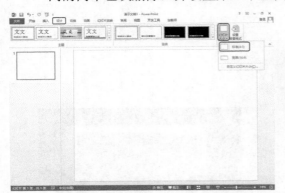

图 7-152 选择"标准(4:3)"选项

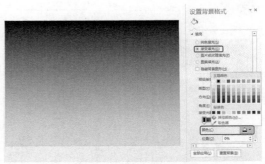

图 7-153 设置"渐变填充"

step 03 将第 2 个色块颜色的红色设置为 13，绿色设置为 30，蓝色设置为 51，如图 7-154 所示。

step 04 在"设置背景格式"任务窗格中，单击"全部应用"按钮，如图 7-155 所示。

图 7-154 设置颜色

图 7-155 单击"全部应用"按钮

提示 单击"颜色"右侧的图标按钮，在弹出的列表中选择"其他颜色"，打开"颜色"对话框，切换至"自定义"选项卡，即可设置颜色。

step 05 切换至"插入"选项卡，单击"图像"组中的"图片"按钮，如图 7-156 所示。

step 06 在弹出的"插入图片"对话框中，选择随书附带光盘中的"CDROM\素材\Cha07\年.png"素材图片，然后单击"插入"按钮，如图 7-157 所示。

图 7-156　单击"图片"按钮

图 7-157　选择素材图片

step 07 选中插入的素材图片，切换至"动画"选项卡，单击"动画"组中的下三角按钮，在弹出的列表中选择"动作路径"中的"直线"，如图 7-158 所示。

step 08 单击直线路径的开始位置，然后调整图片的开始位置，如图 7-159 所示。

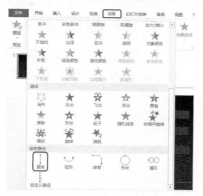

图 7-158　选择"直线"路径

图 7-159　调整开始位置

step 09 调整图片的结束位置，如图 7-160 所示。

step 10 选中图片，在"设置图片格式"任务窗格中，切换至"大小属性"，将"位置"中的"水平位置"设置为"3.44 厘米"，"垂直位置"设置为"-1.42 厘米"，如图 7-161 所示。

step 11 在"计时"组中，将"开始"设置为"上一动画之后"，将"持续时间"设置为 00.30，如图 7-162 所示。

step 12 将随书附带光盘中的"CDROM\素材\Cha07\云 01.png"素材图片插入幻灯片中，在"设置图片格式"任务窗格中，将"位置"中的"水平位置"设置为"8.1 厘米"，"垂直位置"设置为"12.8 厘米"，如图 7-163 所示。

图 7-160　调整图片的结束位置

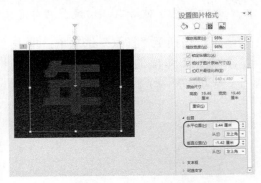

图 7-161　设置"位置"

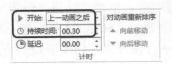

图 7-162　设置"计时"

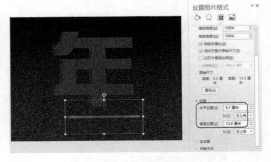

图 7-163　插入素材图片

step 13 ▶ 切换至"动画"选项卡，为其设置"淡出"动画，在"计时"组中，将"开始"设置为"与上一动画同时"，"持续时间"设置为 00.25，"延迟"设置为 00.12，如图 7-164 所示。

step 14 ▶ 在"高级动画"组中单击"添加动画"按钮，在弹出的列表中选择"强调"中的"放大/缩小"，如图 7-165 所示。

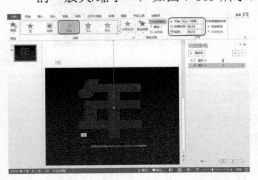

图 7-164　设置"淡出"动画

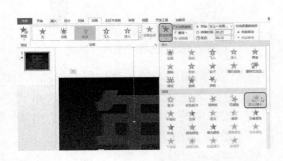

图 7-165　选择"放大/缩小"

step 15 ▶ 在"计时"组中将"开始"设置为"与上一动画同时"，"持续时间"设置为 01.30，"延迟"设置为 00.20，在"动画"组中，单击"效果选项"按钮，在弹出的列表中选择"数量"中的"巨大"，如图 7-166 所示。

step 16　在"高级动画"组中单击"添加动画"按钮，在弹出的列表中，选择"退出"中的"淡出"，如图 7-167 所示。

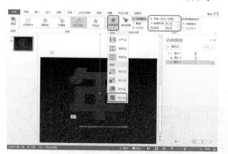

图 7-166　设置"放大/缩小"动画

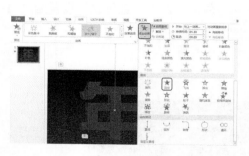

图 7-167　选择"淡出"

step 17　在"计时"组中，将"开始"设置为"与上一动画同时"，"持续时间"设置为 00.90，"延迟"设置为 00.60，如图 7-168 所示。

step 18　将随书附带光盘中的"CDROM\素材\Cha07\云 02.png"素材图片插入幻灯片中，在"设置图片格式"任务窗格中，将"位置"中的"水平位置"设置为"4.58 厘米"，"垂直位置"设置为"10.78 厘米"，如图 7-169 所示。

图 7-168　设置"计时"

图 7-169　插入素材图片

step 19　参照"云 01.png"素材图片的动画效果，设置"云 02.png"素材图片的动画效果，如图 7-170 所示。

step 20　将随书附带光盘中的"CDROM\素材\Cha07\云 03.png"素材图片插入幻灯片中，为"云 03.png"素材图片设置相同的动画效果，如图 7-171 所示。

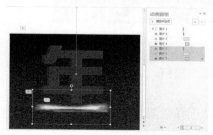

图 7-170　设置"云 02.png"素材图片的动画效果　　图 7-171　设置"云 03.png"素材图片的动画效果

step 21 在"动画窗格"任务窗格中，选中"云 03.png"的"淡出"动画效果，将"持续时间"更改为 00.50，如图 7-172 所示。

step 22 在"设置图片格式"任务窗格中，将"位置"中的"水平位置"设置为"7.12 厘米"，"垂直位置"设置为"11.36 厘米"，如图 7-173 所示。

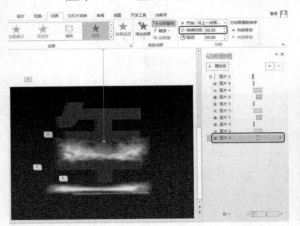

图 7-172　更改"持续时间"

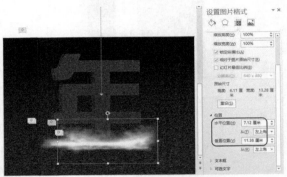

图 7-173　设置"位置"

step 23 将随书附带光盘中的"CDROM\素材\Cha07\云 04.png"素材图片插入幻灯片中，参照前面的操作步骤，为"云 03.png"素材图片设置动画效果，如图 7-174 所示。

step 24 在"动画窗格"中，选中"云 04.png"的"淡出"动画效果，将"延迟"更改为 01.00，如图 7-175 所示。

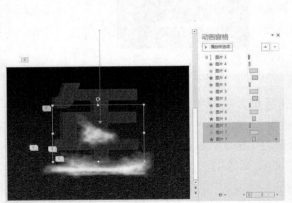

图 7-174　设置"云 04.png"素材图片的动画效果

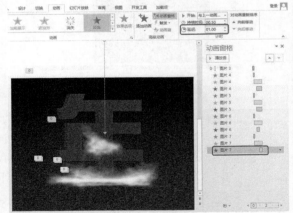

图 7-175　更改"延迟"

step 25 单击"高级动画"组中单击"添加动画"按钮，在弹出的列表中，选择"其他动作路径"选项，如图 7-176 所示。

step 26 在弹出的"添加动作路径"对话框中，选择"直线和曲线"中的"对角线向右上"，然后单击"确定"按钮，如图 7-177 所示。

step 27 调整动画的结束位置，如图 7-178 所示。

  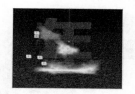

图 7-176　选择"其他动作路径"选项　图 7-177　"添加动作路径"对话框　图 7-178　调整结束位置

step 28 在"设置图片格式"任务窗格中，将"位置"中的"水平位置"设置为"3.3 厘米"，"垂直位置"设置为"9.13 厘米"，如图 7-179 所示。

step 29 在"动画窗格"任务窗格中选中路径动画，在"计时"组中，将"开始"设置为"与上一动画同时"，"持续时间"设置为 00.90，"延迟"设置为 00.60，如图 7-180 所示。

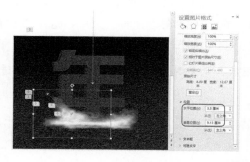 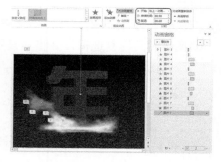

图 7-179　设置"位置"　　　　　　　　图 7-180　设置"计时"

step 30 切换至"开始"选项卡，单击"新建幻灯片"按钮，在弹出的列表中选择"空白"选项，如图 7-181 所示。

step 31 参照前面的操作方法，制作第 2 张幻灯片，并为其设置动画效果，如图 7-182 所示。

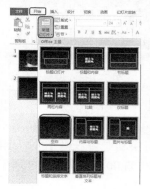 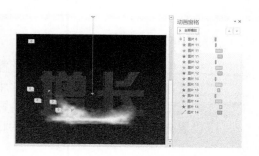

图 7-181　选择"空白"选项　　　　　　图 7-182　制作第 2 张幻灯片

step 32 选中文字图片，在"高级动画"组中单击"添加动画"按钮，在弹出的列表中，选择"进入"中的"出现"，如图 7-183 所示。

step 33 在"动画窗格"中，将新添加的"出现"动画调整到第 1 个位置，如图 7-184 所示。

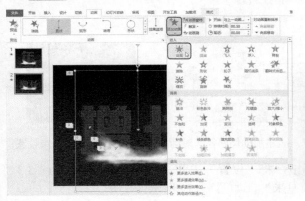

图 7-183　添加"出现"动画　　　　　　　图 7-184　调整动画顺序

step 34 参照前面的操作方法，制作第 3 张幻灯片并为其设置动画效果，如图 7-185 所示。

step 35 选中第 1 张幻灯片，切换至"切换"选项卡，在"计时"组中，选中"设置自动换片时间"复选框，并将其设置为 00:03.00，如图 7-186 所示。

 　　　　选中"设置自动换片时间"复选框后，幻灯片将根据设置的持续时间来进行切换。

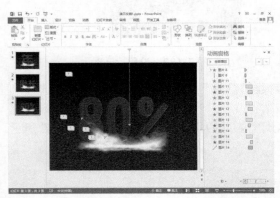

图 7-185　制作第 3 张幻灯片　　　　　　　图 7-186　设置切换

step 36 选中第 2 张幻灯片，为其设置"闪光"切换动画，在"计时"组中，将选中"设置自动换片时间"复选框，并将其设置为 00:03.00，如图 7-187 所示。

step 37 选中第 3 张幻灯片，为其设置"闪光"切换动画，在"计时"组中，将选中"设置自动换片时间"复选框，并将其设置为 00:03.00，如图 7-188 所示。

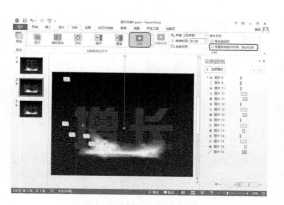
图 7-187 设置"闪光"切换动画

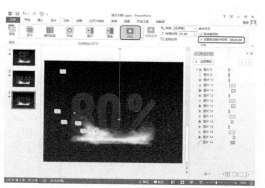
图 7-188 设置"闪光"切换动画

案例精讲 56　制作加载动画幻灯片

案例文件：CDROM\场景\Cha07\加载动画幻灯片.pptx

视频文件：视频教学\Cha07\加载动画幻灯片.avi

制作概述

本例介绍如何制作加载动画幻灯片。首先制作幻灯片的背景和圆形形状，然后创建数字文本动画，最后设置图片的动作路径，用于模拟加载时的进度。完成后的效果如图 7-189 所示。

学习目标

- 学习如何创建文字动画。
- 学习如何设置图片的动作路径。

图 7-189 加载动画幻灯片效果图

操作步骤

制作加载动画幻灯片的具体操作步骤如下。

step 01 启动 PowerPoint 2013 软件，新建一个空白演示文稿。将多余的文本框删除，在幻灯片中右击，在弹出的快捷菜单中选择"设置背景格式"命令。在"设置背景格式"任务窗格中，设置"填充"中的"颜色"，如图 7-190 所示。

step 02 切换至"插入"选项卡，单击"图像"组中的"图片"按钮，在弹出的"插入图片"对话框中，选择随书附带光盘中的"CDROM\素材\Cha07\灰背景.png"素材图片，然后单击"插入"按钮，如图 7-191 所示。

step 03 选中图片，右击，在弹出的快捷菜单中选择"大小和位置"命令，在"设置图片格式"任务窗格中，将"大小"中的"高度"设置为"19.05 厘米"，"宽度"设置为"33.87 厘米"，如图 7-192 所示。

step 04 切换至"插入"选项卡，单击"形状"按钮，在弹出的列表中选择"基本形状"中的"椭圆"，如图 7-193 所示。

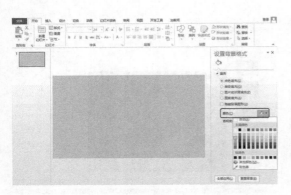

图 7-190　设置"颜色"

图 7-191　选择素材图片

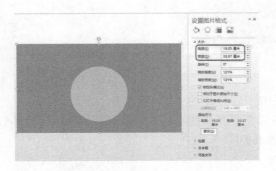

图 7-192　设置"大小"

图 7-193　选择"椭圆"

step 05　按住 Shift 键绘制一个正圆，在"设置形状格式"任务窗格中，切换至"大小属性"，在"大小"中，将"高度"设置为"11.75 厘米"，"宽度"设置为"11.75 厘米"，在"位置"中，将"水平位置"设置为"11.03 厘米"，"垂直位置"设置为"4.8 厘米"，如图 7-194 所示。

step 06　切换至"填充线条"，将"填充"设置为"无填充"，然后设置"线条"中的"颜色"，如图 7-195 所示。

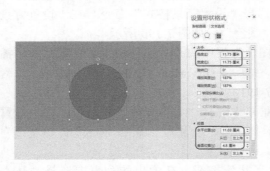

图 7-194　设置"大小"和"位置"

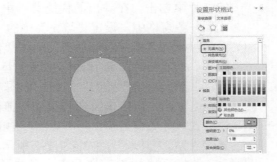

图 7-195　设置"填充线条"

step 07 将"线条"中的"宽度"设置为"2.25 磅",然后设置"短划线类型",如图 7-196 所示。

step 08 选中圆形并切换至"动画"选项卡,单击"动画"组中的下三角按钮,在弹出的列表中选择"强调"中的"陀螺旋",如图 7-197 所示。

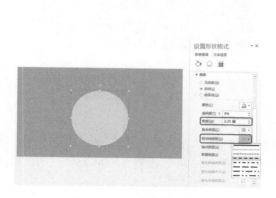

图 7-196 设置"线条"

图 7-197 选择"陀螺旋"

step 09 单击在"动画"组中的右下侧 按钮,在弹出"陀螺旋"对话框中,切换至"计时"选项卡,将"开始"设置为"与上一动画同时","延迟"设置为"0 秒","期间"设置为"10 秒","重复"设置为"直到幻灯片末尾",然后单击"确定"按钮,如图 7-198 所示。

step 10 切换至"插入"选项卡,单击"文本"组中的"文本框"按钮,选择"横排文本框",如图 7-199 所示。

图 7-198 "陀螺旋"对话框

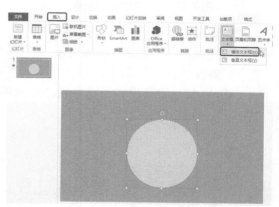

图 7-199 选择"横排文本框"

step 11 在空白位置输入数字文本,在"开始"选项卡中,将字号设置为 88,单击"加粗"按钮 ,然后设置字体颜色,如图 7-200 所示。

step 12 在"设置形状格式"任务窗格中,选择"文本选项"。在"文本填充轮廓"中将"文本边框"展开,选择"实线",将"颜色"设置为白色,"宽度"设置为"2.5 磅",如图 7-201 所示。

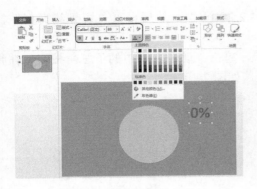

图 7-200　设置文本

图 7-201　设置"文本边框"

step 13　将文本框调整到圆形的中央，如图 7-202 所示。

step 14　切换至"动画"选项卡，为其设置"淡出"动画效果，在"计时"组中，将"开始"设置为"与上一动画同时"，"持续时间"设置为 00.25，如图 7-203 所示。

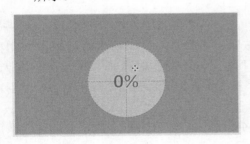

图 7-202　调整文本框位置

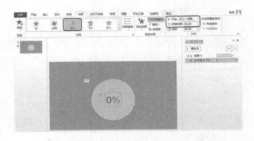

图 7-203　设置"淡出"动画

step 15　单击"高级动画"组中的"添加动画"按钮，在弹出的列表中选择"退出"中的"淡出"，如图 7-204 所示。

step 16　在"计时"组中，将"开始"设置为"与上一动画同时"，"持续时间"设置为 00.25，"延迟"设置为 00.30，如图 7-205 所示。

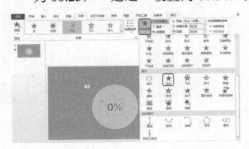

图 7-204　选择"淡出"

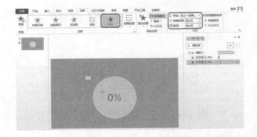

图 7-205　设置"淡出"动画

step 17　复制数字文本框，将数字更改为 5%，如图 7-206 所示。

step 18　调整数字文本框的位置，将"计时"组中的"延迟"设置为 00.30，如图 7-207 所示。

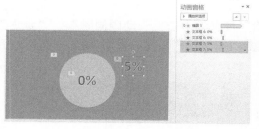

图 7-206　复制数字文本框　　　　　　　　图 7-207　设置"延迟"

step 19 在"动画窗格"中，选中最后一个"淡出"动画，将"计时"组中的"延迟"设置为 00.60，如图 7-208 所示。

step 20 使用相同的方法，设置其他文本动画，如图 7-209 所示。

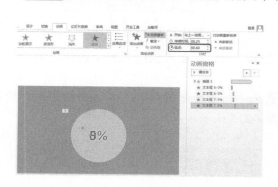

图 7-208　设置"延迟"

图 7-209　设置其他文本动画

step 21 使用"横排文本框"输入文字，将字体设置为"微软雅黑"，将字号设置为 40，然后设置颜色，如图 7-210 所示。

step 22 切换至"动画"选项卡，为其添加"淡出"动画，如图 7-211 所示。

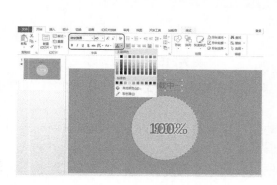

图 7-210　输入文字

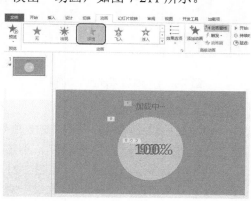

图 7-211　添加"淡出"动画

step 23 单击在"动画"组中的右下侧 按钮，弹出"淡出"对话框，在"效果"选项卡中，将"动画文本"设置为"按字母"，将"字母之间延迟百分比"设置为100，如图 7-212 所示。

step 24 切换至"计时"选项卡，将"开始"设置为"与上一动画同时"，"延迟"设置为"0 秒"，"期间"设置为"0.25 秒"，"重复"设置为"直到幻灯片末尾"，如图 7-213 所示。

图 7-212　设置"效果"　　　　　　　　　　图 7-213　设置"计时"

step 25 单击"高级动画"组中的"添加动画"按钮，在弹出的列表中选择"退出"中的"淡出"选项，如图 7-214 所示。

step 26 在"计时"组中，将"开始"设置为"与上一动画同时"，"持续时间"设置为 00.25，"延迟"设置为 10.70，如图 7-215 所示。

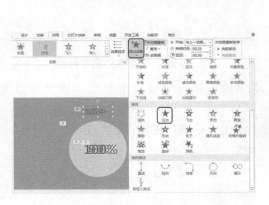

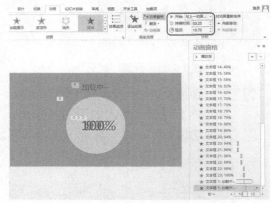

图 7-214　添加"淡出"动画　　　　　　　　图 7-215　设置"计时"

step 27 使用"横排文本框"输入文字，将字体设置为"微软雅黑"，将字号设置为40，然后设置颜色，如图 7-216 所示。

step 28 切换至"动画"选项卡，单击"动画"组中的下三角按钮，在弹出的列表中，选择"更多进入效果"，如图 7-217 所示。

step 29 在弹出的"更改进入效果"对话框中，选择"温和型"中的"基本缩放"，然后单击"确定"按钮，如图 7-218 所示。

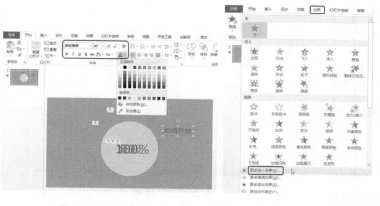

图 7-216　输入文字　　　　图 7-217　选择"更多进入效果"　图 7-218　"更改进入效果"对话框

step 30 ▶ 调整文本框的位置，在"计时"组中，将"开始"设置为"与上一动画同时"，"持续时间"设置为00.25，"延迟"设置为11.00，如图7-219所示。

step 31 ▶ 插入随书附带光盘中的"CDROM\素材\Cha07\绿背景.png"素材图片，在"设置图片格式"任务窗格中，切换至"大小属性"，在"大小"中，将"高度"设置为"14.55 厘米"，"宽度"设置为"150.72 厘米"，在"位置"中，将"水平位置"设置为"13.23 厘米"，"垂直位置"设置为"15.94 厘米"，如图 7-220所示。

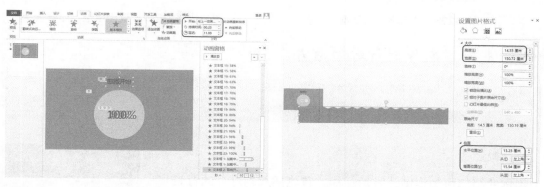

图 7-219　设置"计时"　　　　　　　图 7-220　设置"大小"和"位置"

step 32 ▶ 切换至"动画"选项卡，为其添加"直线"动作路径，然后调整图片动画的结束位置，如图7-221所示。

step 33 ▶ 在"计时"组中，将"开始"设置为"与上一动画同时"，"持续时间"设置为11.50，如图7-222所示。

step 34 ▶ 单击在"动画"组中的右下侧按钮，在弹出的"向下"对话框中将"平滑开始"和"平滑结束"都设置为"0秒"，如图7-223所示。

step 35 ▶ 在"绿背景.png"图片上右击，在弹出的快捷菜单中选择"置于底层"命令，如图7-224所示。

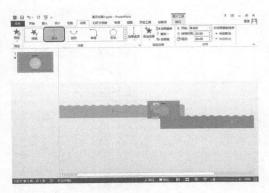

图 7-221 添加"直线"动作路径

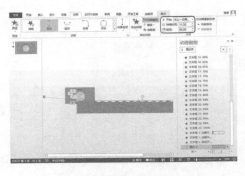

图 7-222 设置"计时"

图 7-223 "向下"对话框

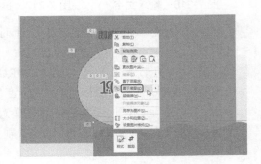

图 7-224 选择"置于底层"命令

案例精讲 57 制作倒计时幻灯片

案例文件：CDROM\场景\Cha07\倒计时幻灯片.pptx

视频文件：视频教学\Cha07\倒计时幻灯片.avi

制作概述

本例介绍如何制作倒计时幻灯片。首先插入幻灯片的背景图片，然后插入数字素材图片并为其添加"展开"和"消失"动画效果。完成后的效果如图 7-225 所示。

图 7-225 倒计时幻灯片效果图

学习目标

学习如何"展开"和"消失"动画效果。

操作步骤

制作倒计时幻灯片的具体操作步骤如下。

step 01 启动 PowerPoint 2013 软件，新建一个空白演示文稿。将多余的文本框删除，在幻灯片中右击，在弹出的快捷菜单中选择"设置背景格式"命令。在"设置背景格式"任务窗格中，将"填充"选择为"图片或纹理填充"，然后单击"文件"按钮，在弹出的"插入图片"对话框中，选择随书附带光盘中的"CDROM\素材\Cha07\倒计时背景.png"素材图片，然后单击"插入"按钮，如图 7-226 所示。

step 02　切换至"插入"选项卡，在"插图"组中，单击"形状"按钮，在弹出的列表中选择"矩形"中的"矩形"选项，如图 7-227 所示。

图 7-226　选择素材图片

图 7-227　选择"矩形"选项

step 03　在适当位置绘制一个矩形，在"设置形状格式"任务窗格中将"大小"中的"高度"设置为"1.09 厘米"，"宽度"设置为"1.09 厘米"，将"位置"中的"水平位置"设置为"16.31 厘米"，"垂直位置"设置为"6.89 厘米"，如图 7-228 所示。

step 04　切换至"填充线条"，将"填充"中的"颜色"设置为黑色，"线条"中的"颜色"设置为白色，"宽度"设置为"2.25 磅"，如图 7-229 所示。

图 7-228　设置"大小"和"位置"

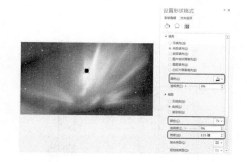

图 7-229　设置"填充线条"

step 05　复制矩形，将"位置"中的"水平位置"设置为"16.31 厘米"，"垂直位置"设置为"10.93 厘米"，如图 7-230 所示。

step 06　切换至"插入"选项卡，单击"图像"组中的"图片"按钮，如图 7-231 所示。

step 07　在弹出的"插入图片"对话框中，选择随书附带光盘中的"CDROM\素材\Cha07\数字 0.png"和"数字 8.png"素材图片，然后单击"插入"按钮，如图 7-232 所示。

step 08　调整素材图片的位置，如图 7-233 所示。

图 7-230 设置"位置"

图 7-231 单击"图片"按钮

图 7-232 选择素材图片

图 7-233 调整素材图片的位置

step 09 选中右侧的"数字 0.png"素材图片，切换至"动画"选项卡，单击"动画"组中的下三角按钮，在弹出的列表中选择"退出"中的"消失"选项，如图 7-234 所示。

step 10 在"计时"组中，将"开始"设置为"与上一动画同时"，"持续时间"设置为 01.00，如图 7-235 所示。

图 7-234 选择"消失"选项

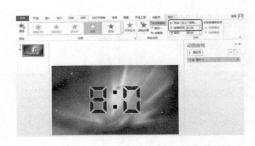

图 7-235 设置"计时"

step 11 参照前面的操作步骤，插入随书附带光盘中的"CDROM\素材\Cha07\数字 9.png"素材图片，如图 7-236 所示。

step 12 选中新插入的素材图片，切换至"动画"选项卡，单击"动画"组中的下三角按钮，在弹出的列表中，选择"更多进入效果"，如图 7-237 所示。

step 13 在弹出的对话框中，选择"细微型"中的"展开"，然后单击"确定"按钮，如图 7-238 所示。

图 7-236　插入素材图片　　　　图 7-237　选择"更多进入效果"　　　　图 7-238　选择"展开"

step 14 在"计时"组中，将"开始"设置为"上一动画之后"，"持续时间"设置为 01.00，如图 7-239 所示。

step 15 然后单击"高级动画"组中的"添加动画"按钮，在弹出的列表中选择"退出"中的"消失"选项，如图 7-240 所示。

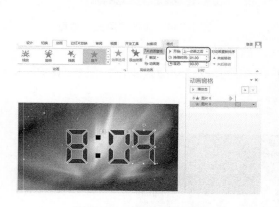

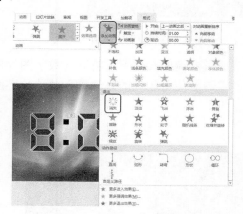

图 7-239　设置"计时"　　　　　　　　图 7-240　选择"消失"选项

step 16 在"计时"组中，将"开始"设置为"上一动画之后"，"持续时间"设置为 00.20，如图 7-241 所示。

step 17 调整数字图片的位置，使其与"数字 0.png"图片重合，如图 7-242 所示。

图 7-241　设置"计时"　　　　　　　　图 7-242　调整数字图片的位置

step 18 ▶ 复制"数字 8.png"素材图片，为其添加"展开"动画，在"计时"组中，将"开始"设置为"与上一动画同时"，"持续时间"设置为 01.00，如图 7-243 所示。

step 19 ▶ 单击"高级动画"组中的"添加动画"按钮，在弹出的列表中选择"退出"中的"消失"命令，在"计时"组中，将"开始"设置为"上一动画之后"，"持续时间"设置为 00.20，如图 7-244 所示。

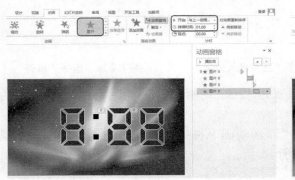 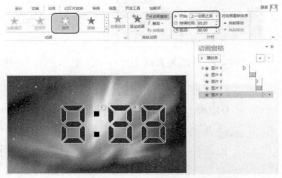

图 7-243　设置"展开"动画　　　　　　　图 7-244　添加"消失"动画

step 20 ▶ 调整其位置，将其与数字图片重合，如图 7-245 所示。

step 21 ▶ 使用相同的方法插入其他数字图片，并为其设置动画效果，如图 7-246 所示。

 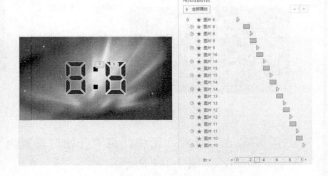

图 7-245　调整图片位置　　　　　　　图 7-246　设置其他动画

step 22 ▶ 插入随书附带光盘中的"CDROM\素材\Cha07\数字 0.png"素材图片，为其添加"展开"动画，在"计时"组中，将"开始"设置为"上一动画之后"，"持续时间"设置为 00.20，如图 7-247 所示。

step 23 ▶ 参照前面的操作步骤，调整素材图片的位置，如图 7-248 所示。

step 24 ▶ 选中左侧的"数字 8.png"素材图片，为其设置"消失"动画，在"计时"组中，将"开始"设置为"与上一动画同时"，"持续时间"设置为 00.20，如图 7-249 所示。

step 25 ▶ 插入"数字 7.png"素材图片并调整其位置，使其与左侧的图片重合，如图 7-250 所示。

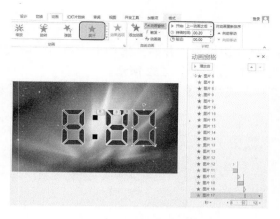

图 7-247　设置"展开"动画

图 7-248　调整素材图片的位置

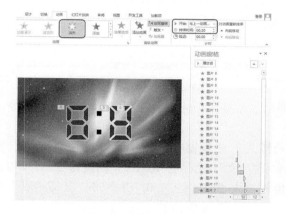

图 7-249　设置"消失"动画

图 7-250　插入素材图片并调整其位置

案例精讲 58　制作产品展示幻灯片

> 案例文件：CDROM\场景\Cha07\制作产品界面展示动画.pptx
>
> 视频文件：视频教学\Cha07\制作产品展示动画.avi

制作概述

　　本例讲解如何制作一般的产品展示幻灯片。本例主要应用了动画和切换之间的特效来完成。完成后的效果如图 7-251 所示。

学习目标

- 学习如何制作产品展示幻灯片。
- 掌握产品展示幻灯片的制作流程，掌握动画和切换的使用。

图 7-251　产品展示幻灯片效果图

操作步骤

制作产品展示的具体操作步骤如下。

`step 01` 启动软件后，新建空白演示文稿，将其切换到"开始"选项卡，单击"版式"
按钮，在弹出的下拉列表中选择"空白"选项，如图 7-252 所示。

`step 02` 在幻灯片窗格中，选择第 1 张幻灯片，连续按 5 次 Enter 键，即可创建出 5 个新
的幻灯片，如图 7-253 所示。

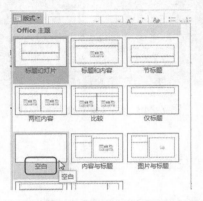

图 7-252　选择"空白"选项　　　　　　　　　　　图 7-253　创建幻灯片

`step 03` 选择第 1 张幻灯片，右击，在弹出的快捷菜单中选择"设置背景格式"命令，
如图 7-254 所示。

`step 04` 在场景的右侧，弹出"设置背景格式"任务窗格，选中"渐变填充"单选按
钮，将"类型"设为"射线"，将 19%位置处的色标的 RGB 值设置为 235、240、
32，将 100%位置处的色标的 RGB 值设置为 255、192、0，并单击"全部应用"按
钮，如图 7-255 所示。

图 7-254　选择"设置背景格式"命令　　　　　　图 7-255　设置背景颜色

`step 05` 确认选中第 1 张幻灯片，切换到"切换"选项卡中，将"切换到此幻灯片"设
为"分割"，在"计时"组中，取消选中"单击鼠标时"复选框，选中"设置自动
换片时间"复选框，如图 7-256 所示。

step 06 切换到"插入"选项卡，在"图像"组中单击"图片"按钮，在弹出的"插入图片"对话框中选择随书附带光盘中的"CDROM\素材\Cha07\IPhone6.png"素材文件，并单击"插入"按钮，如图 7-257 所示。

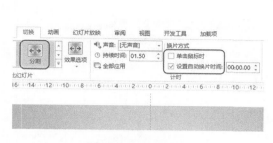

图 7-256　设置切换

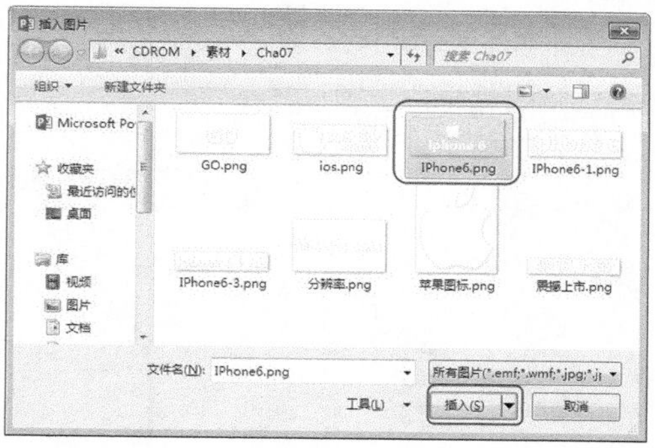

图 7-257　选择素材图片

step 07 选中插入的图片，切换到"图片工具"下的"格式"选项卡，在"大小"组中将"形状高度"设为"11 厘米"，将"形状宽度"设为"26.41 厘米"，如图 7-258 所示。

step 08 确认插入的素材图片出入选中状态，切换到"动画"选项卡，在"动画"组中选择"进入"动画组中的"缩放"动画特效，对其进行添加；在"计时"组中，将"开始"设为"上一动画之后"，将"持续时间"设为 01.50，如图 7-259 所示。

图 7-258　设置图片的格式

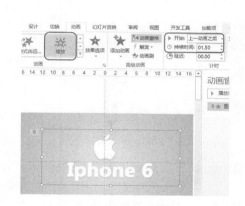

图 7-259　设置动画选项

step 09 在"高级动画"组中单击"添加动画"按钮，在弹出的下拉列表中选择"退出"效果组中的"淡出"动画特效，如图 7-260 所示。

step 10 在"高级动画"组中单击"动画窗格"按钮，在弹出的"动画窗格"任务窗格中，选择上一步添加的"淡出"特效，在"计时"组中，将"开始"设为"上一动画之后"，将"持续时间"设为 01.00，如图 7-261 所示。

step 11 使用前面讲过的方法，插入素材图片"震撼上市.png"，在"图片工具"下的"格式"选项卡，将"形状高度"设为"4.53 厘米"，将"形状宽度"设为"27.45

厘米"，如图 7-262 所示。

step 12 ▶ 选中上一步添加的素材图片，切换到"动画"选项卡，选择"进入"动画组中的"缩放"动画特效，进行添加。在"计时"选项组中将"开始"设为"上一动画之后"，将"持续时间"设为 01.60，如图 7-263 所示。

图 7-260　添加特效

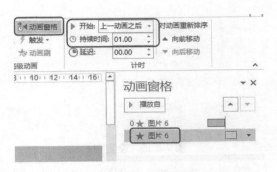

图 7-261　设置计时

图 7-262　插入素材图片

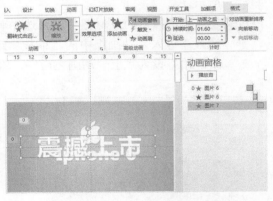

图 7-263　设置图形动画

step 13 ▶ 在"高级动画"组中单击"添加动画"按钮，在弹出的下拉列表中选择"退出"效果组中的"淡出"动画效果，如图 7-264 所示。

step 14 ▶ 在动画窗格中选择上一步添加的"淡出"特效，将"开始"设为"上一动画之后"，将"持续时间"设为 01.00，如图 7-265 所示。

step 15 ▶ 继续插入素材图片，选择素材文件夹中的"苹果图标.png"素材文件进行添加。选中添加的素材图片，在"图片工具"下的"格式"选项卡中，将"形状高度"设为"15 厘米"，将"形状宽度"设为"12.97 厘米"，并将图形对象放置在幻灯片的中心位置，如图 7-266 所示。

step 16 ▶ 使用前面讲过的方法，对其添加"进入"动画组中的"缩放"特效，并在"计时"组中将"开始"设为"上一动画之后"，将"持续时间"设为 01.50，如图 7-267 所示。

图 7-264　添加动画特效

图 7-265　设置动画的计时

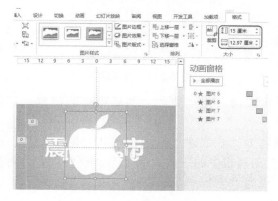

图 7-266　设置对象的大小

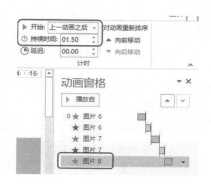

图 7-267　添加动画

step 17 在"高级动画"组中单击"添加动画"按钮，添加"退出"效果组中的"淡出"动画特效，在"计时"选项组中将"开始"设为"上一动画之后"，"持续时间"设为 01.80，如图 7-268 所示。

step 18 在场景中对添加的 3 个图片位置进行调整，使其位于文本的中心位置，如图 7-269 所示。

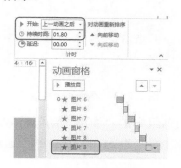

图 7-268　添加动画特效

图 7-269　调整对象的位置

step 19 切换到第 2 张幻灯片中，插入素材图片"IPhone6-1.png"。选中插入的素材，在"图片工具"下的"格式"选项卡，将"形状高度"设为"3.5 厘米"，将"形状宽度"设为"11.94 厘米"，如图 7-270 所示。

step 20 选中上一步插入的素材图片，切换到"动画"选项卡，对其添加"动作路径"组中的"直线"路径动画，在"计时"选项组中将"开始"设为"上一动画之后"，将"持续时间"设为 02.00，如图 7-271 所示。

图 7-270　设置形状大小　　　　　　　　图 7-271　设置动画

step 21 在"动画窗格"选择上一步添加的动画，对"直线"的结束点的位置进行调整，如图 7-272 所示。

step 22 继续对添加的素材图片添加动画特效。在高级动画组中单击"添加动画"按钮，在弹出的下拉列表中选择"强调"动画组中的"放大/缩小"动画特效，并对其进行添加。在"计时"组中将"开始"设为"与上一动画同时"，如图 7-273 所示。

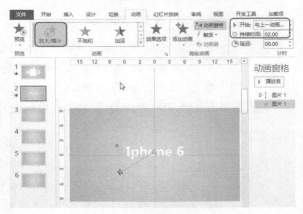

图 7-272　调整路径　　　　　　　　图 7-273　添加动画特效

step 23 单击"添加动画"按钮，选择"退出"动画组中的"淡出"动画特效，在"计时"组中将"与上一动画同时"，将"持续时间"设为 00.50，将"延迟"设为 01.50，如图 7-274 所示。

step 24 插入素材图片"GO.png"，并将其"形状高度"设为"3.4 厘米"，将"形状宽度"设为"7.73 厘米"，并调整其位置，如图 7-275 所示。

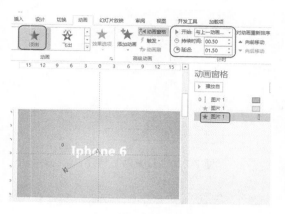

图 7-274　添加动画

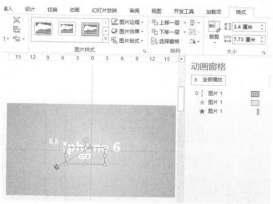

图 7-275　调整对象的大小

step 25 使用前面讲过的方法对其添加"动作路径"中的"直线"路径，在"计时"组中将"开始"设为"与上一动画同时"，将"持续时间啊"设为 02.00，将"延迟"设为 00.00，如图 7-276 所示。

step 26 对"直线"动作路径进行调整，如图 7-277 所示。

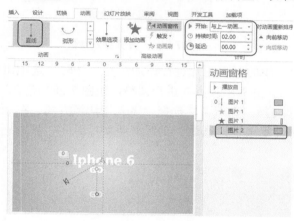

图 7-276　设置动画特效

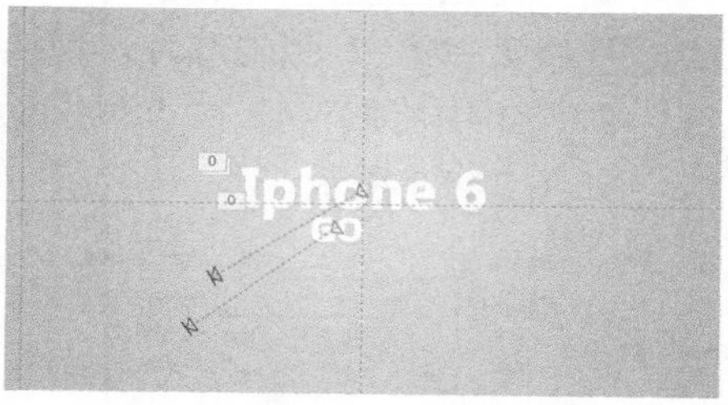

图 7-277　调整动作路径

step 27 继续对该素材图片添加"强调"动画组中的"放大/缩小"动画效果。在"计时"组中将"开始"设为"与上一动画同时"，将"持续时间"设为 02.00，如图 7-278 所示。

step 28 继续添加"退出"效果组中的"淡出"特效，在"计时"选项组中将"开始"设为"与上一动画同时"，将"持续时间"设为 00.50，将"延迟"设为 01.50，如图 7-279 所示。

step 29 插入素材图片"ios.png"素材文件，将"形状高度"设为"4.34 厘米"，"形状宽度"设为"13.33 厘米"，并调整其位置，如图 7-280 所示。

step 30 切换到"动画"选项卡，对其添加"进入"效果组中的"出现"动画特效，并在"计时"组中将"开始"设为"与上一动画同时"，如图 7-281 所示。

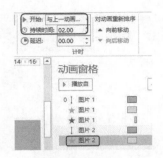

图 7-278　设置动画特效

图 7-279　设置动画特效

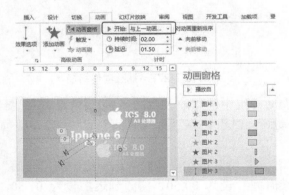

图 7-280　添加素材图片

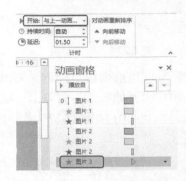

图 7-281　设置特效参数

step 31 选择"直线"路径动画，对上一步的素材图片进行添加，将"计时"选项组中将"开始"设为"与上一动画同时"，并对路径方向进行调整，如图 7-282 所示。

step 32 选中第 2 张幻灯片，切换到"切换"选项卡，选择"飞入"切换方式，在"计时"组中将取消选中"单击鼠标时"复选框，选中"设置自动换片时间"复选框，如图 7-283 所示。

图 7-282　设置动画特效

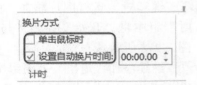

图 7-283　设置切换方式

step 33 选中第 3 张幻灯片中，切换到"插入"选项卡，在"文本"组中单击"文本框"按钮，在弹出的下拉列表中选择"横排文本框"选项，如图 7-284 所示。

step 34 在场景中拖出文本框，并在其内输入"IOS 8.0 无限软件扩展..."，选中"IOS 8.0"文字，切换到"开始"选项卡，将字体设为 Arial Black，将字号设为 100，选中"无限软件扩展.."将字体设为"微软雅黑"，将字号设为 60，如图 7-285 所示。

图 7-284　选择"横排文本框"选项

图 7-285　输入文字

step 35 对文字的颜色进行设置，将文字"IOS"的颜色的 RGB 值设为 131、203、1，将文字"8.0"的文字颜色的 RGB 值设为 228、108、10，将"无限软件扩展…"的文字颜色的 RGB 值设为 0、176、240，适当对文本框的角度进行旋转，如图 7-286 所示。

step 36 切换到"切换"选项卡，对其添加"旋转"切换，在"计时"组中，取消选中"单击鼠标时"复选框，选中"设置自动换片时间"复选框，如图 7-287 所示。

图 7-286　设置文字的颜色

图 7-287　幻灯片的切换

step 37 切换到第 4 张幻灯片，继续插入素材图片"分辨率.png"文件，并将其"形状高度"设为"10 厘米"，"形状宽度"设为"17.05 厘米"，并调整到如图 7-288 所示的位置。

step 38 继续插入素材图片"IPhone6-3.png"，将其"形状高度"设为"2.76 厘米"，将"形状宽度"设为"14.13 厘米"，并放置到如图 7-289 所示的位置。

step 39 选中上一步插入的素材图片，切换到"动画"选项卡，对其添加"进入"效果组中的"飞入"动画特效。在"动画"选项组中单击"效果选项"按钮，在弹出的下拉列表中选择"自左侧"。在"计时"选项组中将"开始"设为"与上一动画同时"，将"持续时间"设为 00.75，如图 7-290 所示。

step 40 在"高级动画"选项组中单击"添加动画"按钮。在弹出的下拉列表中选择"退出"效果组中的"飞出"特效，并将"效果选项"设为"到右侧"。在"计时"选项组中将"开始"设为"上一动画之后"，将"持续时间"设为 00.75，将"延迟"设为 00.65，如图 7-291 所示。

图 7-288 插入素材图片

图 7-289 插入素材图片

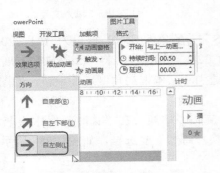

图 7-290 设置动画特效

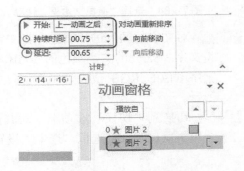

图 7-291 设置动画特效

step 41 切换到"切换"选项卡，并对其设置"旋转切换"，在"计时"组中取消选中"单击鼠标时"复选框，选中"设置自动换片时间"复选框，如图 7-292 所示。

step 42 切换到第 5 张幻灯片中，插入横排文本框，并在其内输入文字"A8 处理器 运行内存 2G"，选中文字"A8"，将字体设为"微软雅黑"，将字号设为 66，并单击"加粗"按钮，颜色设为白色；选中文字"处理器"，将字体设为"微软雅黑"，将字号设为 54，并单击"加粗"按钮，颜色设为浅蓝色；选中文字"运行内存"，将字体设为"微软雅黑"，将字号设为 54，并单击"加粗"按钮，颜色设为蓝色；选中文字"2G"，将字体设为"微软雅黑"，将字号设为 72，并单击"加粗"按钮，颜色设为红色，如图 7-293 所示。

图 7-292 设置切换

图 7-293 设置文字

step 43 切换到"切换"选项卡，对其添加"旋转"切换效果。单击"效果选项"按钮，在弹出的下拉列表中选择"自左侧"选项，在"计时"组中取消选中"单击鼠标时"复选框，选中"设置自动换片时间"复选框，如图 7-294 所示。

step 44 切换到第 6 张幻灯片中，在场景中右击，在弹出的下拉列表中选择"设置背景格"选项，弹出"设置背景格式"任务窗格，选中"纯色填充"单选按钮，并将"颜色"设为白色，如图 7-295 所示。

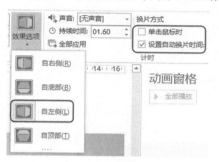

图 7-294 设置动画选项

图 7-295 设置背景颜色

step 45 使用前面讲过的方法插入"手机.jpg"素材文件，如图 7-296 所示。

step 46 切换到"切换"选项卡中，选择"分割"切换效果进行添加，在"计时"选项组中取消选中"单击鼠标时"复选框，选中"设置自动换片时间"复选框，如图 7-297 所示。

图 7-296 插入素材图片

图 7-297 设置切换效果

第 8 章
旅游宣传片

本章重点

◆　制作开始页幻灯片
◆　制作过渡页幻灯片
◆　制作旅游目的地动画

◆　制作景区欣赏动画
◆　制作景区简介动画
◆　制作结束页幻灯片

随着人们生活水平的不断提高，旅游逐渐成为一个热门的话题。旅游是人们放松压力，调节情绪的首要选择。本章就来介绍旅游宣传片的制作，完成后的效果如图 8-1 所示。

图 8-1　旅游宣传片

案例精讲 59　制作开始页幻灯片

> ✎ 案例文件：CDROM\场景\Cha08\旅游宣传片.pptx
>
> 🎬 视频文件：视频教学\Cha08\制作开始页.avi

制作概述

开始页能起到提纲挈领的作用，每一个演示文稿的中心内容都可以在开始页中表现出来，类似一篇文章的大标题。本例就来介绍旅游宣传片开始页的制作。

学习目标

- 学习编辑形状的方法。
- 掌握添加多个动画的方法。

操作步骤

制作开始页幻灯片的具体操作步骤如下。

step 01　按 Ctrl+N 键新建空白演示文稿，切换到"设计"选项卡，在"自定义"组中单击"幻灯片大小"按钮，在弹出的下拉列表中选择"标准(4:3)"选项，如图 8-2 所示。

step 02　在"自定义"组中单击"设置背景格式"按钮，弹出"设置背景格式"任务窗格，单击"颜色"右侧的 按钮，在弹出的下拉列表中选择"其他颜色"选项，如图 8-3 所示。

step 03　在弹出的"颜色"对话框中切换到"自定义"选项卡，将红色、绿色和蓝色的值分别设置为 48、188、239，然后单击"确定"按钮，如图 8-4 所示。

step 04　切换到"开始"选项卡，在"幻灯片"组中单击"版式"按钮，在弹出的下拉列表中选择"空白"选项，如图 8-5 所示。

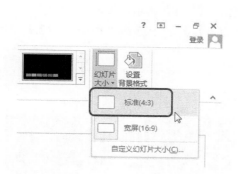

图 8-2 选择"标准(4:3)"选项

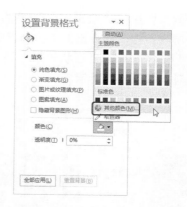

图 8-3 选择"其他颜色"选项

图 8-4 设置颜色

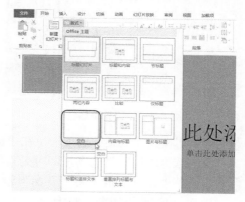

图 8-5 选择"空白"选项

step 05 在"绘图"组中单击"形状"按钮,在弹出的下拉列表框中选择"直线"选项,如图 8-6 所示。

step 06 在幻灯片中绘制直线,效果如图 8-7 所示。

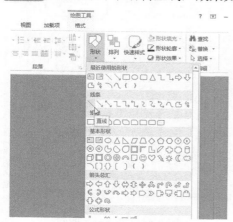

图 8-6 选择"直线"选项

图 8-7 绘制直线

step 07 切换到"绘图工具"下的"格式"选项卡，在"形状样式"组中单击"形状轮廓"按钮，在弹出的下拉列表中选择"白色，背景 1"选项，如图 8-8 所示。

step 08 再次单击"形状轮廓"按钮，在弹出的下拉列表中选择"粗细"|"2.25 磅"选项，如图 8-9 所示。

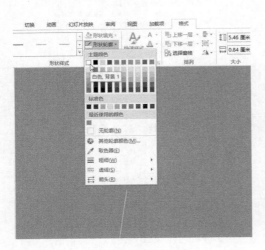

图 8-8　设置轮廓颜色　　　　　　　　　　图 8-9　设置直线粗细

step 09 切换到"动画"选项卡，在"动画"组中单击"其他"按钮▽，在弹出的下拉列表中选择"擦除"选项，即可为直线添加该动画，如图 8-10 所示。

step 10 在"计时"组中将"开始"设置为"与上一动画同时"，将"持续时间"设置为 00.30，效果如图 8-11 所示。

step 11 按 Ctrl+D 键复制直线对象，并在幻灯片中调整直线的位置，效果如图 8-12 所示。

step 12 继续在幻灯片中绘制直线，并对绘制的直线进行设置，效果如图 8-13 所示。

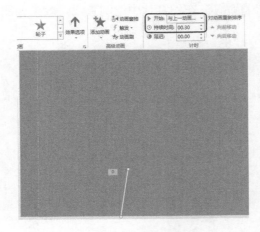

图 8-10　添加动画　　　　　　　　　　图 8-11　设置动画时间

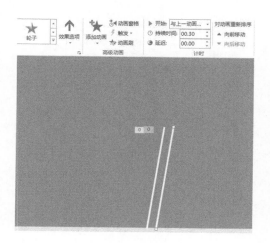

图 8-12 复制直线

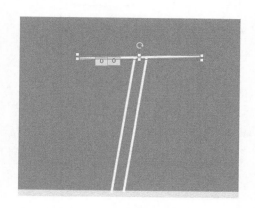

图 8-13 绘制直线

step 13 ▶ 切换到"动画"选项卡，在"动画"组中单击"其他"按钮 ，在弹出的下拉列表中选择"劈裂"选项，即可为直线添加该动画，如图 8-14 所示。

step 14 ▶ 在"动画"组中单击"效果选项"按钮，在弹出的下拉列表中选择"中央向左右展开"选项，如图 8-15 所示。

图 8-14 选择"劈裂"选项

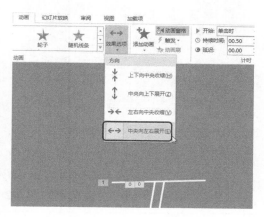

图 8-15 设置效果选项

step 15 ▶ 在"计时"组中将"开始"设置为"上一动画之后"，将"持续时间"设置为 00.30，如图 8-16 所示。

step 16 ▶ 切换到"开始"选项卡，在"绘图"组中单击"形状"按钮，在弹出的下拉列表中选择"曲线"选项，如图 8-17 所示。

step 17 ▶ 在幻灯片中绘制曲线，切换到"绘图工具"下的"格式"选项卡，在"形状样式"组中将轮廓颜色设置为白色，将轮廓粗细设置为"2.25 磅"，如图 8-18 所示。

step 18 ▶ 切换到"动画"选项卡，在"动画"组中为绘制的曲线添加"擦除"动画，然后在"计时"组中将"开始"设置为"上一动画之后"，将"持续时间"设置为 00.30，如图 8-19 所示。

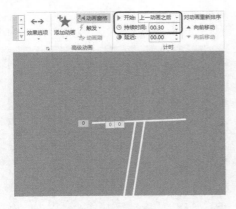

图 8-16　设置动画时间

图 8-17　选择"曲线"选项

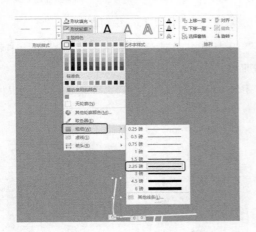

图 8-18　绘制并设置曲线

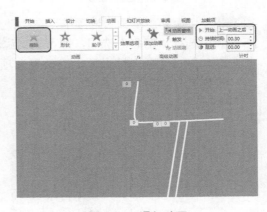

图 8-19　添加动画

step 19　确认绘制的曲线处于选中状态，按 Ctrl+D 键进行复制，然后切换到"绘图工具"下的"格式"选项卡，在"排列"组中单击"旋转"按钮，在弹出的下拉列表中选择"水平翻转"选项，如图 8-20 所示。

知识链接

　　选择对象后，单击对象顶端的旋转手柄，然后沿所需方向拖动鼠标，同样可以旋转对象。

　　如果将旋转限制为 15°角，需在拖动旋转手柄的同时按住 Shift 键。

　　当旋转多个形状时，这些形状不会作为一个组进行旋转，而是每个形状围绕各自的中心进行旋转。

step 20　在幻灯片中调整曲线的位置，在"插入形状"组中单击"编辑形状"按钮，在弹出的下拉列表中选择"编辑顶点"选项，如图 8-21 所示。

step 21　在幻灯片中调整曲线的顶点，效果如图 8-22 所示。

step 22　编辑完成后按 Esc 键即可退出，然后切换到"动画"选项卡，在"计时"组中将"开始"设置为"与上一动画同时"，如图 8-23 所示。

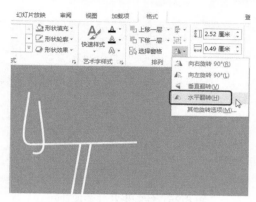

图 8-20　水平翻转对象

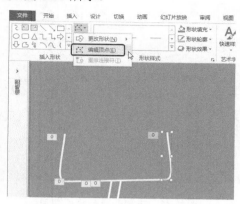

图 8-21　选择"编辑顶点"选项

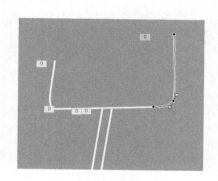

图 8-22　调整曲线

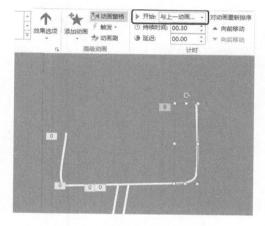

图 8-23　更改动画开始时间

step 23 继续在幻灯片中绘制曲线，并对绘制的曲线进行设置，然后切换到"动画"选项卡，在"动画"组中为其添加"擦除"效果，在"计时"组中将"开始"设置为"上一动画之后"，将"持续时间"设置为 00.30，如图 8-24 所示。

step 24 结合前面介绍的方法，继续绘制曲线和直线，并为绘制的形状添加动画，效果如图 8-25 所示。

step 25 切换到"开始"选项卡，在"绘图"组中单击"形状"按钮，在弹出的下拉列表中选择"右箭头"选项，如图 8-26 所示。

step 26 在幻灯片中绘制箭头，效果如图 8-27 所示。

step 27 切换到"绘图工具"下的"格式"选项卡，在"形状样式"组中单击"形状填充"按钮，在弹出的下拉列表中选择"白色，背景 1"选项，如图 8-28 所示。

step 28 在"形状样式"组中单击"形状轮廓"按钮，在弹出的下拉列表中选择"无轮廓"选项，取消轮廓线填充，效果如图 8-29 所示。

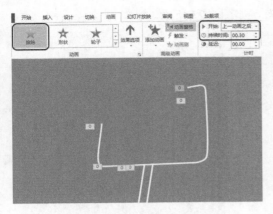

图 8-24　绘制曲线并添加动画

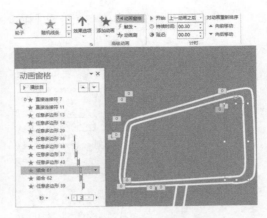

图 8-25　绘制形状并添加动画

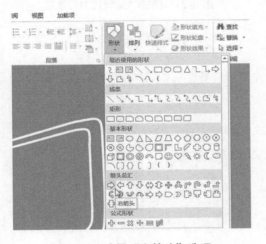

图 8-26　选择"右箭头"选项

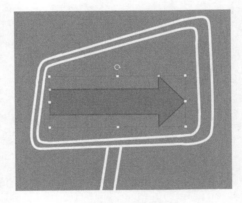

图 8-27　绘制箭头

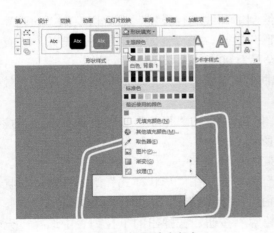

图 8-28　设置填充颜色

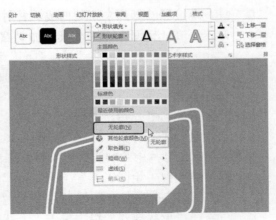

图 8-29　取消轮廓线填充

step 29 在"插入形状"组中单击"编辑形状"按钮，在弹出的下拉列表中选择"编辑顶点"选项，然后在幻灯片中调整绘制的箭头，效果如图 8-30 所示。

step 30 调整完成后按 Esc 键即可退出。切换到"动画"选项卡，在"动画"组中为箭头添加"擦除"动画，然后单击"效果选项"按钮，在弹出的下拉列表中选择"自左侧"选项，如图 8-31 所示。

图 8-30 调整箭头

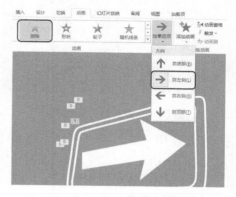

图 8-31 添加动画并设置效果选项

step 31 在"计时"组中将"开始"设置为"上一动画之后"，将"持续时间"设置为 00.30，如图 8-32 所示。

step 32 切换到"插入"选项卡，在"文本"组中单击"绘制横排文本框"按钮，在幻灯片中绘制文本框并输入文字。输入完成后选中文本框，在"开始"选项卡的"字体"组中，将字体设置为"微软雅黑"，将字号设置为 48，将字体颜色设置为白色，效果如图 8-33 所示。

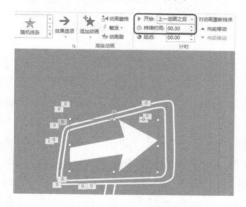

图 8-32 设置动画时间

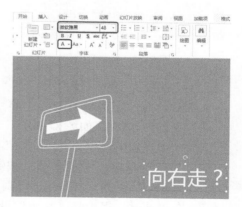

图 8-33 输入并设置文字

step 33 切换到"动画"选项卡，在"动画"组中单击"淡出"选项，即可为文字添加该动画。在"计时"组中，将"开始"设置为"与上一动画同时"，将"持续时间"设置为 00.30，将"延迟"设置为 00.50，如图 8-34 所示。

step 34 结合前面介绍的方法，继续制作动画并输入文字，然后为文字添加"淡出"动画，效果如图 8-35 所示。

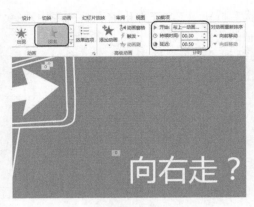

图 8-34　添加并设置动画

图 8-35　制作其他动画

step 35　使用"直线""曲线"和"任意多边形"形状工具在幻灯片中绘制图形，如图 8-36 所示。

step 36　选中新绘制的所有图形，右击，在弹出的快捷菜单中选择"组合"|"组合"命令，即可将选中的对象组合在一起，如图 8-37 所示。

图 8-36　绘制图形

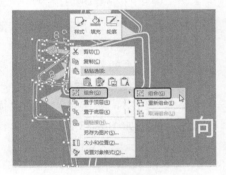

图 8-37　选择"组合"命令

step 37　切换到"动画"选项卡，在"动画"组中单击"淡出"选项，即可为组合对象添加该动画。在"计时"组中将"开始"设置为"上一动画之后"，将"持续时间"设置为 01.00，如图 8-38 所示。

step 38　在幻灯片中选中"向左走？"文本框，然后切换到"动画"选项卡，在"高级动画"组中单击"添加动画"按钮，在弹出的下拉列表中选择"退出"下的"淡出"选项，即可为文字添加该动画，如图 8-39 所示。

step 39　在"计时"组中将"开始"设置为"上一动画之后"，将"持续时间"设置为 00.50，如图 8-40 所示。

step 40　使用同样的方法，为文字"向右走？"添加"淡出"效果，并对动画进行设置，如图 8-41 所示。

step 41　切换到"插入"选项卡，在"文本"组中单击"绘制横排文本框"按钮，在幻灯片中绘制文本框并输入文字。输入完成后选中文本框，在"开始"选项卡的"字体"组中，将字体设置为"微软雅黑"，将字号设置为 66，将字体颜色设置为白色，效果如图 8-42 所示。

step 42 切换到"动画"选项卡，在"动画"组中单击"淡出"效果，即可为文字添加该动画。在"计时"组中将"开始"设置为"上一动画之后"，将"持续时间"设置为 01.00，如图 8-43 所示。

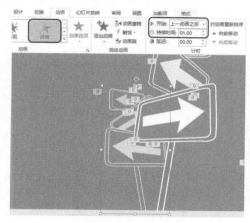

图 8-38　添加并设置动画

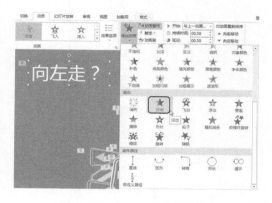

图 8-39　选择"淡出"选项

图 8-40　设置动画时间

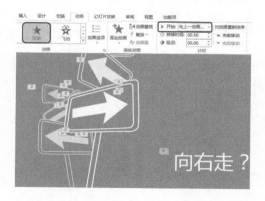

图 8-41　为文字"向右走？"添加动画

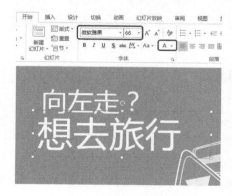

图 8-42　输入并设置文字

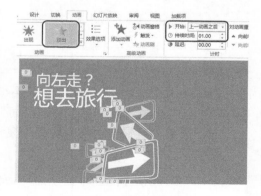

图 8-43　添加并设置动画

step 43 在"高级动画"组中单击"动画窗格"按钮，弹出"动画窗格"任务窗格，单击最后一项右侧的 ▼ 按钮，在弹出的下拉列表中选择"效果选项"，如图 8-44 所示。

step 44 在弹出的"淡出"对话框中将"动画文本"设置为"按字母"，单击"确定"按钮，如图 8-45 所示。

图 8-44 选择"效果选项"

图 8-45 设置动画效果

step 45 结合前面介绍的方法，输入文字"跟我一起向前走"，并为输入的文字添加动画，效果如图 8-46 所示。

step 46 在幻灯片中调整文字的位置，效果如图 8-47 所示。

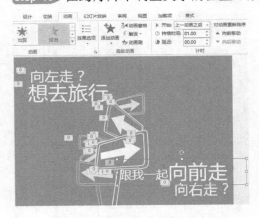

图 8-46 输入文字并添加动画

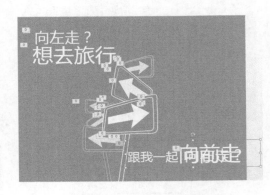

图 8-47 调整文字的位置

step 47 切换到"切换"选项卡，在"切换到此幻灯片"组中单击"淡出"选项，即可为幻灯片添加该切换效果，如图 8-48 所示。

step 48 在"计时"组中将"持续时间"设置为 00.50，取消选中"单击鼠标时"复选框，选中"设置自动换片时间"复选框，将换片时间设置为 00:13.00，如图 8-49 所示。

提示　　在 PowerPoint 中，动画与切换效果不同。切换效果的动画方式是将一张幻灯片变为下一张幻灯片。

图 8-48　添加切换效果　　　　　　　　　　图 8-49　设置时间

案例精讲 60　制作过渡页幻灯片

案例文件：CDROM\场景\Cha08\旅游宣传片.pptx

视频文件：视频教学\Cha08\制作过渡页.avi

制作概述

本例将介绍过渡页幻灯片的制作。该例主要是绘制形状并输入文字，然后为形状和文字添加动画。

学习目标

● 学习编辑"饼形"的方法。
● 掌握为幻灯片添加切换效果的方法。

操作步骤

制作过渡页幻灯片的具体操作步骤如下。

step 01 切换到"开始"选项卡，在"幻灯片"组中单击"新建幻灯片"按钮，在弹出的下拉列表中选择"空白"选项，即可新建空白幻灯片，如图 8-50 所示。

step 02 为幻灯片填充与第 1 张幻灯片相同的颜色。切换到"插入"选项卡，在"插图"组中单击"形状"按钮，在弹出的下拉列表中选择"饼形"选项，如图 8-51 所示。

step 03 按住 Shift 键在幻灯片中绘制形状，切换到"绘图工具"下的"格式"选项卡，在"大小"组中将"形状高度"和"形状宽度"均设为"6.35 厘米"，如图 8-52 所示。

step 04 在"形状样式"组中单击"形状填充"按钮，在弹出的下拉列表中选择"无填充颜色"选项，如图 8-53 所示。

step 05 将鼠标指针移至形状的黄色调节点上，并按住鼠标左键拖动调整形状，调整后的效果如图 8-54 所示。

step 06 在形状上右击，在弹出的快捷菜单中选择"设置形状格式"命令，弹出"设置形状格式"任务窗格。在"线条"选项组中选中"渐变线"单选按钮，将"角度"

设置为 160°，将 74%位置处的渐变光圈删除，将 83%位置处的渐变光圈移动至 50%位置处，将左侧渐变光圈的"颜色"设置为白色，将"宽度"设置为"4.5 磅"，如图 8-55 所示。

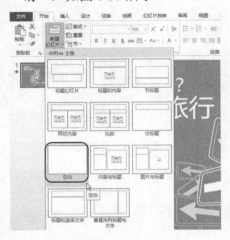

图 8-50　选择"空白"选项

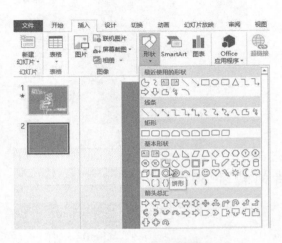

图 8-51　选择"饼形"选项

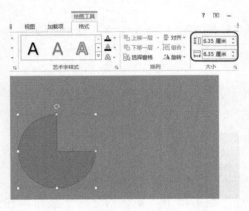

图 8-52　绘制并设置形状大小

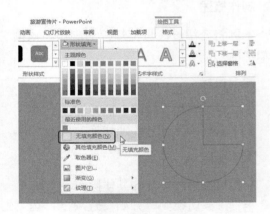

图 8-53　取消填充颜色

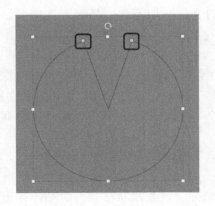

图 8-54　调整形状

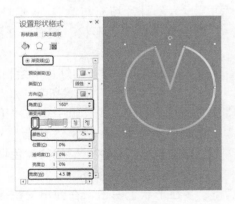

图 8-55　调整渐变色

知识链接

光圈是一个特定的点，渐变中两种相邻颜色的混合在这个点上。可以通过拖动滑块更改光圈的位置，或使用"位置"百分比来获得准确的位置。最多可以拥有 10 个光圈，最少有 2 个光圈。

step 07 将中间渐变光圈的颜色设置为"蓝色，着色1，淡色80%"，将右侧渐变光圈的颜色设置为白色，将"端点类型"设置为"圆形"，如图 8-56 所示。

step 08 在形状上右击，在弹出的快捷菜单中选择"编辑顶点"命令，如图 8-57 所示。

提示　选择形状后，按 Alt+D 键、Alt+E 键，也可以打开"编辑顶点"模式。

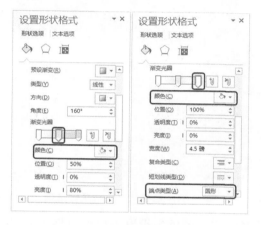

图 8-56　设置渐变颜色

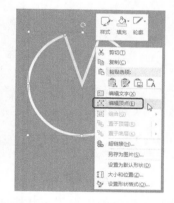

图 8-57　选择"编辑顶点"命令

step 09 选中如图 8-58 所示的饼形内部顶点，并在选择的顶点上右击，在弹出的快捷菜单中选择"开放路径"命令。

step 10 此时选中的顶点将被分成两个单独的顶点，选择其中一个顶点并右击，在弹出的快捷菜单中选择"删除顶点"命令，如图 8-59 所示。

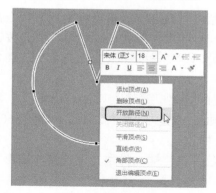

图 8-58　选择"开放路径"命令

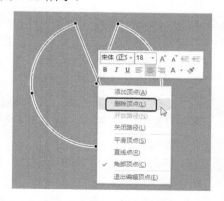

图 8-59　选择"删除顶点"命令

提示　　要添加顶点，请在按住 Ctrl 键的同时单击形状轮廓。要删除顶点，请在按住 Ctrl 键的同时单击顶点。

step 11　使用同样的方法将另一个顶点删除，然后按 Esc 键退出编辑顶点模式，效果如图 8-60 所示。

step 12　按 Ctrl+D 键复制形状，选择复制的形状，然后切换到"绘图工具"下的"格式"选项卡，在"形状样式"组中单击"形状效果"按钮，在弹出的下拉列表中选择"发光"|"发光选项"选项，如图 8-61 所示。

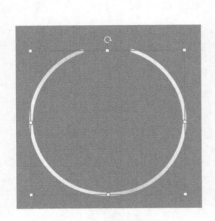

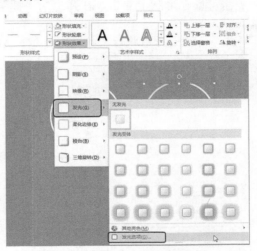

图 8-60　删除顶点　　　　　　　　　图 8-61　选择"发光选项"选项

step 13　在弹出的"设置形状格式"任务窗格中将"颜色"设置为白色，将"大小"设置为"9 磅"，将"透明度"设置为 60%，如图 8-62 所示。

step 14　切换到"插入"选项卡，在"插图"组中单击"形状"按钮，在弹出的下拉列表中选择"直线"选项，然后在幻灯片中绘制直线。绘制完成后切换到"绘图工具"下的"格式"选项卡，在"大小"组中将"形状高度"设置为"2.1 厘米"，如图 8-63 所示。

step 15　在绘制的直线上右击，在弹出的快捷菜单中选择"设置形状格式"命令，弹出"设置形状格式"任务窗格。在"线条"选项组中选中"渐变线"单选按钮，将 74%位置处的渐变光圈删除，将 83%位置处的渐变光圈移至 61%位置处，将左侧渐变光圈移至 34%位置处，如图 8-64 所示。

step 16　选择左侧渐变光圈，将"颜色"设置为"蓝色，着色 1，淡色 80%"，将"宽度"设置为"4.5 磅"，将中间渐变光圈的"颜色"设置为"蓝色，着色 1，淡色 60%"，如图 8-65 所示。

step 17　将右侧渐变光圈的"颜色"设置为白色，将"端点类型"设置为"圆形"，如图 8-66 所示。

step 18　按 Ctrl+D 键复制直线，选择复制的直线，然后切换到"绘图工具"下的"格

式"选项卡,在"形状样式"组中单击"形状效果"按钮,在弹出的下拉列表中选择"发光"|"发光选项"选项,弹出"设置形状格式"任务窗格。将"颜色"设置为白色,将"大小"设置为"11 磅",将"透明度"设置为 60%,如图 8-67 所示。

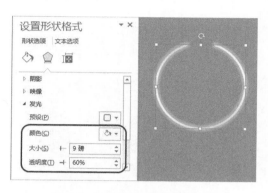

图 8-62 设置发光效果

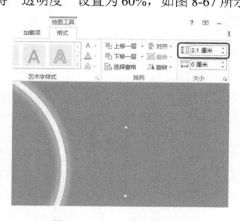

图 8-63 绘制并设置直线

图 8-64 调整渐变光圈

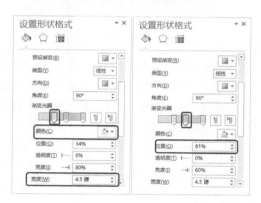

图 8-65 设置渐变颜色

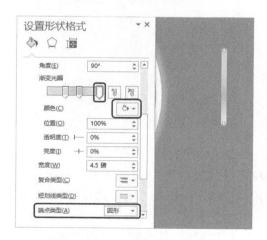

图 8-66 设置端点类型

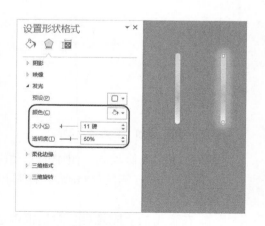

图 8-67 设置发光效果

step 19　选中幻灯片中无发光效果的饼形形状，调整其位置。切换到"动画"选项卡，在"动画"组中单击"淡出"选项，即可为选中的饼形添加该动画，如图 8-68 所示。

step 20　在"计时"组中将"开始"设置为"上一动画之后"，将"持续时间"设置为 02.00，如图 8-69 所示。

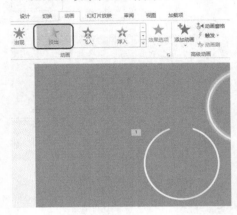

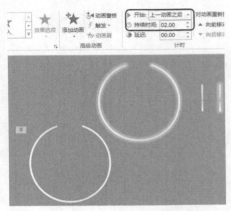

图 8-68　添加"淡出"动画　　　　　　　　图 8-69　设置动画时间

step 21　单击"高级动画"组中的"添加动画"按钮，在弹出的下拉列表中选择"强调"下的"陀螺旋"选项，如图 8-70 所示。

step 22　在"计时"组中将"开始"设置为"上一动画之后"，将"持续时间"设置为 02.00，如图 8-71 所示。

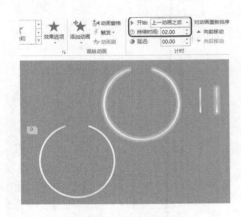

图 8-70　添加"陀螺旋"动画　　　　　　　图 8-71　设置动画时间

step 23　单击"高级动画"组中的"动画窗格"按钮，弹出"动画窗格"任务窗格，单击最后一项右侧的 ▼ 按钮，在弹出的下拉列表中选择"效果选项"，如图 8-72 所示。

step 24　在弹出的"陀螺旋"对话框中选中"自动翻转"复选框，单击"确定"按钮，如图 8-73 所示。

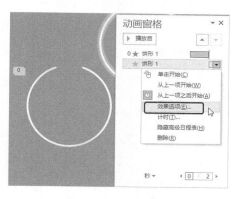

图 8-72　选择"效果选项"

图 8-73　选中"自动翻转"复选框

step 25　在幻灯片中选中带发光效果的饼形形状，将其与无发光效果的饼形形状重叠对齐。在"动画"组中单击"淡出"选项，为其添加"淡出"动画。在"计时"组中将"开始"设置为"与上一动画同时"，将"持续时间"设置为 02.00，如图 8-74 所示。

step 26　在"动画窗格"任务窗格中将新添加的"淡出"动画拖至上一个"淡出"动画的下面，效果如图 8-75 所示。

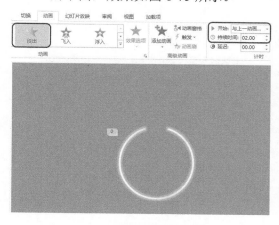

图 8-74　添加并设置动画

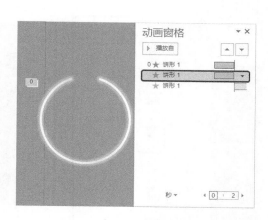

图 8-75　调整动画排列顺序

step 27　单击"高级动画"组中的"添加动画"按钮，在弹出的下拉列表中选择"强调"下的"陀螺旋"选项，为发光饼形添加该动画。在"计时"组中将"开始"设置为"与上一动画同时"，如图 8-76 所示。

step 28　在"动画窗格"任务窗格中选择新添加的"陀螺旋"动画，单击其右侧的 ▼ 按钮，在弹出的下拉列表中选择"效果选项"，在弹出的"陀螺旋"对话框中选中"自动翻转"复选框，单击"确定"按钮，如图 8-77 所示。

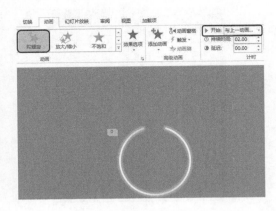

图 8-76　添加动画

图 8-77　选中"自动翻转"复选框

step 29　在"高级动画"组中单击"添加动画"按钮，在弹出的下拉列表中选择"退出"下的"淡出"动画。在"计时"组中将"开始"设置为"与上一动画同时"，将"持续时间"设置为 02.00，如图 8-78 所示。

step 30　在"动画窗格"任务窗格中选中新添加的"淡出"动画，单击其右侧的 ▼ 按钮，在弹出的下拉列表中选择"计时"选项，在弹出的"淡出"对话框中将"重复"设置为"直到幻灯片末尾"，单击"确定"按钮，如图 8-79 所示。

图 8-78　添加并设置动画

图 8-79　设置重复方式

step 31　切换到"插入"选项卡，在"文本"组中单击"绘制横排文本框"按钮，在幻灯片中绘制文本框并输入文字。输入完成后选中文本框，在"开始"选项卡的"字体"组中，将字体设置为"汉仪中宋简"，将字号设置为 20，将字体颜色设置为白色，并单击"加粗"按钮 B，如图 8-80 所示。

step 32　继续绘制文本框并输入内容，然后对输入的内容进行设置，其效果如图 8-81 所示。

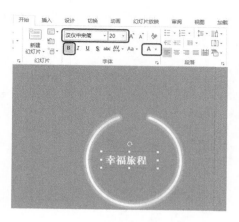

图 8-80　输入并设置文字

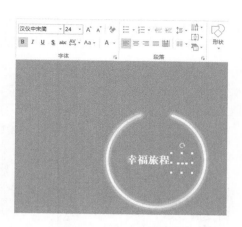

图 8-81　输入其他内容

step 33 选中"幸福旅程"文本框，然后切换到"动画"选项卡，在"动画"组中单击
"淡出"选项，在"计时"组中将"开始"设置为"上一动画之后"，将"持续时
间"设置为 02.00，如图 8-82 所示。

step 34 在幻灯片中选中无发光效果的直线，将其移至饼形形状的缺口处，在"动画"
组中单击"淡出"选项，在"计时"组中将"开始"设置为"与上一动画同时"，
将"持续时间"设为 02.00，如图 8-83 所示。

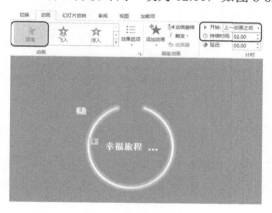

图 8-82　添加并设置动画

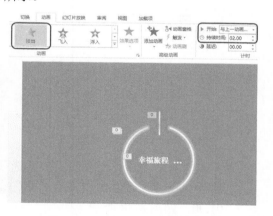

图 8-83　为无发光直线添加动画

step 35 在幻灯片中选中带发光效果直线，将其与上一个直线重叠对齐。在"动画"组
中单击"淡出"选项，在"计时"组中将"开始"设为"与上一动画同时"，将
"持续时间"设为 02.00，如图 8-84 所示。

step 36 在"高级动画"组中单击"添加动画"按钮，在弹出的下拉列表中选择"退
出"下的"淡出"选项，即可为其添加该动画。在"计时"组中将"开始"设为
"上一动画之后"，将"持续时间"设为 02.00，如图 8-85 所示。

step 37 在"动画窗格"任务窗格中选中新添加的"淡出"动画，单击其右侧的 ▼ 按
钮，在弹出的下拉列表中选择"计时"选项，在弹出的"淡出"对话框中将"重
复"设置为"直到幻灯片末尾"，单击"确定"按钮，如图 8-86 所示。

step 38 ▶ 在幻灯片中选中"…"文本框，在"动画"组中单击"其他"按钮，在弹出的下拉列表中选择"进入"下的"擦除"选项，如图 8-87 所示。

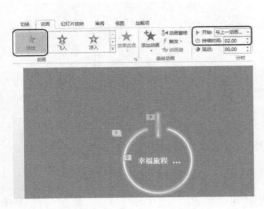

图 8-84　为发光直线添加动画

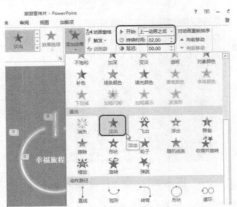

图 8-85　添加"淡出"动画

图 8-86　设置动画重复方式

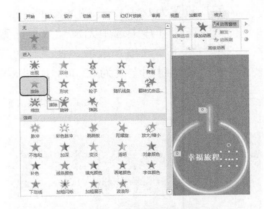

图 8-87　添加"擦除"动画

step 39 ▶ 单击"动画"组中的"效果选项"按钮，在弹出的下拉列表中选择"自左侧"选项。在"计时"组中将"开始"设为"与上一动画同时"，将"持续时间"设为 01.00，如图 8-88 所示。

step 40 ▶ 在"动画窗格"任务窗格中选中新添加的"擦除"动画，单击其右侧的 ▼ 按钮，在弹出的下拉列表中选择"计时"选项，在弹出的"擦除"对话框中将"重复"设置为"直到幻灯片末尾"，单击"确定"按钮，如图 8-89 所示。

step 41 ▶ 选中"幸福旅程"文本框，在"高级动画"组中单击"添加动画"按钮，在弹出的下拉列表中选择"退出"下的"淡出"选项，如图 8-90 所示。

step 42 ▶ 在"计时"组中将"开始"设置为"上一动画之后"，将"持续时间"设置为 00.50，如图 8-91 所示。

step 43 ▶ 使用同样的方法，为"…"文本框添加"退出"下的"淡出"动画，将"开始"设置为"与上一动画同时"，将"持续时间"设置为 00.25，如图 8-92 所示。

step 44 ▶ 切换到"插入"选项卡，在"文本"组中单击"绘制横排文本框"按钮，在幻灯片中绘制文本框并输入文字。输入完成后选中文本框，在"开始"选项卡的"字体"组中，将字体设置为"汉仪中宋简"，将字号设置为 20，将字体颜色设置为白色，并单击"加粗"按钮 **B**，如图 8-93 所示。

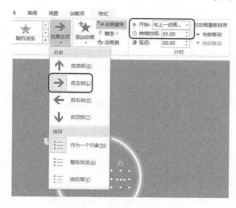

图 8-88　添加动画

图 8-89　设置动画重复方式

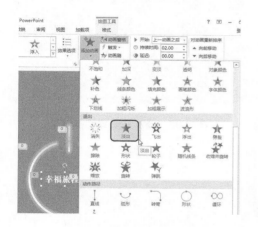

图 8-90　添加"淡出"动画

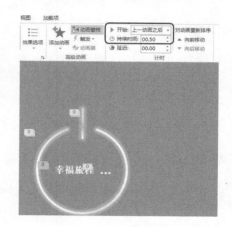

图 8-91　设置"淡出"动画

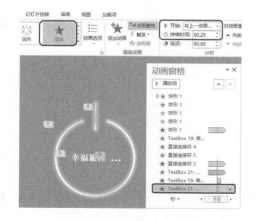

图 8-92　添加并设置动画

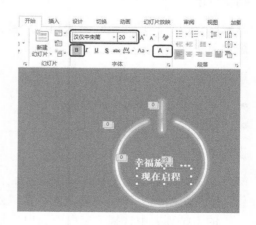

图 8-93　输入并设置文字

step 45 切换到"动画"选项卡,在"动画"组中单击"淡出"选项,即可为文字添加
该动画。在"计时"组中将"开始"设置为"上一动画之后",将"持续时间"设
置为 02.00,如图 8-94 所示。

step 46 在幻灯片中调整文字的位置,切换到"切换"选项卡,在"切换到此幻灯片"
组中单击"擦除"选项,即可为幻灯片添加该切换效果。在"计时"组中将"持续
时间"设置为 00.50,取消选中"单击鼠标时"复选框,选中"设置自动换片时间"
复选框,将换片时间设置为 00:01.00,如图 8-95 所示。

> 提示　　如果希望演示文稿中的所有幻灯片都能以相同的方式切换效果,可以在"计
> 时"组中单击"全部应用"按钮。

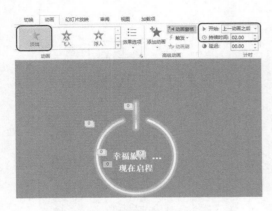

图 8-94　添加并设置动画

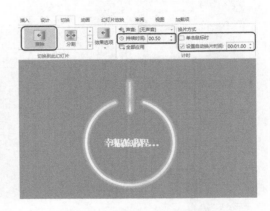

图 8-95　添加并设置切换效果

案例精讲 61　制作旅游目的地动画

案例文件：　CDROM\场景\Cha08\旅游宣传片.pptx

视频文件：　视频教学\Cha08\制作旅游目的地动画.avi

制作概述

本例将介绍旅游目的地动画的制作。首先为背景图片添加"淡出"动画,然后为素材图
片、矩形和文字等对象添加多个动画。

学习目标

● 学习设置阴影颜色的方法。
● 掌握设置动画重复方式的方法。

操作步骤

制作旅游目的地动画的具体操作步骤如下。

step 01 切换到"开始"选项卡,在"幻灯片"组中单击"新建幻灯片"按钮,在弹出
的下拉列表中选择"空白"选项,即可新建空白幻灯片,如图 8-96 所示。

step 02 切换到"插入"选项卡,在"图像"组中单击"图片"按钮,弹出"插入图

片"对话框。在该对话框中选中素材图片"法国 01.jpg",单击"插入"按钮,即可将选中的素材图片插入幻灯片中,如图 8-97 所示。

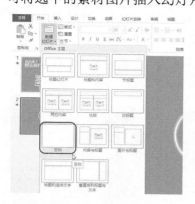

图 8-96　选择"空白"选项

图 8-97　选择素材图片

step 03　在"大小"组中将"形状高度"设置为"19.05 厘米",将"形状宽度"设置为"33.87 厘米",并在幻灯片中调整其位置,效果如图 8-98 所示。

step 04　在"大小"组中单击"裁剪"按钮,在弹出的下拉列表中选择"裁剪"选项。此时,会在图片的周围出现裁剪控点,将右侧中间的裁剪控点向左拖动,拖动至幻灯片的右侧边框即可,如图 8-99 所示。

图 8-98　调整素材图片

图 8-99　调整裁剪控点

step 05　调整完成后,在空白处单击完成裁剪操作。按 Ctrl+D 键复制图片对象,并将复制后的图片与原图片重叠对齐,然后切换到"图片工具"下的"格式"选项卡,在"调整"组中单击"艺术效果"按钮,在弹出的下拉列表中选择"虚化"选项,效果如图 8-100 所示。

step 06　切换到"动画"选项卡,在"动画"组中单击"淡出"选项,即可为复制的图片添加该动画。在"计时"组中将"开始"设置为"上一动画之后",将"持续时间"设置为 01.50,如图 8-101 所示。

step 07　切换到"开始"选项卡,在"绘图"组中单击"形状"按钮,在弹出的下拉列表中选择"矩形"选项，然后在幻灯片中绘制矩形，如图 8-102 所示。

step 08 ▶ 在绘制的矩形上右击，在弹出的快捷菜单中选择"设置形状格式"命令，弹出
"设置形状格式"任务窗格，将"颜色"设置为白色，将"透明度"设置为 37%，
在"线条"组中选中"无线条"单选按钮，如图 8-103 所示。

图 8-100　设置艺术效果　　　　　　　图 8-101　添加并设置动画

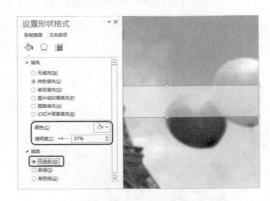

图 8-102　绘制矩形　　　　　　　　图 8-103　设置矩形颜色

step 09 ▶ 切换到"插入"选项卡，在"图像"组中单击"图片"按钮，弹出"插入图
片"对话框。在该对话框中选中素材图片"地球.png"，单击"插入"按钮，即可
将选中的素材图片插入幻灯片中，如图 8-104 所示。

step 10 ▶ 在"大小"组中将"形状高度"和"形状宽度"分别设置为"8 厘米"和"7.35
厘米"，然后在幻灯片中调整其位置，效果如图 8-105 所示。

step 11 ▶ 切换到"动画"选项卡，在"动画"组中单击"其他"按钮，在弹出的下拉列
表中选择"进入"下的"缩放"选项，如图 8-106 所示。

step 12 ▶ 在"计时"组中将"开始"设置为"上一动画之后"，将"持续时间"设置为
00.50，如图 8-107 所示。

图 8-104　选择素材图片

图 8-105　调整素材图片

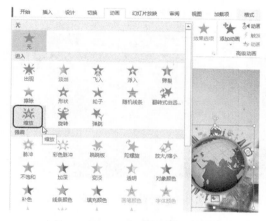

图 8-106　添加"缩放"动画

图 8-107　设置动画时间

step 13　在"高级动画"组中单击"添加动画"按钮，在弹出的下拉列表中选择"强调"下的"陀螺旋"选项，如图 8-108 所示。

step 14　在"高级动画"组中单击"动画窗格"按钮，在弹出的"动画窗格"任务窗格中选中新添加的"陀螺旋"动画，并单击右侧的 ▼ 按钮，在弹出的下拉列表中选择"计时"选项，弹出"陀螺旋"对话框，将"开始"设置为"上一动画之后"，将"期间"设置为"4.5 秒"，将"重复"设置为"直到幻灯片末尾"，最后单击"确定"按钮，如图 8-109 所示。

step 15　在幻灯片中选中绘制的矩形，在"动画"组中单击"其他"按钮，在弹出的下拉列表中选择"擦除"选项，如图 8-110 所示。

step 16　在"动画"组中单击"效果选项"按钮，在弹出的下拉列表中选择"自左侧"选项，在"计时"组中将"开始"设置为"与上一动画同时"，将"持续时间"设置为 00.50，如图 8-111 所示。

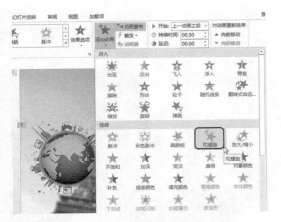

图 8-108　添加"陀螺旋"动画

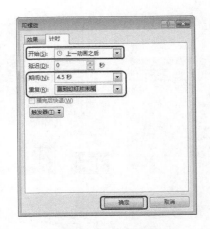

图 8-109　设置动画

图 8-110　添加"擦除"动画

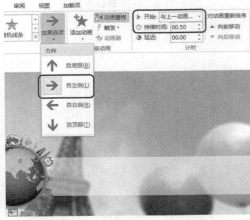

图 8-111　设置动画效果

step 17　切换到"插入"选项卡，在"文本"组中单击"绘制横排文本框"按钮，在幻灯片中绘制文本框并输入文字。输入完成后选中文本框，在"开始"选项卡的"字体"组中，将字体设置为"方正少儿简体"，将字号设置为 54，将字体颜色设置为"蓝色，着色 5"，并单击"加粗"按钮 B 和"文字阴影"按钮 S，如图 8-112 所示。

step 18　切换到"绘图工具"下的"格式"选项卡，在"艺术字样式"组中单击"文本轮廓"按钮右侧的 按钮，在弹出的下拉列表中将"轮廓颜色"设置为白色，将"轮廓粗细"设置为"2.25 磅"，如图 8-113 所示。

step 19　切换到"动画"选项卡，在"动画"组中单击"其他"按钮 ，在弹出的下拉列表中选择"更多进入效果"选项，如图 8-114 所示。

step 20　在弹出的"更改进入效果"对话框中单击选择"下拉"动画效果，然后单击"确定"按钮，如图 8-115 所示。

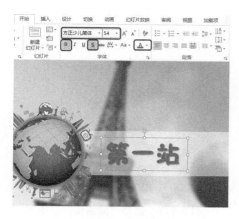

图 8-112 输入并设置文字

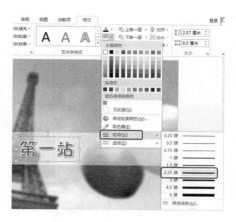

图 8-113 设置轮廓

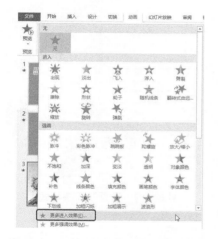

图 8-114 选择"更多进入效果"选项

图 8-115 选择动画效果

step 21 在"计时"组中将"开始"设置为"与上一动画同时",将"持续时间"设置为 01.00,如图 8-116 所示。

step 22 切换到"开始"选项卡,在"绘图"组中单击"形状"按钮,在弹出的下拉列表中选择"双箭头"选项,如图 8-117 所示。

step 23 在幻灯片中绘制双箭头,效果如图 8-118 所示。

step 24 切换到"绘图工具"下的"格式"选项卡,在"形状样式"组中单击 按钮,弹出"设置形状格式"任务窗格,将"颜色"设置为浅绿,将"宽度"设置为"3 磅",将"短划线类型"设置为"方点",如图 8-119 所示。

step 25 确认绘制的双箭头处于选中状态,然后切换到"动画"选项卡,在"动画"组中单击"其他"按钮 ,在弹出的下拉列表中选择"擦除"选项,如图 8-120 所示。

step 26 在"动画"组中单击"效果选项"按钮,在弹出的下拉列表中选择"自左侧"选项,在"计时"组中将"开始"设置为"与上一动画同时",将"持续时间"设置为 01.00,将"延迟"设置为 02.00,如图 8-121 所示。

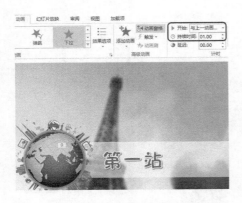

图 8-116　设置动画时间

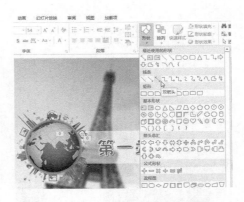

图 8-117　选择"双箭头"选项

图 8-118　绘制双箭头

图 8-119　设置双箭头样式

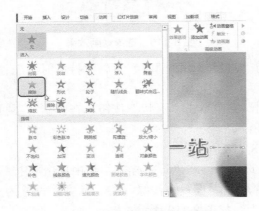

图 8-120　添加"擦除"动画

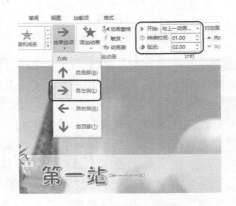

图 8-121　设置动画效果

step 27　切换到"插入"选项卡，在"文本"组中单击"绘制横排文本框"按钮，在幻灯片中绘制文本框并输入文字。输入完成后选中文本框，在"开始"选项卡的"字体"组中，将字体设置为"方正少儿简体"，将字号设置为 66，将字体颜色设置为白色，并单击"加粗"按钮 B，如图 8-122 所示。

step 28　切换到"绘图工具"下的"格式"选项卡，在"艺术字样式"组中单击 按钮，弹出"设置形状格式"任务窗格，单击"文本填充轮廓"按钮 🅰，在"文本边框"组中选中"实线"单选按钮，将"颜色"设置为"橙色，着色 2"，将"宽度"设置为"0.52 磅"，如图 8-123 所示。

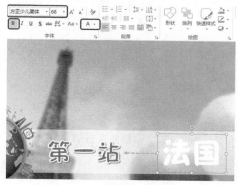

图 8-122　输入并设置文字

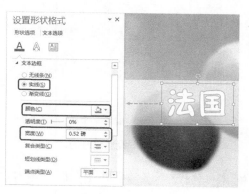

图 8-123　设置文字轮廓

step 29　在"设置形状格式"任务窗格中单击"文本效果"按钮 🅰，在"阴影"选项组中将"颜色"设置为"橙色，着色 2"，将"模糊"设置为"0 磅"，将"角度"设置为 45°，将"距离"设置为"3 磅"，效果如图 8-124 所示。

step 30　切换到"动画"选项卡，在"动画"组中单击"其他"按钮 ▾，在弹出的下拉列表中选择"更多进入效果"选项，弹出"更改进入效果"对话框，单击选择"楔入"动画效果，然后单击"确定"按钮，如图 8-125 所示。

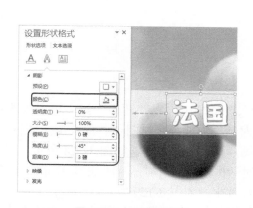

图 8-124　设置阴影

图 8-125　选择动画

step 31　在"计时"组中将"开始"设置为"与上一动画同时"，将"持续时间"设置为 01.50，将"延迟"设置为 03.00，如图 8-126 所示。

step 32　在"切换"选项卡中的"切换到此幻灯片"组中单击"其他"按钮，在弹出的下拉列表中选择"梳理"选项，即可为幻灯片添加该切换效果。在"计时"组中将"持续时间"设置为 01.00，取消选中"单击鼠标时"复选框，选中"设置自动换片时间"复选框，将换片时间设置为 00:08.50，如图 8-127 所示。

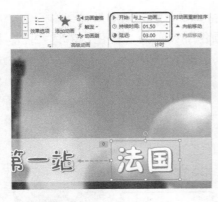

图 8-126　设置动画时间 　　　　　　图 8-127　添加并设置切换效果

案例精讲 62　制作景区欣赏动画

案例文件：CDROM\场景\Cha08\旅游宣传片.pptx

视频文件：视频教学\Cha08\制作景区欣赏动画.avi

制作概述

本例来介绍景区欣赏动画的制作。该例的制作比较简单，主要是设置图片样式，然后为图片添加进入、动作路径和退出动画效果。

学习目标

● 学习设置图片样式的方法。

● 掌握调整动作路径的方法。

操作步骤

制作景区欣赏动画的具体操作步骤如下。

step 01　新建一个空白幻灯片，切换到"插入"选项卡，在"图像"组中单击"图片"按钮，弹出"插入图片"对话框。在该对话框中选择素材图片"背景素材 1.jpg"，单击"插入"按钮，即可将选择的素材图片插入幻灯片中，如图 8-128 所示。

step 02　再次单击"图片"按钮，在弹出的对话框中选择素材图片"法国 02.jpg"，单击"插入"按钮，即可将素材图片插入幻灯片中，如图 8-129 所示。

step 03　在"排列"组中单击"旋转对象"按钮 ，在弹出的下拉列表中选择"其他旋转选项"，弹出"设置图片格式"任务窗格，在"大小"组中将"高度"设置为"11.68 厘米"，将"宽度"设置为"17.55 厘米"，将"旋转"设置为 349°，如图 8-130 所示。

step 04　在"大小"组中单击"裁剪"按钮，在弹出的下拉列表中选择"裁剪"选项。此时，会在图片的周围出现裁剪控点，然后将左侧的中心裁剪控点向右拖动，效果如图 8-131 所示。

图 8-128 选择文件"背景素材 1.jpg"

图 8-129 选择文件"法国 02.jpg"

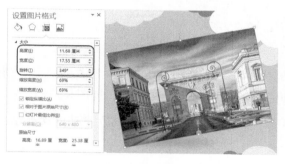

图 8-130 设置素材图片

图 8-131 调整裁剪控点

step 05 调整完成后按 Esc 键即可退出。在"图片样式"组中单击"简单框架,白色"选项,即可为图片应用该样式,效果如图 8-132 所示。

step 06 在幻灯片中调整图片的位置,切换到"动画"选项卡,在"动画"组中单击"其他"按钮,在弹出的下拉列表中选择"翻转式由远及近"选项,即可为素材图片添加该动画,如图 8-133 所示。

图 8-132 设置图片样式

图 8-133 添加动画

step 07 在"计时"组中将"开始"设置为"上一动画之后",将"持续时间"设置为 01.00,如图 8-134 所示。

step 08 在"高级动画"组中单击"添加动画"按钮，在弹出的下拉列表中选择"直线"选项，如图 8-135 所示。

图 8-134　设置动画

图 8-135　添加"直线"动画

step 09 在幻灯片中调整运动路径，并在"计时"组中，将"开始"设置为"上一动画之后"，将"持续时间"设置为 02.00，将"延迟"设置为 01.00，如图 8-136 所示。

在"动画"组中单击"效果选项"按钮，在弹出的下拉列表中可以设置动画运动的方向，也可以翻转路径方向。

step 10 在"高级动画"组中单击"添加动画"按钮，在弹出的下拉列表中选择"强调"下的"放大/缩小"选项，如图 8-137 所示。

图 8-136　设置动画

图 8-137　添加"放大/缩小"动画

step 11 在"高级动画"组中单击"动画窗格"按钮，在弹出的"动画窗格"任务窗格中选择新添加的"放大/缩小"动画，并单击其右侧的 ▼ 按钮，在弹出的下拉列表中选择"效果选项"，如图 8-138 所示。

step 12 在弹出的"放大/缩小"对话框中将"尺寸"设置为 50%，如图 8-139 所示。

图 8-138 选择"效果选项"

图 8-139 设置尺寸

step 13 切换到"计时"选项卡,将"开始"设置为"与上一动画同时",将"延迟"
设置为"1 秒",将"期间"设置为"中速(2 秒)",单击"确定"按钮,如图 8-140
所示。

step 14 结合前面介绍的方法,继续插入素材图片并添加动画,效果如图 8-141 所示。

图 8-140 设置动画时间

图 8-141 插入图片并添加动画

step 15 在"切换"选项卡中的"切换到此幻灯片"组中单击"其他"按钮,在弹出的
下拉列表中选择"闪光"选项,即可为幻灯片添加该切换效果,如图 8-142 所示。

step 16 在"计时"组中取消选中"单击鼠标时"复选框,选中"设置自动换片时间"
复选框,如图 8-143 所示。

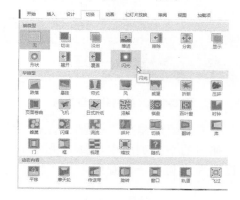

图 8-142 选择切换效果

图 8-143 设置换片方式

案例精讲 63　制作景区简介动画

> 案例文件：CDROM\场景\Cha08\旅游宣传片.pptx
> 视频文件：视频教学\Cha08\制作景区简介动画.avi

制作概述

本例将介绍景区简介动画的制作。该例的主要内容是文字，首先绘制矩形并输入文字，然后为矩形和文字添加进入和退出动画效果。

学习目标

- 学习设置艺术字样式的方法。
- 掌握设置动画效果的方法。

操作步骤

制作景区简介动画的具体操作步骤如下。

step 01 新建一个空白幻灯片，切换到"插入"选项卡，在"图像"组中单击"图片"按钮，弹出"插入图片"对话框。在该对话框中选择素材图片"法国 08.jpg"，单击"插入"按钮，即可将选择的素材图片插入幻灯片中，如图 8-144 所示。

step 02 切换到"开始"选项卡，在"绘图"组中单击"形状"按钮，在弹出的下拉列表中选择"矩形"选项，然后在幻灯片中绘制矩形。切换到"绘图工具"下的"格式"选项卡，在"形状样式"组中单击 按钮，弹出"设置形状格式"任务窗格，在"填充"选项组中将"颜色"设置为白色，将"透明度"设置为 36%，在"线条"选项组中选中"无线条"单选按钮，如图 8-145 所示。

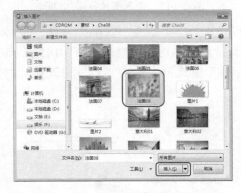

图 8-144　选择素材图片

图 8-145　绘制并设置矩形

step 03 切换到"动画"选项卡，在"动画"组中为矩形添加"劈裂"动画，然后在"动画"组中单击"效果选项"按钮，在弹出的下拉列表中选择"中央向左右展开"选项。在"计时"组中将"开始"设置为"与上一动画同时"，将"持续时间"设置为 01.00，如图 8-146 所示。

step 04 在"高级动画"组中单击"添加动画"按钮，在弹出的下拉列表中选择"进入"下的"缩放"选项，在"计时"组中将"开始"设置为"与上一动画同时"，将"持续时间"设置为 01.00，如图 8-147 所示。

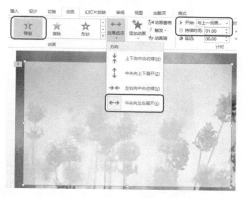

图 8-146 添加"劈裂"动画

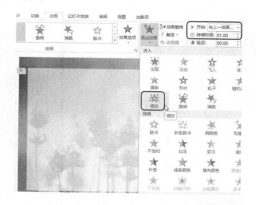

图 8-147 添加并设置"缩放"动画

step 05 单击"添加动画"按钮，在弹出的下拉列表中选择"强调"下的"跷跷板"选项，在"计时"组中将"开始"设置为"上一动画之后"，将"持续时间"设置为 01.00，如图 8-148 所示。

step 06 切换到"插入"选项卡，在"文本"组中单击"绘制横排文本框"按钮，在幻灯片中绘制文本框并输入文字。输入文字后选中文本框，在"开始"选项卡的"字体"组中将字体设置为"方正华隶简体"，将字号设置为 40，如图 8-149 所示。

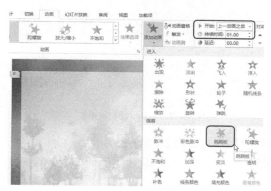

图 8-148 添加并设置"跷跷板"动画

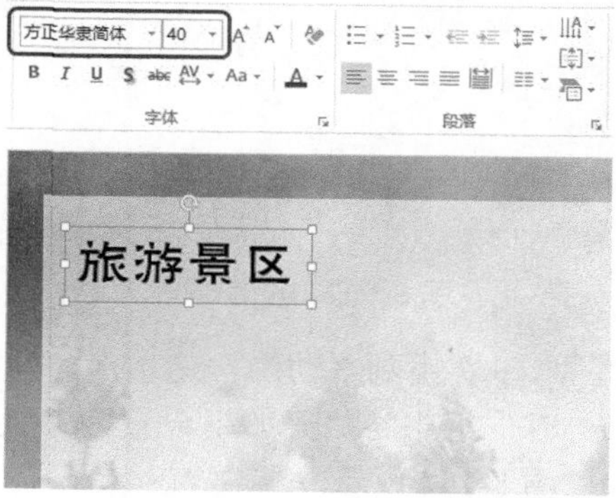

图 8-149 输入并设置文字

step 07 切换到"绘图工具"下的"格式"选项卡，在"艺术字样式"组中单击"其他"按钮，在弹出的下拉列表中选择"填充-白色，轮廓-着色 1，发光-着色 1"选项，如图 8-150 所示。

step 08 切换到"动画"选项卡，在"动画"组中单击"其他"按钮，在弹出的下拉列表中选择"更多进入效果"选项，弹出"更改进入效果"对话框，选择"挥鞭式"动画，单击"确定"按钮，如图 8-151 所示。

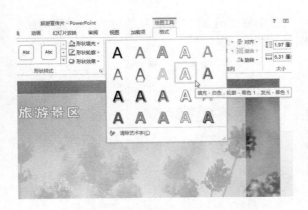

图 8-150　设置文字样式　　　　　　　　图 8-151　选择动画

step 09　在"计时"组中将"开始"设置为"上一动画之后"，将"持续时间"设置为00.50，如图 8-152 所示。

step 10　继续在幻灯片中绘制文本框并输入文字。输入完成后选中文本框，在"开始"选项卡的"字体"组中，将字体设置为"方正韵动中黑简体"，将字号设置为 14，将字体颜色设置为紫色，并单击"加粗"按钮 B ，如图 8-153 所示。

图 8-152　设置动画　　　　　　　　　图 8-153　输入并设置文字

step 11　切换到"动画"选项卡，在"动画"组中为其添加"淡出"动画，然后在"计时"组中将"开始"设置为"上一动画之后"，将"持续时间"设置为 01.50，如图 8-154 所示。

step 12　使用同样的方法，继续输入文字并为文字添加动画，效果如图 8-155 所示。

step 13　在幻灯片中选中绘制的矩形，在"高级动画"组中单击"添加动画"按钮，在弹出的下拉列表中选择"退出"下的"劈裂"选项，即可为矩形添加该动画，如图 8-156 所示。

step 14　在"动画"组中单击"效果选项"按钮，在弹出的下拉列表中选择"上下向中央收缩"选项，在"计时"组中将"开始"设置为"上一动画之后"，将"持续时间"设置为 00.50，将"延迟"设置为 03.50，如图 8-157 所示。

图 8-154 添加并设置动画

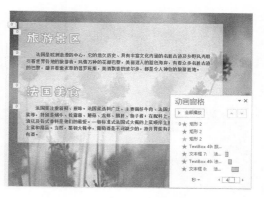

图 8-155 输入文字并添加动画

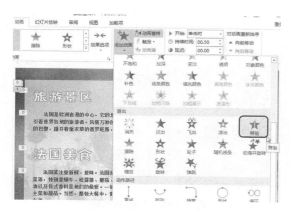

图 8-156 添加"劈裂"动画

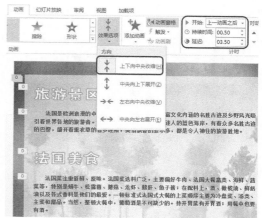

图 8-157 设置动画

step 15 使用同样的方法，为其他文字对象添加退出动画，效果如图 8-158 所示。

step 16 结合前面介绍的方法，继续绘制矩形并输入文字，然后添加动画，效果如图 8-159 所示。

step 17 在"切换"选项卡中的"计时"组中取消选中"单击鼠标时"复选框，选中"设置自动换片时间"复选框，将换片时间设置为 00:20.00，如图 8-160 所示。

step 18 结合前面介绍的方法，制作其他幻灯片动画，效果如图 8-161 所示。

知识链接

在"切换"选项卡中的"计时"组中设置换片方式的方法如下。

- 若要手动切换幻灯片，选中"单击鼠标时"复选框。
- 若要使幻灯片自动切换，选中"设置自动换片时间"复选框，然后输入所需的分钟数或秒数。幻灯片上的最后一个动画或其他效果结束时将启动计时器。

图 8-158　为其他文字添加退出动画　　　　图 8-159　制作其他内容

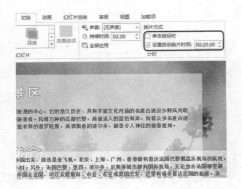

图 8-160　设置换片方式　　　　图 8-161　制作其他内容

案例精讲 64　制作结束页幻灯片

案例文件：CDROM\场景\Cha08\旅游宣传片.pptx

视频文件：视频教学\Cha08\制作结束页.avi

制作概述

本例将介绍结束页的制作，该例中前半部分的动画效果与旅游目的地动画的效果类似，然后显示结束语并制作飞机运动动画。

学习目标

- 学习调整图片排列顺序的方法。
- 掌握设置动画时间的方法。

操作步骤

制作结束页幻灯片的具体操作步骤如下。

step 01 新建空白幻灯片，在第 3 张幻灯片中选中素材图片"地球.png"，按 Ctrl+C 键进行复制，如图 8-162 所示。

step 02 切换到新创建的幻灯片中，按 Ctrl+V 键进行粘贴。确认复制的图片处于选择状态，切换到"动画"选项卡，在"高级动画"组中单击"添加动画"按钮，在弹出的下拉列表中选择"动作路径"下的"直线"选项，如图 8-163 所示。

> 使用"动作路径"下的动画效果可以使对象上下移动、左右移动或者沿着星形或圆形图案移动(与其他效果一起)。也可以绘制自己的动作路径。

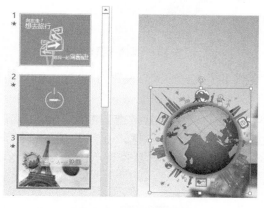

图 8-162　复制素材图片

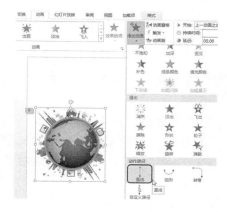

图 8-163　添加动画

step 03 在幻灯片中调整动画路径，在"计时"组中将"开始"设置为"与上一动画同时"，将"持续时间"设置为 04.50，如图 8-164 所示。

step 04 在第 3 张幻灯片中选中矩形，按 Ctrl+C 键进行复制，如图 8-165 所示。

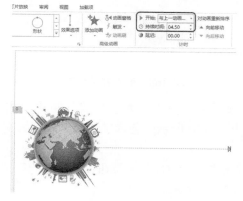

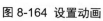

图 8-164　设置动画

图 8-165　复制矩形

step 05 切换到该幻灯片中，按 Ctrl+V 键进行粘贴，然后在矩形上右击，在弹出的快捷菜单中选择"置于底层"|"置于底层"命令，即可将矩形置于底层，如图 8-166 所示。

step 06 在幻灯片中调整其位置，效果如图 8-167 所示。

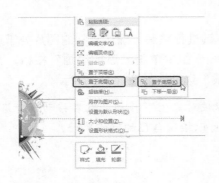

图 8-166　选择"置于底层"命令　　　　　图 8-167　调整矩形位置

step 07　切换到"动画"选项卡，在"计时"组中将"持续时间"设置为 04.50，如图 8-168
所示。

step 08　切换到"插入"选项卡，在"文本"组中单击"绘制横排文本框"按钮 ，在
幻灯片中绘制文本框并输入文字。输入完成后选中文本框，在"开始"选项卡的
"字体"组中，将字体设置为"方正行楷简体"，将字号设置为 48，如图 8-169
所示。

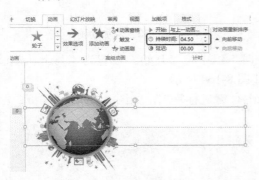

图 8-168　更改持续时间　　　　　　　图 8-169　输入并设置文字

step 09　切换到"绘图工具"下的"格式"选项卡，在"艺术字样式"组中单击"其
他"按钮 ，在弹出的下拉列表中选择如图 8-170 所示的艺术字样式，即可为文字应
用该样式。

step 10　在"艺术字样式"组中单击"文本填充"按钮右侧的 按钮，在弹出的下拉列表
中选择"蓝色"，即可更改文字颜色，如图 8-171 所示。

step 11　切换到"动画"选项卡，在"动画"组中为文字添加"擦除"动画，然后单击
"效果选项"按钮，在弹出的下拉列表中选择"自左侧"选项。在"计时"组中，
将"开始"设置为"上一动画之后"，将"持续时间"设置为 02.00，如图 8-172 所示。

step 12　选中素材图片"地球.png"，在"高级动画"组中单击"添加动画"按钮，在弹
出的下拉列表中选择"退出"下的"淡出"选项，即可为素材图片添加该动画。在
"计时"组中将"开始"设置为"上一动画之后"，将"持续时间"设置为 00.50，
将"延迟"设置为 02.00，如图 8-173 所示。

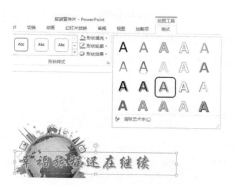

图 8-170 选择艺术字样式

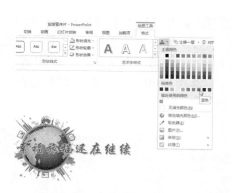

图 8-171 更改文字颜色

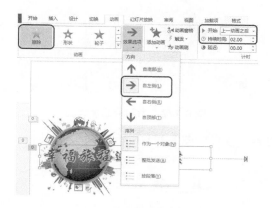

图 8-172 添加并设置动画

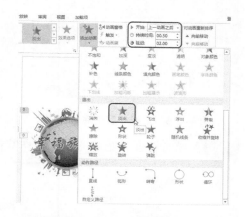

图 8-173 添加"淡出"动画

step 13 使用同样的方法,为其他对象添加"淡出"动画,效果如图 8-174 所示。

step 14 切换到"插入"选项卡,在"图像"组中单击"图片"按钮,弹出"插入图片"对话框。在该对话框中选中素材图片"背景素材 2.jpg",单击"插入"按钮,即可将选中的素材图片插入幻灯片中,如图 8-175 所示。

图 8-174 为其他对象添加"淡出"动画

图 8-175 选择素材图片

step 15 在素材图片上右击,在弹出的快捷菜单中选择"置于底层"|"置于底层"命令,即可将选中的素材图片置于底层,如图 8-176 所示。

step 16 继续插入素材图片"背景素材 1.jpg",并将其移至最底层。在幻灯片中选择素材图片"背景素材 2.jpg",切换到"动画"选项卡,在"动画"组中为其添加"淡出"动画,在"计时"组中将"开始"设置为"上一动画之后",将"持续时间"设置为 00.50,如图 8-177 所示。

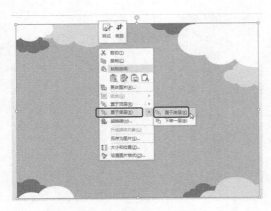

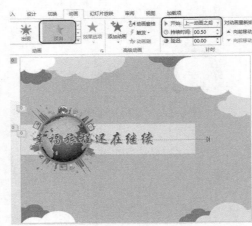

图 8-176 选择"置于底层"命令　　　　　图 8-177 为图片添加动画

step 17 结合前面介绍的方法,制作其他内容,效果如图 8-178 所示。

图 8-178 制作其他内容

第 9 章
企业培训方案

本章重点

◆ 制作目录幻灯片

◆ 制作员工培训内容幻灯片

◆ 制作培训目的幻灯片

◆ 制作培训流程幻灯片

员工入职后，公司都会对其进行培训，让其了解公司的大概状况、发展历史等，本章将介绍企业培训幻灯片的制作。通过本章的学习可以对商用幻灯片有一定的了解。完成后的效果如图 9-1 所示。

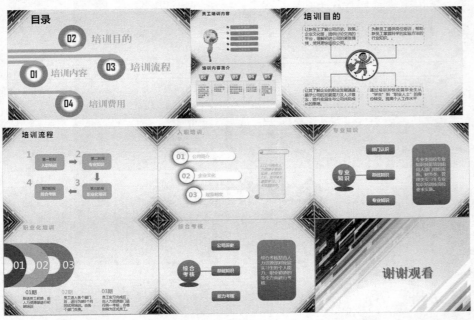

图 9-1　完成后的效果图

案例精讲 65　制作目录幻灯片

案例文件：CDROM\场景\Cha09\企业培训方案.pptx

视频文件：视频教学\Cha09\制作目录.avi

制作概述

本例将介绍企业培训方案目录的幻灯片制作过程。其中主要应用了形状工具绘制形状，并使用动画特效，对其进行修饰。完成后的效果如图 9-2 所示。

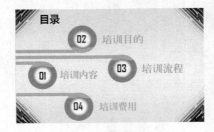

图 9-2　目录效果图

学习目标

- 学习目录的制作。
- 掌握目录的制作流程及形状工具和动画的应用。

操作步骤

制作目录幻灯片的具体操作步骤如下。

step 01　启动软件后，新建一个空白演示文稿，切换到"设计"选项卡，在"自定义"组中单击"幻灯片大小"按钮，在弹出的下拉列表中选择"自定义幻灯片大小"选项，如图 9-3 所示。

step 02 在弹出的"幻灯片大小"对话框中将"幻灯片大小"设为"全屏显示(16:10)"，其他保持默认值，单击"确定"按钮，如图 9-4 所示。

图 9-3 自定义幻灯片大小

图 9-4 "幻灯片大小"对话框

step 03 在弹出的 Microsoft PowerPoint 对话框中单击"确保适合"按钮，如图 9-5 所示。

step 04 在场景中将副标题文本框删除，右击，在弹出的快捷菜单中选择"设置背景格式"命令，如图 9-6 所示。

图 9-5 选择"确保适合"按钮

图 9-6 创建幻灯片

提示　　　设置背景格式，除了上述方法外，用户还可以在"设计"选项卡的"自定义"组中设置背景格式。

step 05 在弹出的"设置背景格式"任务窗格中选中"图片或纹理填充"单选按钮，并单击"文件"按钮，如图 9-7 所示。

step 06 在弹出的"插入图片"对话框中选择随书附带光盘中的"CDROM\素材\Cha09\图片 3.jpg"素材文件，并单击"插入"按钮，如图 9-8 所示。

图 9-7 单击"文件"按钮

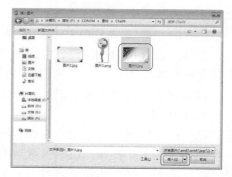

图 9-8 选择素材文件

step 07 在文本框中输入文字"企业培训方案",将字体设为"创艺简老宋",将字号设为 60,并单击"加粗"按钮,如图 9-9 所示。

step 08 选中输入的文字切换到"绘图工具"下的"格式"选项卡,在"艺术字样式"组中单击"其他"按钮,在弹出的下拉列表中选择如图 9-10 所示的字体样式。

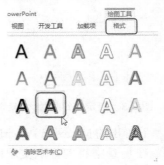

图 9-9　输入文字　　　　　　　　　　　图 9-10　选择文字样式

step 09 选中上一步添加样式的文字,在"艺术样式"组中单击"文本填充"按钮,在弹出的下拉列表中选择"其他填充颜色"选项,弹出"颜色"对话框。选择"自定义"选项,将 RGB 设为 180、71、140,并单击"确定"按钮,如图 9-11 所示。

step 10 设置完成后的效果如图 9-12 所示。

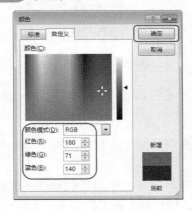

图 9-11　设置颜色　　　　　　　　　　　图 9-12　完成后的效果

step 11 添加第 2 张幻灯片,切换到"开始"选项卡,在"幻灯片"组中单击"版式"按钮,在弹出的下拉列表中选择"空白"选项,如图 9-13 所示。

step 12 在场景中右击,在弹出的快捷菜单中选择"设置背景格式"命令,弹出"设置背景格式"任务窗格,选中"图片或纹理填充"单选按钮,并单击"文件"按钮,如图 9-14 所示。

step 13 在弹出的"插入图片"对话框,选中素材文件夹中"图片 2.jpg"素材文件,并单击"插入"按钮,设置背景后的效果如图 9-15 所示。

step 14 插入一个文本框,并在其内输入文字"目录",将字体设为"微软雅黑",将字号设为 40,并单击"加粗"按钮,如图 9-16 所示。

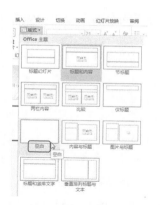

图9-13 选择"空白"选项

图9-14 单击"文件"按钮

图9-15 设置背景后的效果

图9-16 输入文字

step 15 选中文本框，切换到"动画"选项卡，对其添加"进入"效果组中的"飞入"动画特效，将方向设为"自左侧"，在"计时"组中将"开始"设为"上一动画之后"，持续时间设为01.00，如图9-17所示。

step 16 切换到"插入"选项卡，在"插图"组中单击"形状"按钮，在弹出的下拉列表中选择"矩形"，如图9-18所示。

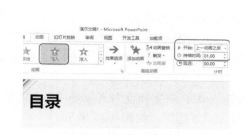

图9-17 添加动画

图9-18 选择矩形

step 17 在幻灯片中进行绘制，切换到"绘图工具"下的"格式"选项卡，在"形状样式"组中将"形状填充"的颜色设为橙色，将"形状轮廓"设置为"无轮廓"，将"形状高度"设为"0.45厘米"，将"形状宽度"设置为"9.05厘米"，如图9-19所示。

step 18 切换到"插入"选项卡，在"插图"组中选择"同心圆"图形，如图 9-20 所示。

图 9-19 绘制矩形   图 9-20 选择同心圆

step 19 在场景中按住 Shift 键进行绘制，切换到"绘图工具"下的"格式"选项卡，在"大小"组中将"形状高度"和"形状宽度"都设为"3.9 厘米"，在"形状样式"组中将"形状轮廓"设为"无轮廓"，然后单击选项组右下侧的"设置形状格式"按钮 ，如图 9-21 所示。

step 20 在弹出的"设置形状格式"任务窗格中选中"渐变填充"单选按钮，然后设置渐变光圈，将 0%和 79%位置处的色标设为"橙色，着色 2"，将 80%和 100%位置处的色标设为橙色，如图 9-22 所示。

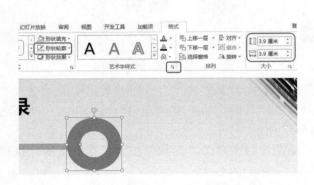

图 9-21 进行同心圆的设置   图 9-22 设置渐变色

step 21 继续绘制正圆，将"形状高度"和"形状宽度"都设为 2.71 厘米，将"形状轮廓"设为"无轮廓"，并将"形状填充"设为"渐变填充"，将"渐变类型"设为"路径"，将 0%和 70%位置处的色标设为白色，将 100%位置处的 RGB 值设为 127、127、127，如图 9-23 所示。

step 22 在上一步创建的对象内拖出文本框，并输入 02，将字体设为 Agency FB，将字号设为 40，并单击"加粗"按钮，将字体颜色设为"黑色"，如图 9-24 所示。

step 23 在场景中选中上一步创建的文字和正圆图形，右击，在弹出的快捷菜单中选择"组合"|"组合"命令，将其编组，如图 9-25 所示。

step 24 再次插入一个文本框，并在其内输入文字"培训目的"，将字体设为"创艺简老宋"，将字号设为 36，将字体颜色设为橙色，如图 9-26 所示。

step 25 对对象进行复制和旋转并进行相应的更改，效果图如图 9-27 所示。

step 26 在场景中选中所有的矩形，并对其添加"进入"效果组中的"擦除"动画特效，并将"擦除"方向设为"自左侧"，打开"动画窗格"任务窗格查看添加的动画特效，如图 9-28 所示。

图 9-23　绘制正圆

图 9-24　输入文字

图 9-25　组合对象

图 9-26　输入文字

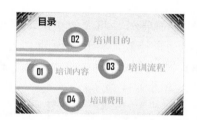

图 9-27　完成后的效果

图 9-28　查看添加的特效

step 27 在"动画窗格"任务窗格中选择第 2 个特效，在"计时"组中将开始设为"上一动画之后"，将"持续时间"设为 01.00，然后选择最后 3 个特效，将开始设为"与上一动画同时"，将"持续时间"设为 01.00，如图 9-29 所示。

step 28 选中 02 对象下的同心圆对其添加"进入"效果组中的"擦除"特效，在"计时"组中将"开始"设为"上一动画之后"，将"持续时间"设为 01.00，如图 9-30 所示。

step 29 选中第 24 步的同心圆对其添加"进入"动画组中的"擦除"特效，并将"擦除选项"设为"自顶部"，在"计时"组中将开始设为"与上一动画同时"，将"持续时间"设为 01.00，如图 9-31 所示。

step 30 使用同样的方法为其他两个同心圆添加"擦除"特效，并将其"开始"设为"与上一动画同时"，如图 9-32 所示。

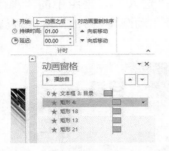

图 9-29　设置动画特效

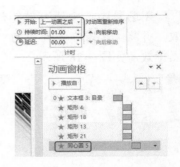

图 9-30　设置动画

图 9-31　设置动画选项

图 9-32　设置动画选项

step 31　使用同样的方法再给数字组合添加"擦除"动画特效，将动画属性与同心圆相同，如图 9-33 所示。

step 32　选择所有的文字对象，对其添加"擦除"动画特效，将"效果选项"设为"自左侧"，在"动画窗格"中选择最上侧的文字动画特效，将开始设为"上一动画之后"，将"持续时间"设为 01.00，然后选择其他 3 个文字动画将"开始"设为"与上一动画同时"，将"持续时间"设为 01.00，如图 9-34 所示。

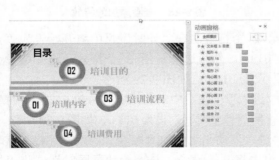

图 9-33　添加动画特效

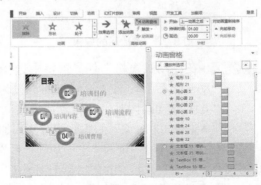

图 9-34　设置文字的动画特效

step 33　切换到"切换"选项卡，对其添加"库"切换效果，如图 9-35 所示。

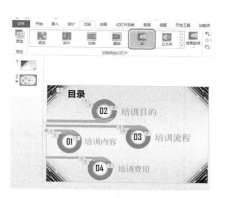

图 9-35　设置切换效果

案例精讲 66　制作员工培训内容幻灯片

📝 案例文件：CDROM\场景\Cha09\企业培训方案.pptx

💿 视频文件：视频教学\Cha09\制作员工培训内容.avi

制作概述

本例将讲解如何制作员工培训内容幻灯片。其中主要应用了一些形状工具、素材图片和动画特效之间的应用。完成后的效果如图 9-36 所示。

学习目标

- 学习圆角矩形和直线的应用。
- 掌握员工培训内容幻灯片的制作流程。

图 9-36　员工培训内容
幻灯片效果图

操作步骤

制作员工培训内容幻灯片的具体操作步骤如下。

step 01 选择第 2 张幻灯片，对其进行复制，然后在"幻灯片窗格"中右击，在弹出的快捷菜单中选择"粘贴选项"下的"保留源格式"命令，进行粘贴，作为第 3 张幻灯片，并将除文字"目录"外的内容删除，如图 9-37 所示。

step 02 在场景中对文字内容进行更改，将其修改为"员工培训内容"，将字号修改为 32，并单击"字符间距"按钮，在弹出的下拉列表中选择"很松"，如图 9-38 所示。

step 03 切换到"插入"选项卡，插入素材图片"图片 2.png"，如图 9-39 所示。

step 04 切换到"动画"选项卡，对上一步添加的素材图片添加"进入"效果组中的"擦除"效果，在"计时"选项组中将"开始"设为"上一动画之后"，如图 9-40 所示。

step 05 切换到"插入"选项卡，在"插图"组中单击"形状"按钮，在弹出的下拉列表中选择"线条"组中的"直线"，在场景绘制如图 9-41 所示的直线。

step 06 选中上一步创建的直线，切换到"绘图工具"下的"格式"选项卡，在"形状样式"组中单击"形状轮廓"按钮，在弹出的下拉列表中选择 "虚线"，设置如图 9-42 所示的虚线和形状。

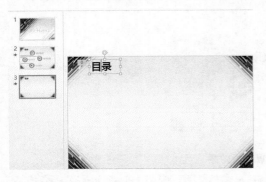

图 9-37　自定义幻灯片大小

图 9-38　设置文字属性

图 9-39　插入素材图片

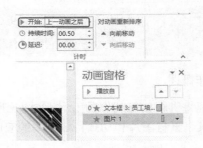

图 9-40　设置动画特效

图 9-41　绘制直线

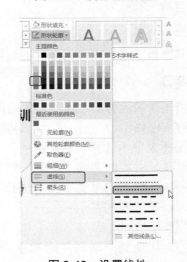

图 9-42　设置线性

step 07　选中上一步创建的两条直线，对其进行组合，使用同样的方法制作出其他的直线，如图 9-43 所示。

step 08　选中所有的虚线对象，切换到"动画"选项卡对其添加"进入"动画组中的"擦除"动画特效，并将"效果选项"设为"自左侧"，如图 9-44 所示。

图 9-43　绘制其他直线

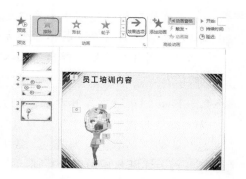

图 9-44　添加动画特效

step 09　打开"动画窗格"选择第 3 个动画特效，在"计时"选项组中将开始设为"上一动画之后"，如图 9-45 所示。

step 10　继续在"动画窗格"中选择最后四个动画特效，在"计时"选项组中将开始设为"与上一动画同时"，如图 9-46 所示。

图 9-45　设置"计时"选项

图 9-46　设置动画选项

step 11　插入素材图片"圆点.png"素材文件，并适当对直线的位置进行调整，如图 9-47 所示。

step 12　对上一步添加的素材图片添加"进入"效果组中的"擦除"特效，将"效果选项"设为"自左侧"，在"计时"组中将开始设为"上一动画之后"，如图 9-48 所示。

图 9-47　添加素材图片

图 9-48　设置动画选项

在实际操作过程中如果需要某个图片，而本地电脑没有，用户可以应用"联机"图片进行搜寻。具体操作方法是，在"插入"选项卡下的"图像"组中单击"联机图片"按钮，弹出"插入图片"对话框，用户可以在该对话框中搜索需要的图片。

step 13 绘制圆角矩形，并在其内输入文字"企业概述"，选择创建的对象，将字体设为"微软雅黑"，将字号设为 18，并单击"加粗"按钮，将"字符间距"设为"很松"，将字体颜色设为橙色，效果如图 9-49 所示。

step 14 对上述圆角矩形进行复制，并对矩形内的文字进行修改，完成后的效果如图 9-50 所示。

图 9-49　设置文字　　　　　　　　　　图 9-50　制作其他部分

step 15 在场景中选中"企业概述"圆角矩形，对其添加"进入"组中的"缩放"动画特效，将"开始"设置为"上一动画之后"，将"持续时间"设置为 00.50，如图 9-51 所示。

step 16 使用同样的方法制作其他圆角矩形的动画特效，如图 9-52 所示。

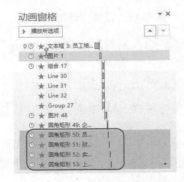

图 9-51　设置"计时"选项　　　　　　图 9-52　制作完成后的效果

step 17 切换到"切换"选项卡，对幻灯片添加"库"切换特效，如图 9-53 所示。

step 18 使用前面讲过的方法对第 3 张幻灯片进行复制，并以"保留源格式"的方式进行粘贴，制作第 4 张幻灯片，在场景中将除了标题外的内容删除，并将文字内容修改为"培训内容简介"，如图 9-54 所示。

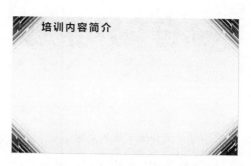

图 9-53 设置切换动画 　　　　　　　图 9-54 复制并删除多余的内容

step 19 ▶ 插入素材图像"文本框.png",如图 9-55 所示

step 20 ▶ 插入横排文本框,并在其内输入 01,将字体设为"微软雅黑",将字号设为
36,并单击"加粗"按钮,将文字颜色设为白色,如图 9-56 所示。

图 9-55 插入素材图片 　　　　　　　　　图 9-56 输入文字

step 21 ▶ 选中上一步创建的文字和图片,对其进行组合然后复制出 4 个,并对文字进行
更改,效果如图 9-57 所示。

step 22 ▶ 插入横排文本框,输入文字,将字体设为"宋体(正文)",并将字号分别设为
16 和 14,将字体颜色分别设为橙色和深蓝色,如图 9-58 所示。

图 9-57 复制对象 　　　　　　　　　　图 9-58 输入文字

step 23 ▶ 使用同样的方法在其他的部分输入文字,完成后的效果如图 9-59 所示。

step 24 ▶ 切换到"动画"选项卡,为 01 组合对象添加"进入"效果组中的"缩放",在
"计时"选项组中将"开始"设为"上一动画之后",将"持续时间"设为
00.30,如图 9-60 所示。

图 9-59　输入文字　　　　　　　　　　　图 9-60　设置动画选项

step 25　选中 01 组的文字，并对其添加"进入"效果组中的"淡出"动画效果，在"计时"选项组中将"开始"设为"上一动画之后"，将"持续时间"设为 01.00，如图 9-61 所示。

step 26　使用同样的方法设置其他内容的动画，并将其"开始"都设为"上一动画之后"，如图 9-62 所示。

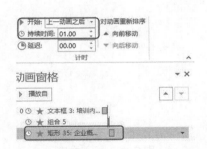

图 9-61　设置动画选项　　　　　　　　　图 9-62　设置动画特效

案例精讲 67　制作培训目的幻灯片

> 📖 案例文件：CDROM\场景\Cha09\企业培训方案.pptx
>
> 💿 视频文件：视频教学\Cha09\制作培训目的.avi

制作概述

本例将详细讲解如何制作培训目的幻灯片，其中主要讲解了形状图形的应用和进入动画的应用。完成后的效果如图 9-63 所示。

学习目标

● 学习形状动画的制作。

● 掌握形状动画的制作流程。

图 9-63　培训目的幻灯片效果图

操作步骤

制作培训目的幻灯片的具体操作步骤如下。

step 01 选择第 4 张幻灯片进行复制，将多余的内容删除，并将标题文本框的内容修改为"培训目的"，如图 9-64 所示。

step 02 选择"插入"选项卡，在"插图"组中单击"形状"按钮，在弹出的下拉列表中选择"椭圆"，如图 9-65 所示。

图 9-64 复制幻灯片

图 9-65 选择椭圆

step 03 按住 Shift 键在文档窗口中绘制一个正圆，选中绘制后的正圆，保持默认颜色，如图 9-66 所示。

 按住 Shift 键还可以绘制出椭圆、矩形、圆角矩形等形状。在绘制直线时按住 Shift 键可以绘制水平或垂直的直线。

step 04 确认该对象处于选中状态，在"形状样式"组中单击"形状轮廓"按钮，在弹出的下拉列表中选择"粗细"|"6 磅"，效果如图 9-67 所示。

图 9-66 绘制正圆

图 9-67 完成后的效果

step 05 确认对象处于选中状态，在"大小"选项组中将"形状宽度"和"形状高度"都设为"4.4 厘米"，并将其放置到幻灯片的中央，如图 9-68 所示。

step 06 插入素材"人物.png"素材文件，并对其调整位置，如图 9-69 所示。

图 9-68 调整大小

图 9-69 插入素材图片

step 07 在文档窗口中选中正圆，选择"动画"选项卡，在"动画"组中单击"其他"按钮，在弹出的下拉列表中选择"脉冲"特效，如图 9-70 所示。

step 08 在"计时"组中将"开始"设置为"上一动画之后"，在"高级动画"组中单击"添加动画"按钮，继续选择"脉冲"动画特效，在"计时"组中将"开始"设置为"上一动画之后"，如图 9-71 所示。

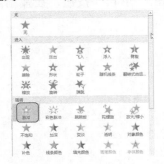

图 9-70 添加动画特效

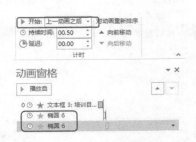

图 9-71 设置动画特效

step 09 选中添加的素材图片，对其添加"进入"效果组中的"翻转式由远及近"特效，"计时"组中将"开始"设置为"上一动画之后"，如图 9-72 所示。

step 10 选择"插入"选项卡，在"插图"组中单击"形状"按钮，在弹出的下拉列表中选择"直线"。在文档窗口中按住 Shift 键绘制一条直线，选择"绘图工具"下的"格式"选项卡，在"形状样式"组中将"形状轮廓"设置为蓝色。单击"形状轮廓"按钮，在弹出的下拉列表中选择"粗细"|"2.25 磅"，在"大小"组中将"形状宽度"设置为"2.66 厘米"，如图 9-73 所示。

图 9-72 添加动画特效

图 9-73 绘制直线

step 11 将该窗口关闭，选择"动画"选项卡，在"动画"组中单击"其他"按钮。在弹出的下拉列表中选择"进入"效果组中的"擦除"特效，在"计时"组中将"开始"设置为"上一动画之后"，再在"动画"组中单击"效果选项"按钮。在弹出的下拉列表中选择"自右侧"，如图 9-74 所示。

step 12 再在文档窗口中绘制一条垂直的直线，在"形状样式"组中单击"设置形状格式"按钮。在弹出的窗口中将"颜色"设置为蓝色，将"宽度"设置为"2.25 磅"，将"箭头前端类型"设置为"圆形箭头"，如图 9-75 所示。

图 9-74　设置动画

图 9-75　设置格式

step 13 在"大小"选项组中将"形状高度"设置为"1.9 厘米"，并将其放置到如图 9-76 所示的位置。

step 14 选中上一步创建对像，为其添加"进入"效果组中的"擦除"动画特效，在"计时"组中将"开始"设置为"上一动画之后"，如图 9-77 所示。

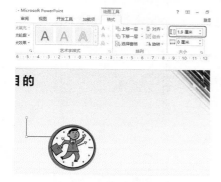

图 9-76　设置形状大小

图 9-77　添加动画特效

step 15 选择"插入"选项卡，在"插图"组中单击"形状"按钮。在弹出的下拉列表中选择圆角矩形，按住鼠标在文档窗口中绘制一个圆角矩形，如图 9-78 所示。

step 16 选择"绘图工具"下的"格式"选项卡，在"形状样式"组中单击"设置形状格式"按钮，选中"填充"选项组中的"无填充"单选按钮，在"线条"组中将"颜色"设置为橙色，将"宽度"设置为"1.152 磅"，将"短划线类型"设置为"短划线"，如图 9-79 所示。

图 9-78　绘制圆角矩形

图 9-79　设置形状样式

step 17　在"大小"选项组下将"形状高度"设为"2.92 厘米"，将"形状宽度"设为
　　　　　"7.76 厘米"，如图 9-80 所示。

step 18　继续选中该图形，右击，在弹出的快捷菜单中选择"置于底层"|"下移一层"
　　　　　命令，如图 9-81 所示。

图 9-80　设置大小

图 9-81　调整位置

step 19　选择"动画"选项卡，在"动画"组中单击"其他"按钮，在弹出的下拉列表
　　　　　中选择"更多进入效果"选项，如图 9-82 所示

step 20　在弹出的对话框中选择"飞旋"特效，单击"确定"按钮，如图 9-83 所示。

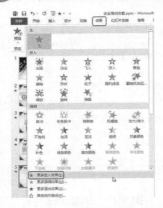

图 9-82　选择"更多进入效果"选项

图 9-83　选择特效

step 21　在"计时"组中将"开始"设置为"上一动画之后"，如图 9-84 所示。

step 22　插入横排文本框，并在其内输入文字，将字体设置为"微软雅黑"，将字号设
　　　　　置为 15.6，将字体颜色设为深蓝色，如图 9-85 所示。

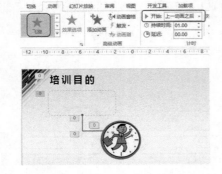

图 9-84　设置计时选项

图 9-85　设置文字

step 23 继续选中该文本框，选择"动画"选项卡，在"动画"组中单击"其他"按钮，在弹出的下拉列表中选择"更多进入效果"选项，如图9-86所示。

step 24 在弹出的对话框中选择"挥鞭式"特效，单击"确定"按钮，如图9-87所示。

图 9-86 选择"更多进入效果"选项

图 9-87 选择动画特效

step 25 在"计时"组中将"开始"设置为"上一动画之后"，如图9-88所示。

step 26 使用同样的方法制作该幻灯片中的其他对象，并为其添加动画，如图9-89所示。

图 9-88 设置计时选项

图 9-89 创建其他的动画

案例精讲68 制作培训流程幻灯片

案例文件：CDROM\场景\Cha09\企业培训方案.pptx

视频文件：视频教学\Cha09\制作培训流程.avi

制作概述

本例将讲解培训流程幻灯片的制作过程。通过本例的学习可以很好地掌握图形的应用。完成后的效果如图9-90所示。

图 9-90　培训流程幻灯片效果图

学习目标

● 学习培训流程幻灯片的制作。
● 掌握形状工具和动画之间的应用。

操作步骤

制作培训流程幻灯片的具体操作步骤如下。

step 01　选择第 5 张幻灯片进行复制，将多余的内容删除，并将标题文本框的内容修改
为"培训流程"，如图 9-91 所示。

step 02　绘制圆角矩形，切换到"绘图工具"下的"格式"选项卡，在"形状样式"组
中将"形状填充"设为橙色，在"大小"选项组中将"形状高度"设为"2.62 厘
米"，将"形状宽度"设为"4.73 厘米"，如图 9-92 所示。

图 9-91　复制幻灯片

图 9-92　设置形状

step 03　插入一个横排文本框，并在其内输入 1，将字体设为"微软雅黑"，将字号设为
40，并单击"加粗"按钮，将字体颜色设为橙色，如图 9-93 所示。

step 04　切换到"动画"选项卡，在"动画"选项组中单击"其他"按钮，在弹出的下
拉列表中选择"更多进入效果"按钮，弹出"更改进入效果"对话框，选择"下
拉"动画特效，并单击"确定"按钮，如图 9-94 所示。

step 05　在"计时"选项组中将"开始"设为"上一动画之后"，如图 9-95 所示。

step 06　选中圆角矩形，对其添加"进入"效果组中的"擦除"动画特效，在"动画"
选项组中单击"效果选项"按钮，在弹出的下拉列表中选择"自左侧"，在"计
时"效果组中将"开始"设为"上一动画之后"，如图 9-96 所示。

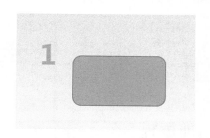

图 9-93　输入文字

图 9-94　选择特效

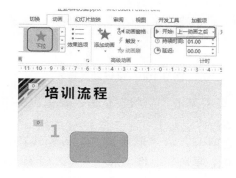

图 9-95　设置计时选项

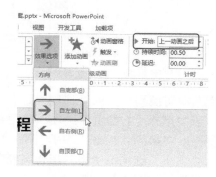

图 9-96　设置动画选项

step 07 ▶ 插入一个横排文本框，并在其内输入"第一阶段"，切换到"开始"选项卡，将字体设为"微软雅黑"，将字号设为 16，并单击"加粗"按钮 **B**，并将字体颜色设为蓝色，如图 9-97 所示。

step 08 ▶ 选中上一步创建的文字，切换"动画"选项卡，对其添加"进入"效果组中的"淡出"特效，在"计时"选项组中将"开始"设为"上一动画之后"，如图 9-98 所示。

图 9-97　设置文字

图 9-98　添加动画

step 09 插入一个横排文本框，并在其内输入"入职培训"，将字体设为"微软雅黑"，将字号设为 18，并单击"加粗"按钮，将字体颜色设为白色，如图 9-99 所示。

step 10 选中上一步创建文字，切换到"动画"选项卡，对其添加"进入"效果组中的"淡出"特效，在"计时"选项组中将"开始"设为"上一动画之后"，如图 9-100 所示。

图 9-99　输入文字　　　　　　　　　图 9-100　设置动画特效

step 11 切换到"插入"选项卡，在"插图"组中单击"形状"按钮，在弹出的下拉列表中选择"右箭头"选项，如图 9-101 所示。

step 12 切换到"绘图工具"下的"格式"选项卡，将"形状填充"设为浅蓝色，在"大小"选项组中将"形状高度"设为"0.8 厘米"，将"形状宽度"设为"1.3 厘米"，如图 9-102 所示。

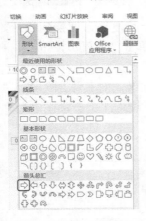

图 9-101　选择右箭头　　　　　　　　图 9-102　设置形状格式

step 13 选中上一步创建的对象，切换到"动画"选项卡，对其添加"进入"效果组中的"擦除"效果，单击"效果选项"按钮，在弹出的下拉列表中选择"自左侧"，在"开始"选项组中将"开始"设为"上一动画之后"，如图 9-103 所示。

step 14 使用同样的方法制作其他部分，并对其添加动画，如图 9-104 所示。

图 9-103　设置动画选项

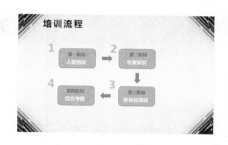

图 9-104　设置动画

 　　　对于使用相同的动画特效，用户可以在"动画"选项卡下的"高级动画"组中选择"动画刷"工具对对象的动画格式进行添加。

step 15 选中第 6 张幻灯片进行复制粘贴，将多余的内容删除，并将标题文本框的内容修改为"入职培训"，将字体设为"微软雅黑"，将字号设为 24，字体颜色设为橙色，如图 9-105 所示。

step 16 插入素材图片"文字图片.png"素材文件，选择插入的素材图片，切换到"绘图工具"下的"格式"选项卡，在"大小"组中将"形状高度"设为"4.46 厘米"，"形状宽度"设为"11.4 厘米"，如图 9-106 所示。

图 9-105　修改文字特性

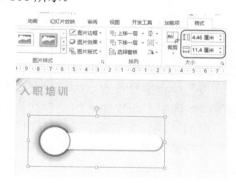

图 9-106　设置图形的大小

step 17 选中上一步添加的素材图片，并对其进行复制两次，调整位置，如图 9-107 所示。

step 18 选中最上侧的素材图片，切换到"动画"选项卡对其添加"进入"效果组中的"弹跳"动画特效，并在"计时"选项组中将"开始"设为"上一动画之后"，如图 9-108 所示。

step 19 插入一个横排文本框，并在其内输入 01，切换到"开始"选项卡，将字体设为"微软雅黑"，将字号设为 32，并单击"加粗"按钮，将字体颜色设为橙色，如图 9-109 所示。

step 20 选中上一步创建的文字对象，切换到"动画"选项卡，对其添加"进入"效果组中的"淡出"动画特效，在"计时"选项组中将"开始"设为"上一动画之后"，将"持续时间"设为00.30，如图9-110所示。

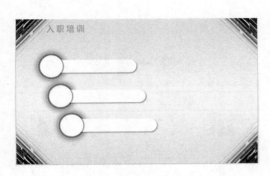

图9-107　复制对象

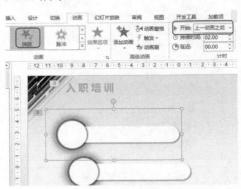

图9-108　设置动画选项

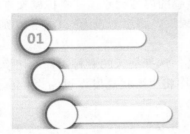

图9-109　选择"空白"版式

图9-110　设置动画

step 21 继续添加一个横排文本框，并在其内输入"公司简介"，将字体设为"微软雅黑"，将字号设为20，将字体颜色设为橙色，如图9-111所示。

step 22 选中上一步输入的文字切换到"动画"选项卡，对其添加"进入"动画效果组中的"淡出"特效，在"计时"选项组中将"开始"设为"上一动画之后"，将"持续时间"设为00.30，如图9-112所示。

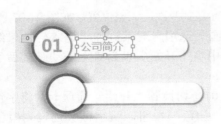

图9-111　输入文字

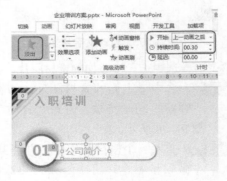

图9-112　添加动画

step 23 使用同样的方法在其他图像上插入文字，并为其设置动画，如图 9-113 所示。

step 24 切换到"插入"选项卡，在"插图"组中，单击"形状"按钮，在弹出的下拉列表中选择"星与旗帜"组中的"竖卷型"，如图 9-114 所示。

图 9-113　设置其他动画

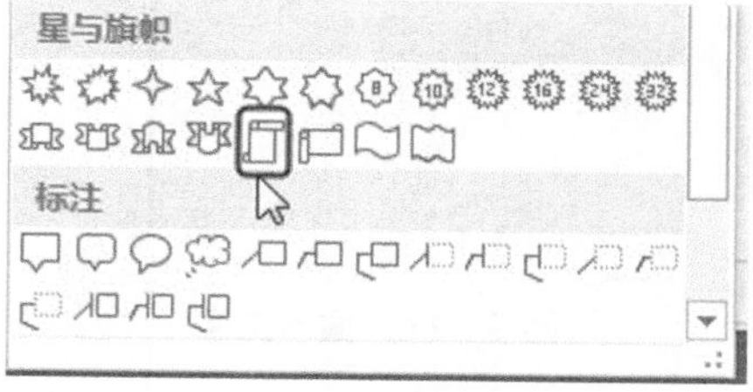

图 9-114　选择形状

step 25 在幻灯片中进行绘制，切换到"绘图工具"下的"格式"选项卡，在"形状样式"组中单击"形状填充"按钮，在弹出的下拉列表中选择如图 9-115 所示的颜色。

step 26 在"大小"选项组中将"形状高度"设为"8.32 厘米"，将"形状宽度"设为"5.6 厘米"，如图 9-116 所示。

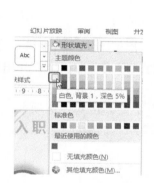

图 9-115　设置形状填充

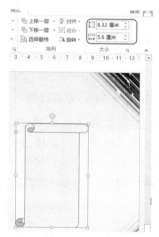

图 9-116　设置形状大小

step 27 在上一步创建的形状内输入文字，切换到"开始"选项卡，将字体设为"微软雅黑"，将字号设为 16，并单击"倾斜"按钮，将字体颜色设为浅绿色，如图 9-117 所示。

step 28 对形状的位置进行调整，如图 9-118 所示。

step 29 选中形状，切换到"动画"选项卡，在"动画"选项组中"进入"动画效果组中的"淡出"动画特效，在"计时"选项组中将"开始"设为"上一动画之后"，如图 9-119 所示。

step 30 使用其前面讲过的方法对第 7 张幻灯片进行复制，复制出第 8 张幻灯片，将多余的内容删除，将标题修改为"专业知识"，如图 9-120 所示。

图 9-117　输入文字

图 9-118　调整位置

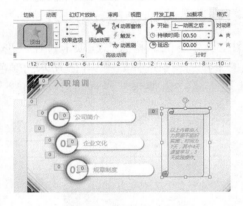

图 9-119　设置动画

图 9-120　复制幻灯片

step 31 切换"插入"选项卡，单击"插图"组中的"形状"按钮，在弹出的下拉列表中选择"椭圆"，如图 9-121 所示。

step 32 在幻灯片中进行绘制，切换到"绘图工具"下的"格式"选项卡，单击"形状填充"按钮，在弹出的下拉列表中选择如图 9-122 所示的颜色。

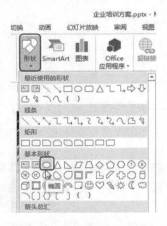

图 9-121　选择形状

图 9-122　选择形状颜色

step 33 再次单击"形状轮廓"按钮，在弹出的下拉列表中选择"无轮廓"选项，如

图 9-123 所示。

step 34 在"大小"选项组中,将"形状高度"设为"0.8 厘米",将"形状宽度"设为"3.12 厘米",如图 9-124 所示。

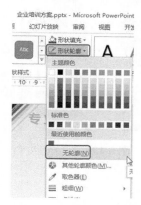

图 9-123 设置无轮廓

图 9-124 设置形状大小

step 35 选中上一步绘制的形状切换到"动画"选项卡,在"动画"选项组中选择"进入"动画组中的"形状"效果,如图 9-125 所示。

step 36 在"计时"选项组中将"开始"设为"上一动画之后",如图 9-126 所示。

图 9-125 添加"形状"动画

图 9-126 设置计时选项

step 37 切换到"插入"选项卡,在"插图"组中单击"形状"按钮,在弹出的下拉列表中选择"椭圆",进行绘制,如图 9-127 所示。

step 38 选中上一步绘制的形状,切换到"绘图工具"下的"格式"选项卡,在"形状样式"组中单击"形状填充"按钮,在弹出的下拉列表中选择"渐变",选择如图 9-128 所示的渐变。

step 39 在"大小"选项组中将"形状高度"和"形状宽度"都设为"3.8 厘米",如图 9-129 所示。

step 40 在场景中对形状的位置进行调整,如图 9-130 所示。

step 41 切换到"动画"选项组中,在"动画"选项组中,单击"其他"按钮,在弹出的下拉列表中选择"进入"动画组中的"旋转"动画特效,如图 9-131 所示。

step 42 在"计时"选项组中将"开始"设为"上一动画之后",将"持续时间"设为

03.00，如图 9-132 所示。

图 9-127　绘制正圆

图 9-128　设置渐变色

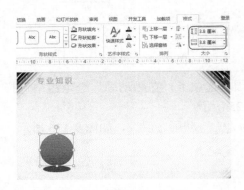

图 9-129　设置形状大小

图 9-130　调整位置

图 9-131　选择动画特效

图 9-132　设置计时选项

step 43 插入横排文本框，并在其内输入"专业知识"，将字体设为"微软雅黑"，将字号设为 24，并单击"加粗"按钮，单击"字符间距"按钮，在弹出的下拉列表中选择"很松"，将字体颜色设为白色，如图 9-133 所示。

step 44 选中上一步设置的文字，切换到"动画"选项卡，对其添加"进入"效果组中的"淡出"效果，并在"计时"选项卡下将"开始"设为"上一动画之后"，将"持续时间"设为 00.50，如图 9-134 所示。

step 45 在"高级动画"组中单击"添加动画"按钮，在弹出的下拉列表中选择"画笔颜色"动画特效，如图 9-135 所示。

step 46 在"动画"组中单击"效果选项"按钮，在弹出的下拉列表中选择橙色，如图 9-136 所示。

图 9-133 设置字体属性

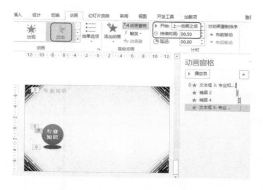

图 9-134 设置动画特效

图 9-135 选择"画笔颜色"特效

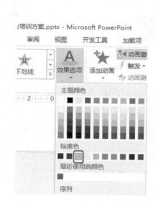

图 9-136 选择颜色

step 47 使用前面讲过的方法创建一条直线，然后切换到"绘图工具"下的"格式"选项卡，在"形状样式"组中单击"形状轮廓"按钮。在弹出的下拉列表中选择浅蓝色，然后选择"粗细"选项，在弹出的菜单中选择"4.5 磅"，如图 9-137 所示。

step 48 继续选择该形状在"大小"组中将"形状宽度"设为"1.8 厘米"，如图 9-138 所示。

step 49 选中上一步创建的直线，切换到"动画"选项卡下，对其添加"进入"效果组中的"擦除"动画特效，并单击"效果选项"按钮，在弹出的下拉列表中选择"自左侧"，如图 9-139 所示。

step 50 在"计时"选项组中将"开始"设为"上一动画之后"，将"持续时间"设为00.05，将"延迟"设为 00.34，如图 9-140 所示。

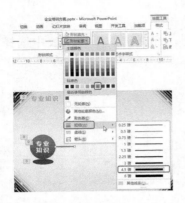

图 9-137　设置形状轮廓

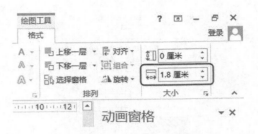

图 9-138　设置"形状宽度"

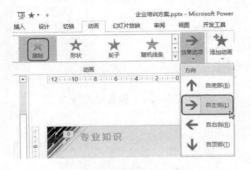

图 9-139　设置动画特效

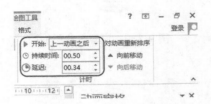

图 9-140　设置计时

step 51　使用前面讲过的方法绘制圆角矩形，选中绘制的圆角矩形，切换到"绘图工具"下的"格式"选项卡，在"形状样式"组中单击"形状填充"按钮。在弹出的下拉列表中选择"渐变"，在子菜单中选择"线性向上"渐变，如图 9-141 所示。

step 52　在"大小"选项组中，将"形状高度"设为"1.67 厘米"，将"形状宽度"设为"4.67 厘米"，如图 9-142 所示。

图 9-141　设置形状填充

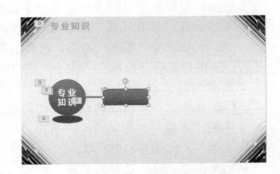

图 9-142　设置形状大小

step 53 在上一步创建的圆角矩形对象内输入文字"基础知识",将字体设为"微软雅黑",将字号设为 20,并单击"加粗"按钮,将字体颜色设为白色,效果如图 9-143 所示。

step 54 选中圆角矩形,切换到"动画"选项卡,对其添加"进入"效果组中的"飞入"动画特效,在"计时"选项组中将"开始"设为"上一动画之后",如图 9-144 所示。

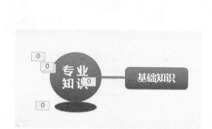

图 9-143 输入文字

图 9-144 添加动画特效

step 55 对上一步创建的圆角矩形进行复制,并对文字内容进行更改,完成后的效果如图 9-145 所示。

step 56 选中其中一个圆角矩形,对其进行复制,在"绘图工具"下的"格式"选项卡,在"大小"组中将"形状高度"设为"10.29 厘米",将"形状宽度"设为"6.21 厘米",并在"动画窗格"任务窗格中将此矩形的动画特效删除,如图 9-146 所示。

图 9-145 复制并修改

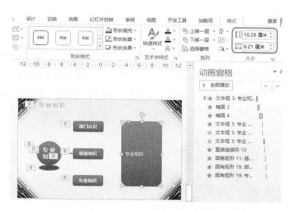

图 9-146 复制并设置形状的大小

step 57 对矩形的文字进行更改,将字体设为"微软雅黑",将字号设为 20,取消对其加粗,将字体颜色设为白色,如图 9-147 所示。

step 58 选中上一步复制的圆角矩形,切换到"动画"选项卡下,对其添加"进入"动画组中的"擦除"动画特效,并将"效果选项"设为"自顶部",如图 9-148 所示。

图 9-147　设置文字

图 9-148　添加动画特效

step 59　在"计时"选项组中将"开始"设为"上一动画之后"，将"持续时间"设为 01.00，如图 9-149 所示。

step 60　对第 8 张幻灯片进行复制，并将多余的内容删除，将标题内容修改为"职业化培训"，如图 9-150 所示。

图 9-149　设置计时选项

图 9-150　复制幻灯片

step 61　使用前面讲过的方法插入"圆盘.png"素材图片，如图 9-151 所示。

step 62　插入横排文本框，并在其内输入文字，将字体设为"微软雅黑"，将"字号"设为 48，将字体颜色设为白色，如图 9-152 所示。

图 9-151　插入素材图片

图 9-152　输入并设置文字

step 63　继续输入文字"01 期"，将字体设为"微软雅黑"，将字号设为 24，将字体颜色的 RGB 值设为 64、64、64，效果如图 9-153 所示。

step 64 选中输入的文字，切换到"动画"选项卡，对其添加"进入"效果组中的"浮入"动画特效，在"计时"选项组中将"开始"设为"上一动画之后"，如图 9-154 所示。

图 9-153 输入文字

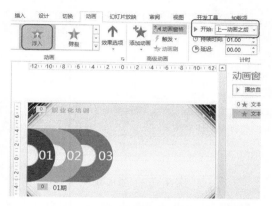

图 9-154 设置动画选项

step 65 继续输入文字，将字体设为"微软雅黑"，将字号设为 16，如图 9-155 所示。

step 66 切换到"动画"选项卡，对其添加"进入"效果组中的"浮入"动画特效，在"计时"组中将"开始"设为"与上一动画同时"，如图 9-156 所示。

图 9-155 输入文字

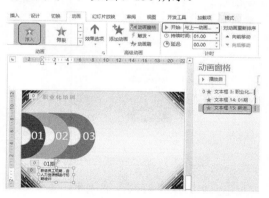

图 9-156 添加动画效果

step 67 选中"01 期"文本框，对其进行复制，将文字内容修改为"02 期"，并将其文字颜色修改为橙色，如图 9-157 所示。

step 68 添加文本框，并输入文字，将字体设为"微软雅黑"，将字号设为 16，如图 9-158 所示。

图 9-157 对文本框进行复制

图 9-158 输入文字

step 69 选中上一步的文本框，切换到"动画"选项卡，对其添加"进入"效果组中的"浮入"动画特效，在"计时"选项组中将"开始"设为"与上一动画同时"，如图 9-159 所示。

step 70 使用同样的方法制作"03 期"部分，完成后的效果如图 9-160 所示。

图 9-159　添加动画

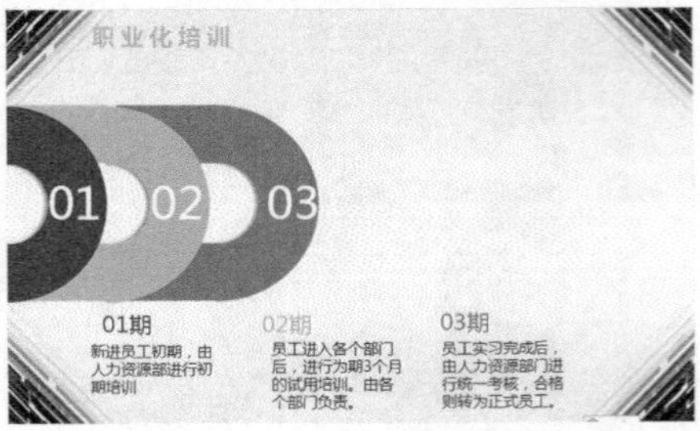

图 9-160　完成后的效果

step 71 选中第 8 张幻灯片，对其进行复制粘贴，制作出第 10 张幻灯片，并对内容进行更改，完成后的效果如图 9-161 所示。

step 72 选中第 1 张幻灯片，对其进行复制粘贴，制作出第 11 张幻灯片，并将标题的内容修改为"谢谢观看"，如图 9-162 所示。

图 9-161　修改完成后的效果

图 9-162　制作第 11 张幻灯片

step 73 切换"切换"选项卡，对其添加"分割"切换效果，如图 9-163 所示。

图 9-163　添加切换效果

第 10 章
教 学 课 件

本章重点

- ◆ 制作开始页
- ◆ 制作目录页
- ◆ 制作"课文学习"
- ◆ 制作"人物简介"
- ◆ 制作"课堂讨论"
- ◆ 添加"知识拓展"

- ◆ 制作"板书设计"
- ◆ 制作"互动问答"
- ◆ 制作"课堂总结"
- ◆ 制作"课堂作业"
- ◆ 制作结束页

教学课件可以帮助学生更好地融入课堂氛围，吸引学生关注课堂教学知识，增进学生对教学知识的理解，从而更好地实现学习目的。本章将介绍教学课件的制作方法，效果如图 10-1 所示。

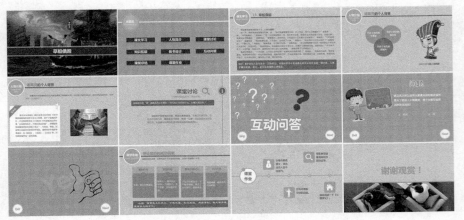

图 10-1　教学课件效果图

案例精讲 69　制作开始页

　案例文件：CDROM\场景\Cha10\教学课件.pptx

　视频文件：视频教学\Cha10\制作开始页.avi

制作概述

在制作教学课件之前，首先要构思好课件的开始页，一个好的开始页可以起到画龙点睛的作用。一般来说，一个开始页不需要太多的内容，但可以稍华丽一点，一幅优美的风景画或一幅符合主题的画面加上一段简洁的介绍。本案例主要通过导入图像，然后绘制两个图形并输入文字，然后为其添加动画效果来完成开始页的制作。

学习目标

● 学习并掌握图案填充的使用。
● 掌握阴影的使用。
● 掌握如何在图形中输入文字。

操作步骤

制作开始页的具体操作步骤如下。

step 01　启动 PowerPoint 2013 软件，选择"设计"选项卡，在"自定义"组中单击"幻灯片大小"按钮，在弹出的下拉列表中选择"自定义幻灯片大小"选项，在弹出的对话框中将"宽度""高度"分别设置为"33.867 厘米""21.202 厘米"，如图 10-2 所示。

step 02　设置完成后，单击"确定"按钮，再在弹出的对话框中单击"确保合适"按钮，选择"插入"选项卡，在"图像"组中单击"图片"按钮，在弹出的对话框中选择随书附带光盘中的"CDROM\素材\Cha10\001.jpg"素材文件，如图 10-3 所示。

图 10-2 设置幻灯片大小

图 10-3 选择素材文件

step 03 单击"插入"按钮，选中插入的图片，选择"图片工具"下的"格式"选项，在"大小"组中将"宽度""高度"分别设置为"21.2 厘米""33.92 厘米"，如图 10-4 所示。

step 04 选择"插入"选项卡，在"插图"组中单击"形状"按钮，在弹出的下拉列表中选择"矩形"选项，如图 10-5 所示。

图 10-4 设置图片大小

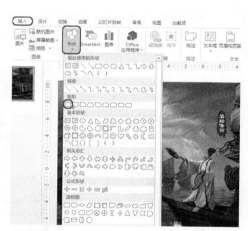

图 10-5 选择形状

step 05 在幻灯片中绘制一个矩形，选中绘制的矩形，选择"绘图工具"下的"格式"选项卡，在"形状样式"组中单击"设置形状格式"按钮 ，在弹出的"设置形状格式"任务窗格中选择"形状选项"，单击"大小属性"按钮 ，在"大小"选项组中将"高度""宽度"分别设置为"3.16 厘米""33.92 厘米"，在"位置"选项组中将"水平位置""垂直位置"分别设置为"0.03 厘米""11.6 厘米"，如图 10-6 所示。

step 06 在该任务窗格中单击"填充线条"按钮 ，在"填充"选项组中将"颜色"设置为白色，将"透明度"设置为 40，在"线条"选项组中选中"无线条"单选按钮，如图 10-7 所示。

step 07 再次使用"矩形"在幻灯片中绘制一个矩形，选中绘制的矩形，在"设置形状格式"任务窗格中单击"填充线条"按钮 ◇，在"填充"选项组中选中"图案填充"单选按钮，在"图案"选项中选择"浅色上对角线"图案，将"前景"的 RGB 值设置为 238、0、0，将"背景"的 RGB 值设置为 162、0、0，在"线条"选项组中选中"无线条"单选按钮，如图 10-8 所示。

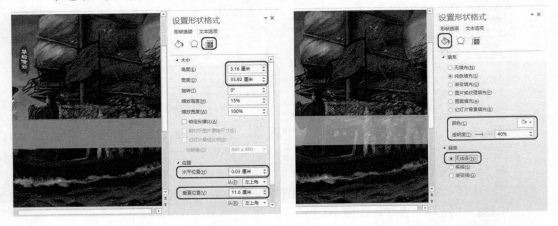

图 10-6 设置形状大小和位置   图 10-7 设置填充和线条

 如果在颜色下拉列表中没有需要的颜色，可以在该下拉列表中选择"其他颜色"选项，然后在弹出的对话框中选择"自定义"选项卡，在该选项卡中设置其 RGB 颜色即可。

step 08 在该任务窗格中单击"效果"按钮 ▣，在"阴影"选项组中将阴影颜色设置为黑色，将"透明度""大小""模糊""角度""距离"分别设置为 60%、98%、18 磅、0°、3 磅，如图 10-9 所示。

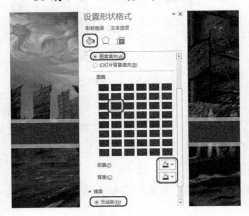
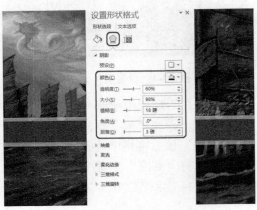

图 10-8 设置填充图案和线条   图 10-9 设置阴影参数

step 09 在该任务窗格中单击"大小属性"按钮 ，在"大小"选项组中将"高度""宽度"分别设置为"2.36 厘米""33.92 厘米"，在"位置"选项组中将"水平位置""垂直位置"分别设置为"0.03 厘米""12 厘米"，如图 10-10 所示。

step 10 选中该矩形，输入"草船借箭"，选中输入的文本，选择"开始"选项卡，在"字体"组中将字体设置为"微软雅黑"，将字号设置为 40，单击"加粗"按钮 ，将文字颜色设置为白色，在"段落"组中单击"居中"按钮 ，如图 10-11 所示。

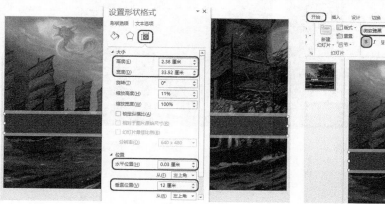

图 10-10 设置形状的大小

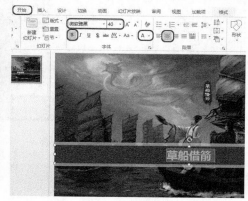

图 10-11 输入文字并进行设置

step 11 按住 Ctrl 键选中绘制的两个矩形，右击，在弹出的快捷菜单中选择"组合"|"组合"命令，如图 10-12 所示。

step 12 选中成组后的对象，选择"动画"选项卡，在"动画"组中单击"其他"按钮 ，在弹出的下拉列表中选择"擦除"动画效果，如图 10-13 所示。

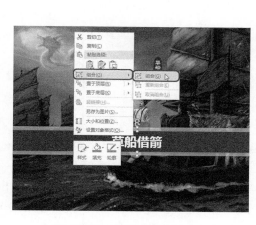

图 10-12 选择"组合"命令

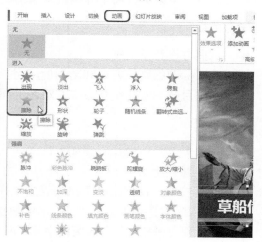

图 10-13 选择"擦除"动画效果

step 13 继续选中该对象，在"动画"组中单击"效果选项"按钮，在弹出的下拉列表中选择"自左侧"选项，在"计时"组中将"开始"设置为"上一动画之后"，如图 10-14 所示。

step 14 设置完成后，在"预览"组中单击"预览"按钮 ⭐ 查看效果，效果如图 10-15 所示。

图 10-14　设置效果选项和开始　　　　　　　图 10-15　预览效果

案例精讲 70　制作目录页

案例文件：CDROM\场景\Cha10\教学课件.pptx

视频文件：视频教学\Cha10\制作目录页.avi

制作概述

PPT 课件的目录就像是一个导向牌，指向观众想去的地方，这个页面最重要的一点是要有丰富的内容。本案例将简单介绍目录页的制作方法。

学习目标

- 掌握方格背景的制作方法。
- 掌握标题的制作方法和动画的应用。
- 掌握目录标签的制作方法及动画的添加。

操作步骤

制作目录页的具体操作步骤如下。

step 01 继续上面的操作，选择"开始"选项卡，在"幻灯片"组中单击"新建幻灯片"按钮，在弹出的下拉列表中选择"空白"选项，如图 10-16 所示。

step 02 在幻灯片中右击，在弹出的快捷菜单中选择"设置背景格式"命令，在弹出的"设置背景格式"任务窗格中将"颜色"的 RGB 值设置为 159、204、62，如图 10-17 所示。

　　提示　　除此之外，用户还可以通过选择"设计"选项卡，在"自定义"组中单击"设置背景格式"按钮来设置背景参数。

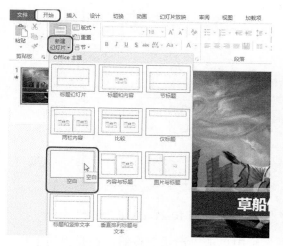

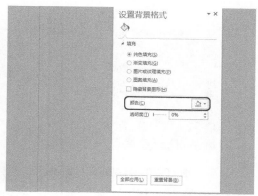

图 10-16 选择"空白"选项 　　　　　图 10-17 设置背景颜色

step 03 选择"插入"选项卡，在"插图"组中单击"形状"按钮，在弹出的下拉列表中选择"矩形"，在幻灯片中绘制一个矩形。选中该矩形，在"设置形状格式"任务窗格中将"填充"选项组中的"颜色"的 RGB 值设置为 143、195、32，将"透明度"设置为 58，在"线条"选项组中选中"无线条"单选按钮，如图 10-18 所示。

step 04 在该任务窗格中单击"大小属性"按钮，在"大小"选项组中将"高度""宽度"分别设置为"1.5 厘米""33.87 厘米"，在"位置"选项组中将"水平位置""垂直位置"分别设置为"0.02 厘米""1.57 厘米"，如图 10-19 所示。

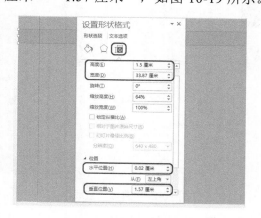

图 10-18 绘制矩形并设置填充和线条 　　图 10-19 设置矩形的大小和位置

step 05 设置完成后，按住 Ctrl 键对其进行复制，并调整其位置和角度，效果如图 10-20 所示。

step 06 选中所有的矩形，右击，在弹出的快捷菜单中选择"组合"|"组合"命令，如图 10-21 所示。

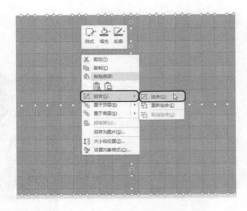

图 10-20　复制矩形后的效果　　　　　图 10-21　选择"组合"命令

> step 07　选择"插入"选项卡，在"插图"组中单击"形状"按钮，在弹出的下拉列表中选择"直线"选项，如图 10-22 所示。

> step 08　在幻灯片中绘制一条直线，选中绘制的直线，在"设置形状格式"任务窗格中单击"填充线条"按钮，在"线条"选项组中将"颜色"设置为白色，将"宽度"设置为"8.5 磅"，如图 10-23 所示。

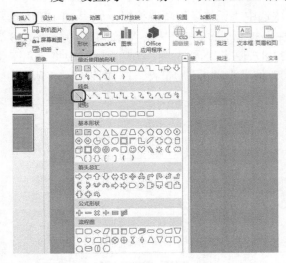

图 10-22　选择"直线"　　　　　　图 10-23　绘制直线并设置线条参数

> step 09　在该任务窗格中单击"大小属性"按钮，在"大小"选项组中将"高度""宽度"分别设置为"0 厘米""1.21 厘米"，在"位置"选项组中将"水平位置""垂直位置"分别设置为"0 厘米""4.13 厘米"，如图 10-24 所示。

> step 10　按 Ctrl+D 键对该直线进行复制，在"设置形状格式"任务窗格中单击"大小属性"按钮，在"大小"选项组中将"高度""宽度"分别设置为"0 厘米""27.4 厘米"，在"位置"选项组中将"水平位置""垂直位置"分别设置为"6.48 厘米""4.13 厘米"，如图 10-25 所示。

图 10-24　设置直线的大小和位置

图 10-25　复制直线并调整其参数

step 11　选中幻灯片中的两条直线，将其进行成组，选择"动画"选项卡，在"动画"组中单击"其他"按钮 ▾，在弹出的下拉列表中选择"擦除"选项，如图 10-26 所示。

step 12　继续选中该对象，在"动画"组中将"效果选项"设置为"自左侧"，将"计时"组中的"开始"设置为"上一动画之后"，如图 10-27 所示。

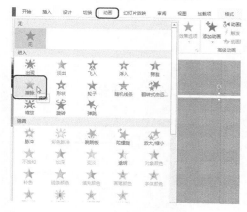

图 10-26　选择"擦除"选项

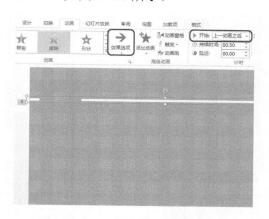

图 10-27　设置动画选项和开始选项

step 13　选择"插入"选项卡，在"插图"组中单击"形状"按钮，在弹出的下拉列表中选择"椭圆"选项，如图 10-28 所示。

step 14　在幻灯片中按住 Shift 键绘制一个正圆，选中绘制的图形，在"设置形状格式"任务窗格中单击"填充线条"按钮 ⬦，在"填充"选项组中选中"无填充"单选按钮，在"线条"选项组中将"颜色"设置为白色，将"宽度"设置为"1 磅"，如图 10-29 所示。

step 15　在该任务窗格中单击"大小属性"按钮 ▣，在"大小"选项组中将"高度""宽度"都设置为"5.27 厘米"，在"位置"选项组中将"水平位置""垂直位置"分别设置为"1.21 厘米""1.57 厘米"，如图 10-30 所示。

step 16　按 Ctrl+D 键对该圆形进行复制，在"设置形状格式"任务窗格中单击"填充线条"按钮 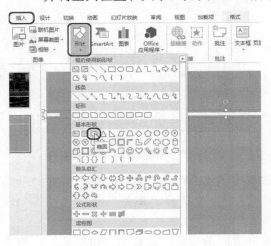，在"填充"选项组中选中"纯色填充"单选按钮，将"颜色"设置为白色，将"透明度"设置为 68%，在"线条"选项组中选中"无线条"单选按钮，并调整其位置和大小，如图 10-31 所示。

图 10-28　选择"椭圆"选项

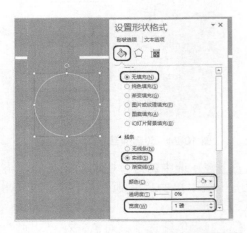

图 10-29　绘制圆形并设置其填充和线条

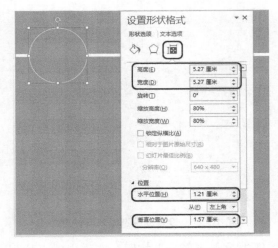

图 10-30　设置圆形的大小和位置

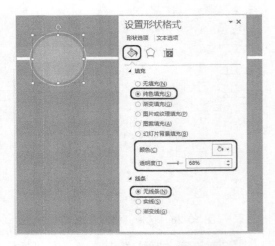

图 10-31　复制对象并调整其参数

step 17　选择"插入"选项卡，在"文本"组中单击"文本框"下三角按钮，在弹出的下拉列表中选择"横排文本框"选项，在幻灯片中绘制一个文本框，输入文字，选中该文字，选择"开始"选项卡，在"字体"组中将字体设置为"微软雅黑"，将字号设置为 24，单击"加粗"按钮，将字体颜色设置为白色，在"段落"组中单击"居中"按钮，如图 10-32 所示。

step 18　再在该文本框中输入文字，将新输入的文字的字体设置为"微软雅黑 Light"，将字号设置为 14，按 Ctrl+B 键取消加粗，如图 10-33 所示。

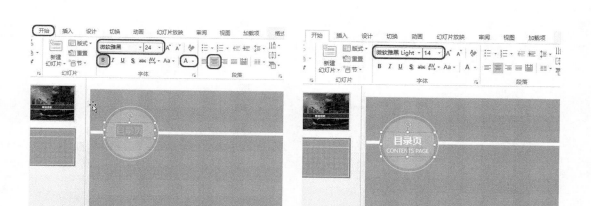

图 10-32　输入文字并设置其参数　　　图 10-33　输入其他文字并进行设置

step 19 按住 Ctrl 键选中文本框和其他两个圆形，对其进行成组，选中成组后的对象，选择"动画"选项卡，在"动画"组中选择"淡出"选项，在"计时"组中将"开始"设置为"与上一动画同时"，如图 10-34 所示。

step 20 继续选中该对象，在"高级动画"组中单击"添加动画"按钮，在弹出的下拉列表中选择"淡出"选项，如图 10-35 所示。

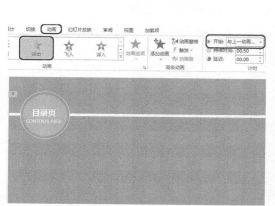

图 10-34　添加动画并设置开始选项　　　图 10-35　选择"淡出"选项

step 21 将其"开始"设置为"上一动画之后"，继续选中该对象，在"高级动画"组中单击"添加动画"按钮，在弹出的下拉列表中选择"淡出"选项，如图 10-36 所示。

step 22 在"计时"组中将"开始"设置为"上一动画之后"，选择"插入"选项卡，在"插图"组中单击"形状"按钮，在弹出的下拉列表中选择"矩形"选项，如图 10-37 所示。

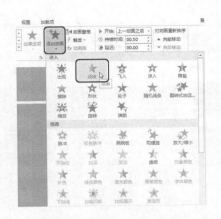

图 10-36　选择"淡出"选项

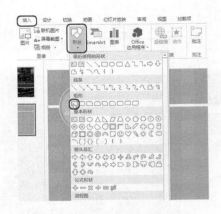

图 10-37　选择"矩形"选项

step 23　在幻灯片中绘制一个矩形，选中该矩形，在"设置形状格式"任务窗格中单击"填充线条"按钮 🖌️，在"填充"选项组中选中"图案填充"单选按钮，在"图案"选项中选择"浅色上对角线"图案，将"前景"的 RGB 值设置为 238、0、0，将"背景"的 RGB 值设置为 204、0、0，在"线条"选项组中选中"无线条"单选按钮，如图 10-38 所示。

step 24　在该任务窗格中单击"大小属性"按钮 🔲，在"大小"选项组中将"高度""宽度"分别设置为"1.39 厘米""8.85 厘米"，在"位置"选项组中将"水平位置""垂直位置"分别设置为"2.54 厘米""9.21 厘米"，如图 10-39 所示。

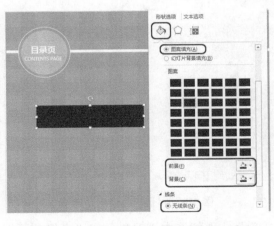

图 10-38　绘制矩形并设置其填充和线条

图 10-39　设置图形的大小和位置

step 25　继续选中该图形，输入文字，选中输入的文字，选择"开始"选项卡，在"字体"组中将字体设置为"微软雅黑"，将字号设置为 28，单击"加粗"按钮，将文字颜色设置为白色，在"段落"组中单击"居中"按钮，如图 10-40 所示。

step 26　选择"插入"选项卡，在"插图"组中单击"形状"按钮，在弹出的下拉列表中选择"直线"选项，在幻灯片中绘制一条直线，选中该直线，在"设置形状格式"任务窗格中单击"填充线条"按钮 🖌️，在"线条"选项组中将"颜色"的 RGB

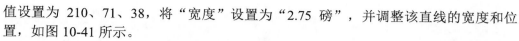

值设置为 210、71、38，将"宽度"设置为"2.75 磅"，并调整该直线的宽度和位置，如图 10-41 所示。

图 10-40　输入文字并进行设置

图 10-41　绘制直线并进行设置

step 27 　按住 Ctrl 键对矩形和直线进行复制，并调整其位置、修改其文字，效果如图 10-42 所示。

step 28 　选中所有的矩形和直线，选择"动画"选项卡，在"动画"组中选择"飞入"选项，在"计时"组中将"开始"设置为"与上一动画同时"，如图 10-43 所示。

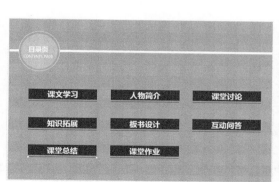

图 10-42　复制图形并调整后的效果

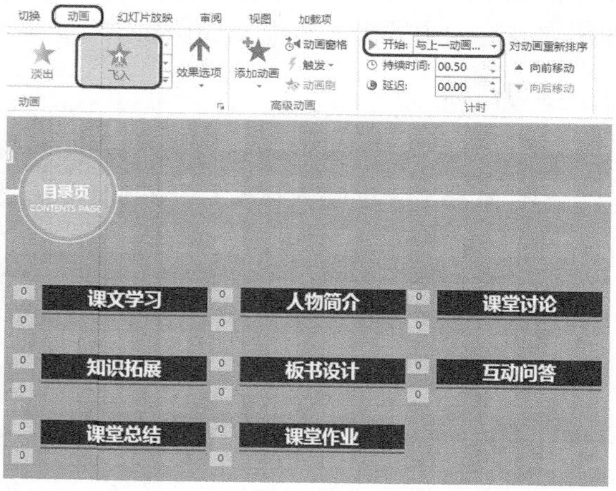

图 10-43　添加动画效果并进行设置

step 29 　选择"切换"选项卡，在"切换到此幻灯片"组中单击"其他"按钮，在弹出的下拉列表中选择"风"，如图 10-44 所示。

step 30 　在"计时"组中单击"声音"右侧的下三角按钮，在弹出的下拉列表中选择"风声"，如图 10-45 所示。

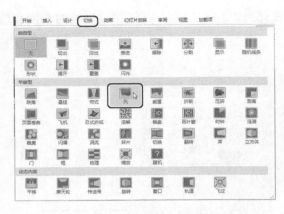

图 10-44　选择"风"切换效果　　　　　　图 10-45　选择切换声音

案例精讲 71　制作"课文学习"

> 📖 案例文件：CDROM\场景\Cha10\教学课件.pptx
>
> 💿 视频文件：视频教学\Cha10\制作"课文学习".avi

制作概述

下面将介绍如何为"课文学习"课件添加效果。该案例主要通过为目录页添加闪烁效果，然后新建幻灯片，为其添加背景颜色，并添加图形、文字以及图像，最后为添加的文字和图像添加动画效果，从而完成课文学习的制作。

学习目标

- 掌握目录页闪烁动画的制作方法。
- 掌握文字的输入以及行距和间距的设置。
- 掌握图像的添加以及调整。
- 掌握"课文学习"中动画的添加。

操作步骤

制作"课文学习"的具体操作步骤如下。

step 01 继续上面的操作，在幻灯片窗格中选中第 2 张幻灯片，右击，在弹出的快捷菜单中选择"复制幻灯片"命令，如图 10-46 所示。

step 02 在幻灯片中选中除背景外的其他对象，选择"动画"选项卡，在"动画"组中单击"无"按钮，如图 10-47 所示。

step 03 在幻灯片中选中"课文学习"目录标签和其下方的直线，选择"动画"选项卡，在"动画"组中单击"其他"按钮，在弹出的下拉列表中选择"脉冲"选项，如图 10-48 所示。

step 04 在幻灯片中选中"课文学习"目录标签，在"计时"组中将"开始"设置为"上一动画之后"，如图 10-49 所示。

图 10-46　选择"复制幻灯片"命令

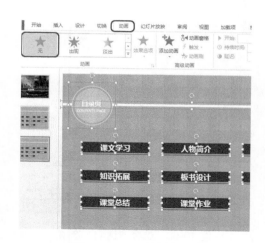

图 10-47　取消动画效果

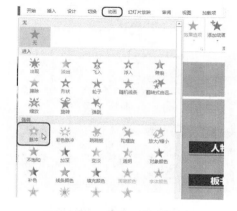

图 10-48　选择"脉冲"选项

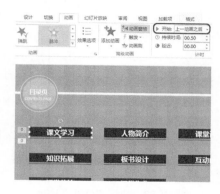

图 10-49　设置开始选项

step 05　在幻灯片中选中除"课文学习"标签和其下方直线外的其他对象，在"动画"组中单击"其他"按钮，在弹出的下拉列表中选择"透明"选项，如图 10-50 所示。

step 06　继续选中该对象，在"计时"组中将"开始"设置为"与上一动画同时"，在"动画"组中单击"效果选项"按钮，在弹出的下拉列表中选择 75%，如图 10-51 所示。

step 07　在幻灯片中选中"课文学习"和其下方的直线，在"高级动画"组中单击"添加动画"按钮，在弹出的下拉列表中选择"脉冲"选项，如图 10-52 所示。

step 08　在幻灯片中选中"课文学习"目录标签，在"计时"组中将"开始"设置为"上一动画之后"，如图 10-53 所示。

step 09　选择"切换"选项卡，在"切换到此幻灯片"组中单击"其他"按钮，在弹出的下拉列表中选择"无"选项，如图 10-54 所示。

step 10　在"计时"组中单击"声音"右侧的下三角按钮，在弹出的下拉列表中选择"[无声音]"选项，如图 10-55 所示。

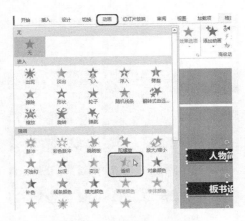

图 10-50　选择"透明"选项

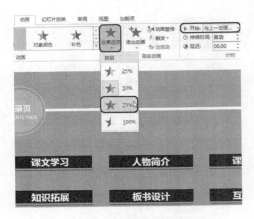

图 10-51　设置动画参数

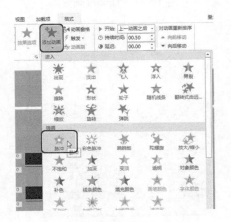

图 10-52　选择"脉冲"选项

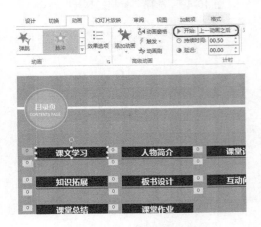

图 10-53　设置开始选项

图 10-54　选择"无"选项

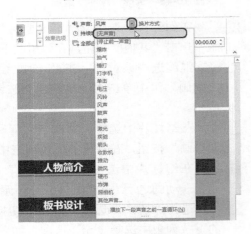

图 10-55　选择"[无声音]"选项

step 11　选择"开始"选项卡，在"幻灯片"组中单击"新建幻灯片"按钮，在弹出的
下拉列表中选择"空白"选项，如图 10-56 所示。

step 12 右击，在弹出的快捷菜单中选择"设置背景格式"命令，在弹出的"设置背景格式"任务窗格中将"颜色"的 RGB 值设置为 237、220、185，如图 10-57 所示。

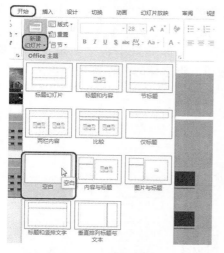

图 10-56　选择"空白"选项

图 10-57　设置背景颜色

step 13 选择"插入"选项卡，在"插图"组中单击"形状"按钮，在弹出的下拉列表中选择"椭圆"选项，在幻灯片中绘制按住 Shift 键绘制一个正圆，选中该圆形，在"设置形状格式"任务窗格中单击"填充样条"按钮，在"填充"选项组中将"颜色"设置为白色，在"线条"选项组中将"颜色"的 RGB 值设置为 140、178、8，将"宽度"设置为"1 磅"，如图 10-58 所示。

step 14 在该任务窗格中单击"大小属性"按钮，在"大小"选项组中将"高度""宽度"都设置为"5.27 厘米"，在"位置"选项组中将"水平位置""垂直位置"分别设置为"1.07 厘米""0.49 厘米"，如图 10-59 所示。

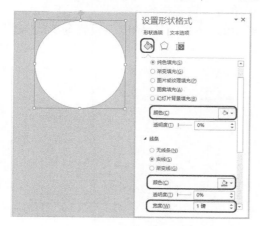

图 10-58　绘制圆形并设置其填充和线条

图 10-59　设置图形的大小和位置

step 15 选中该圆形，按 Ctrl+D 键，对其进行复制，选中复制后的对象，在"设置形状格式"任务窗格中单击"填充样条"按钮，在"填充"选项组中将"颜色"的

RGB 值设置为 177、203、87，在"线条"选项组中选中"无线条"单选按钮，并调整其位置和大小，如图 10-60 所示。

step 16 选择"插入"选项卡，在"文本"组中单击"文本框"下三角按钮，在弹出的下拉列表中选择"横排文本框"选项，在幻灯片中绘制一个文本框，输入文字，选中输入的文字，选择"开始"选项卡，在"字体"组中将字体设置为"微软雅黑"，将字号设置为 24，单击"加粗"按钮，将字体颜色设置为白色，在"段落"组中单击"居中"按钮，如图 10-61 所示。

图 10-60　设置形状填充和线条

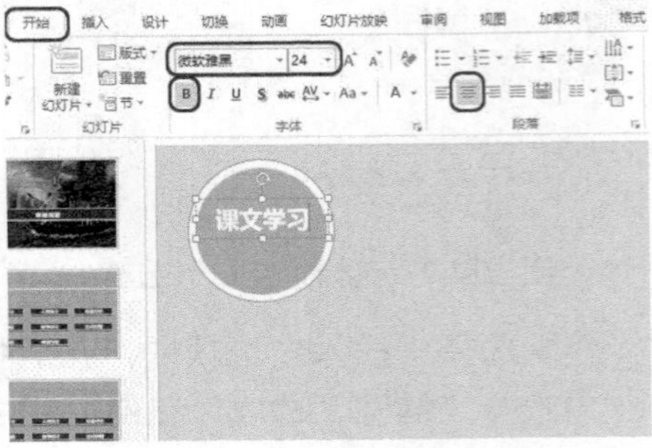

图 10-61　输入文字并进行设置

step 17 使用同样的方法再在该文字的下方输入文字，并对其进行相应的设置，效果如图 10-62 所示。

step 18 选择"插入"选项卡，在"插图"组中单击"形状"按钮，在弹出的下拉列表中选择"直线"选项，在幻灯片中绘制一个与幻灯片水平长度相同的直线，并调整其位置，在"设置形状格式"任务窗格中单击"填充样条"按钮◇，在"线条"选项组中将"颜色"的 RGB 值设置为 128、109、62，将"宽度"设置为"8.5 磅"，如图 10-63 所示。

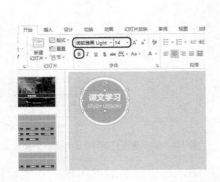

图 10-62　输入文字并进行设置后的效果

图 10-63　绘制直线并对其进行调整

step 19 继续选中该直线，右击，在弹出的快捷菜单中选择"置于底层"|"置于底层"命令，如图 10-64 所示。

step 20 选择"插入"选项卡，在"文本"组中单击"文本框"下三角按钮，在弹出的下拉列表中选择"横排文本框"选项。在幻灯片中绘制一个文本框，输入文字，选中输入的文字，选择"开始"选项卡，在"字体"组中将字体设置为"微软雅黑"，将字号设置为 28，单击"加粗"按钮，将字体颜色的 RGB 值设置为 95、94、92，在"段落"组中单击"左对齐"按钮，如图 10-65 所示。

图 10-64　选择"置于底层"命令

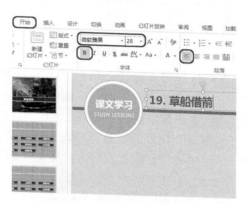

图 10-65　输入文字并进行设置

step 21 选中该文本框中的"19."，将其字号设置为 30，将字体颜色的 RGB 值设置为 140、178、8，效果如图 10-66 所示。

step 22 再次使用"横排文本框"工具在幻灯片中绘制一个文本框，输入文字，选中输入的文字，右击，在弹出的快捷菜单中选择"字体"命令，如图 10-67 所示。

图 10-66　修改文字参数

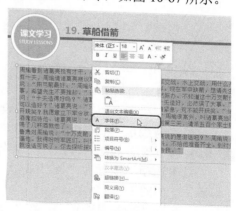

图 10-67　选择"字体"命令

step 23 在弹出的对话框中将"中文字体"设置为"微软雅黑"，将"大小"设置为 16，将"字体颜色"设置为 95、94、92，如图 10-68 所示。

step 24 设置完成后，再在该对话框中选择"字符间距"选项卡，在该选项卡中将"间距"设置为"加宽"，将"度量值"设置为"1 磅"，如图 10-69 所示。

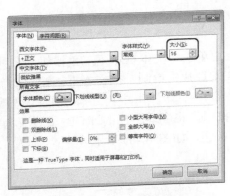
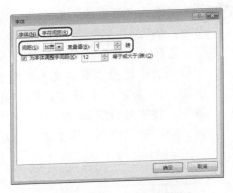

图 10-68　设置文字参数　　　　图 10-69　设置字符间距

step 25　设置完成后，单击"确定"按钮，继续选中该文字，右击，在弹出的快捷菜单中选择"段落"命令，如图 10-70 所示。

step 26　在弹出的对话框中选择"缩进和间距"选项卡，在"缩进"选项组中将"特殊格式"设置为"首行缩进"，将"度量值"设置为"1.27 厘米"；在"间距"选项组中将"行距"设置为"多倍行距"，将"设置值"设置为 1.3，如图 10-71 所示。

图 10-70　选择"段落"命令　　　　图 10-71　设置缩进和间距参数

step 27　设置完成后，单击"确定"按钮，选中第一段落中的"嫉妒"，选择"开始"选项卡，在"字体"组中将字号设置为 18，单击"加粗"按钮，将字体颜色的 RGB 值设置为 210、71、38，如图 10-72 所示。

step 28　选中该文本框，选择"动画"选项卡，在"动画"组中单击"飞入"选项，将"效果选项"设置为"自左侧"，在"计时"组中将"开始"设置为"上一动画之后"，如图 10-73 所示。

step 29　选择"插入"选项卡，在"插图"组中单击"形状"按钮，在弹出的下拉列表中选择"圆角矩形"选项，如图 10-74 所示。

step 30　在幻灯片中绘制一个圆角矩形，调整圆角的调节点，选中该圆角矩形，在"设置形状格式"任务窗格中单击"填充样条"按钮 ，在"填充"选项组中将"颜色"的 RGB 值设置为 128、109、62，在"线条"选项组中选中"无线条"单选按钮，如图 10-75 所示。

图 10-72　设置文字参数

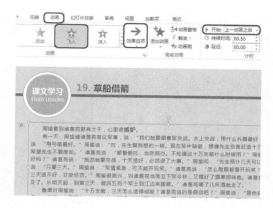

图 10-73　添加动画效果并进行设置

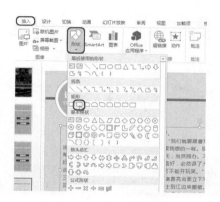

图 10-74　选择"圆角矩形"选项

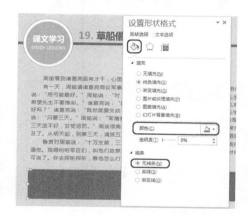

图 10-75　设置填充和线条

step 31 继续选中该图形，在该任务窗格中单击"大小属性"按钮 ▣，在"大小"选项组中将"高度""宽度"分别设置为"3.23 厘米""30.52 厘米"，在"位置"选项组中将"水平位置""垂直位置"分别设置为"2.04 厘米""16.86 厘米"，如图 10-76 所示。

step 32 使用"横排文本框"工具在幻灯片中绘制一个文本框，并调整其位置，输入文字，选中输入的文字，选择"开始"选项卡，在"字体"组中将字体设置为"微软雅黑"，将字号设置为 18，将字体颜色设置为白色，在"段落"组中单击"左对齐"按钮，如图 10-77 所示。

step 33 继续选中该文字，右击，在弹出的快捷菜单中选择"段落"命令，在弹出的对话框中选择"缩进和间距"选项卡，在"间距"选项组中将"段后"设置为"6 磅"，将"行距"设置为"多倍行距"，将"设置值"设置为1.3，如图 10-78 所示。

step 34 设置完成后，单击"确定"按钮，在幻灯片中选择如图 10-79 所示的文字，选择"开始"选项卡，在"字体"组中将字体设置为"宋体(正文)"，将字号设置为20，单击"加粗"按钮，如图 10-79 所示。

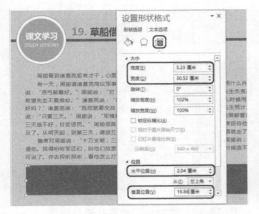

图 10-76　调整图形的大小和位置

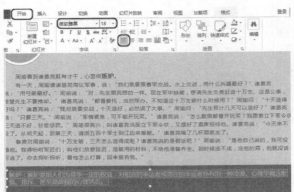

图 10-77　输入文字并进行设置

图 10-78　设置段后和行距参数

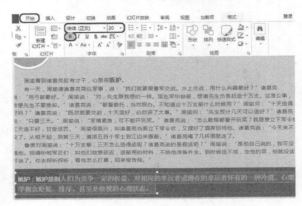

图 10-79　调整文字参数

step 35　选中该文本框，选择"动画"选项卡，在"动画"组中选择"飞入"选项，在"计时"组中将"开始"设置为"上一动画之后"，如图 10-80 所示。

step 36　在幻灯片窗格中选中第 4 张幻灯片，右击，在弹出的快捷菜单中选择"复制幻灯片"命令，如图 10-81 所示。

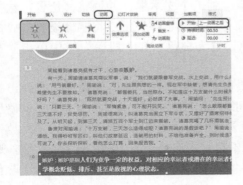

图 10-80　添加动画效果并进行设置

图 10-81　选择"复制幻灯片"命令

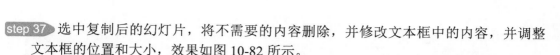

step 37 ▶ 选中复制后的幻灯片，将不需要的内容删除，并修改文本框中的内容，并调整文本框的位置和大小，效果如图 10-82 所示。

step 38 ▶ 选择"插入"选项卡，在"图像"组中单击"联机图片"按钮，在弹出的对话框中输入"船"，如图 10-83 所示。

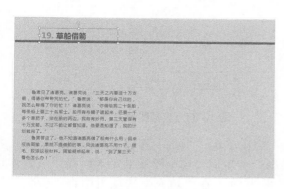

图 10-82　删除并修改内容

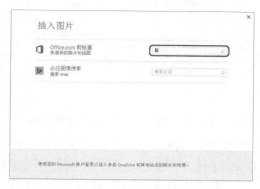

图 10-83　输入搜索文字

step 39 ▶ 单击"搜索"按钮，在搜索结果中选择如图 10-84 所示的图片。

step 40 ▶ 单击"插入"按钮，选中插入的图像，选择"图片工具"下的"格式"选项卡，在"调整"组中单击"颜色"按钮，在弹出的下拉列表中选择"灰色-50% 着色 3 浅色"选项，如图 10-85 所示。

图 10-84　选择素材图片

图 10-85　更改图片的颜色

step 41 ▶ 更改完成后，调整其位置和大小，选择"插入"选项卡，在"插图"组中单击"形状"按钮，在弹出的下拉列表中选择"矩形"选项，在幻灯片中绘制一个矩形，在"设置形状格式"任务窗格中单击"填充样条"按钮，在"填充"选项组中将"颜色"的 RGB 值设置为 128、109、62，在"线条"选项组中选中"无线条"单选按钮，如图 10-86 所示。

step 42 ▶ 在该任务窗格中单击"大小属性"按钮，在"大小"选项组中将"高度""宽度"分别设置为"4.61 厘米""16.94 厘米"，在"位置"选项组中将"水平位置""垂直位置"分别设置为"16.93 厘米""0 厘米"，如图 10-87 所示。

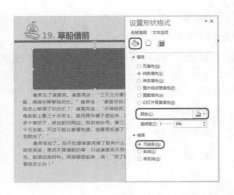

图 10-86 绘制矩形并设置填充和线条　　　　图 10-87 设置图形的大小和位置

step 43 选择"插入"选项卡，在"插图"组中单击"形状"按钮，在弹出的下拉列表中选择"矩形"选项，在幻灯片中绘制一个矩形，选中绘制的矩形，在"设置形状格式"任务窗格中单击"填充样条"按钮 ⬙，在"填充"选项组中将"颜色"的 RGB 值设置为 140、178、8，在"线条"选项组中选中"无线条"单选按钮，调整其大小和位置，如图 10-88 所示。

step 44 选择"插入"选项卡，在"文本"组中单击"文本框"下三角按钮，在弹出的下拉列表中选择"横排文本框"选项，在幻灯片中绘制一个文本框，输入文字，选中输入的文字，选中"开始"选项卡，在"字体"组中将字体设置为"微软雅黑"，将字号设置为 36，单击"加粗"按钮，将字体颜色设置为白色，在"段落"组中单击"居中"按钮，效果如图 10-89 所示。

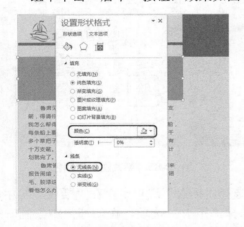

图 10-88 绘制矩形并调整其大小和位置　　　　图 10-89 绘制文本框并输入文字

step 45 选中该文本框，选择"动画"选项卡，在"动画"组中选择"淡出"选项，在"计时"组中将"开始"设置为"上一动画之后"，在"动画窗格"任务窗格中将其调整至最上方，效果如图 10-90 所示。

step 46 选择"插入"选项卡，在"图像"组中单击"图片"按钮，在弹出的对话框中选中"002.jpg"素材文件，如图 10-91 所示。

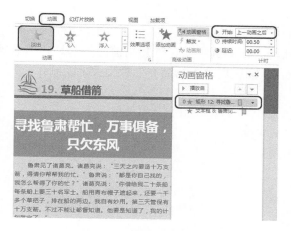

图 10-90　添加动画并进行设置

图 10-91　选择素材文件

step 47 单击"插入"按钮，调整该图像的位置和大小，选择"图片工具"下的"格式"选项卡，在"大小"组中单击"裁剪"按钮，在幻灯片中对图片进行裁剪，效果如图 10-92 所示。

step 48 再次单击"裁剪"按钮进行裁剪，使用同样的方法制作另外两张幻灯片，效果如图 10-93 所示。

图 10-92　裁剪图片

图 10-93　制作其他幻灯片后的效果

案例精讲 72　制作"人物简介"

> ✎ 案例文件：CDROM\场景\Cha10\教学课件.pptx
>
> 🎬 视频文件：视频教学\Cha10\制作"人物简介".avi

制作概述

本例将介绍如何制作"人物简介"教学课件。该案例主要通过复制前面的幻灯片然后对其进行修改，并添加文字、图形、图像的对象，从而完成"人物简介"教学课件的制作。

学习目标

● 掌握幻灯片的复制与修改。
● 掌握多个动画效果的添加。
● 掌握如何为图像删除背景。
● 掌握映像效果的添加。
● 掌握如何为图像添加边框和阴影。

操作步骤

制作"人物简介"的具体操作步骤如下。

step 01 继续上面的操作，在幻灯片窗格中选中第 3 张幻灯片，右击，在弹出的快捷菜单中选择"复制幻灯片"命令，如图 10-94 所示。

step 02 按住鼠标将复制后的幻灯片拖曳至最下方，调整后的效果如图 10-95 所示。

图 10-94　选择"复制幻灯片"命令

图 10-95　调整幻灯片的位置

step 03 选中该幻灯片"课文学习"目录标签和其下方的直线，选择"动画"选项卡，在"动画"组中单击"其他"按钮，在弹出的下拉列表中选择"透明"选项，如图 10-96 所示。

step 04 继续选中该对象，在"动画"组中单击"效果选项"按钮，在弹出的下拉列表中选择"75%"选项，在"计时"组中将"开始"设置为"与上一动画同时"，如图 10-97 所示。

step 05 在幻灯片中选中"人物简介"目录标签和其下方的直线，在"动画"组中单击"其他"按钮，在弹出的下拉列表中选择"脉冲"选项，如图 10-98 所示。

step 06 在动画窗格中将"人物简介"目录标签和其下方直线的动画效果调整至最上方，选中"人物简介"对象，在"计时"组中将"开始"设置为"上一动画之后"，如图 10-99 所示。

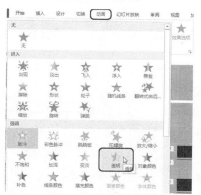

图 10-96 选择"透明"选项

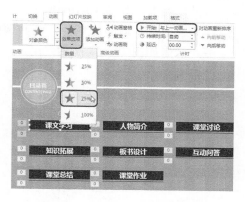

图 10-97 设置动画选项和开始

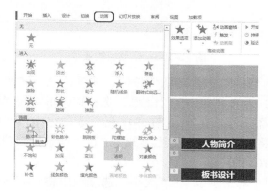

图 10-98 选择"脉冲"选项

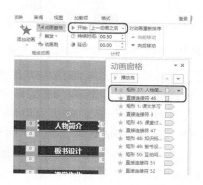

图 10-99 调整动画效果的位置

step 07 在幻灯片中选中"人物简介"和其下方的直线，在"高级动画"组中单击"添加动画"按钮，在弹出的下拉列表中选择"脉冲"选项，如图 10-100 所示。

step 08 在"动画窗格"中选择"人物简介"最后一个动画效果，单击其右侧的下三角按钮，在弹出的下拉列表中选择"从上一项之后开始"选项，如图 10-101 所示。

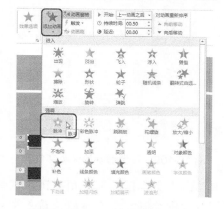

图 10-100 选择"脉冲"选项

图 10-101 选择"从上一项之后开始"选项

step 09　在幻灯片窗格中选中第 4 张幻灯片，右击，在弹出的快捷菜单中选择"复制幻灯片"命令，如图 10-102 所示。

step 10　选中复制后的幻灯片，将其调整至幻灯片窗格的最下方，并修改该幻灯片的内容，效果如图 10-103 所示。

图 10-102　选择"复制幻灯片"命令

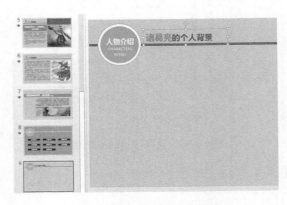

图 10-103　修改后的效果

step 11　选择"插入"选项卡，在"插图"组中单击"形状"按钮，在弹出的下拉列表中选择"椭圆"选项，在幻灯片中按住 Shift 键绘制一个正圆，选中该圆形，在"设置形状格式"任务窗格中单击"填充样条"按钮，在"填充"选项组中将"颜色"的 RGB 值设置为 139、171、0，将"透明度"设置为 30%，在"线条"选项组中选中"无线条"单选按钮，如图 10-104 所示。

step 12　再在该任务窗格中单击"大小属性"按钮，在"大小"选项组中将"高度""宽度"都设置为"6 厘米"，在"位置"选项组中将"水平位置""垂直位置"分别设置为"7.26 厘米""6.05 厘米"，如图 10-105 所示。

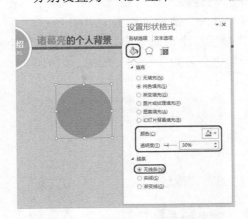

图 10-104　绘制圆形并设置其填充和线条

图 10-105　设置形状的大小和位置

step 13　选择"插入"选项卡，在"文本"组中单击"文本框"下三角按钮，在弹出的下拉列表中选择"横排文本框"选项，在幻灯片中绘制一个文本框，输入文字。选中输入的文字，选择"开始"选项卡，在"字体"组中将字体设置为"微软雅黑"，将字号设置为 18，单击"加粗"按钮，将字体颜色设置为白色，在"段落"组中单击"居中"按钮，如图 10-106 所示。

step 14 继续选中该文字，右击，在弹出的快捷菜单中选择"段落"命令，在弹出的对话框中选择"缩进和间距"选项卡，在"间距"选项组中将"行距"设置为"多倍行距"，将"设置值"设置为 1.3，如图 10-107 所示。

图 10-106　绘制文本框并输入文字

图 10-107　设置行距

step 15 设置完成后，单击"确定"按钮，选择绘制的圆形和文本框，将其进行成组，选择"动画"选项卡，在"动画"组中单击"飞入"，将"效果选项"设置为"自左侧"，在"计时"组中将"开始"设置为"上一动画之后"，如图 10-108 所示。

step 16 选中该对象，按 Ctrl+D 键进行复制，并修改复制后的对象的内容、颜色、动画以及位置，效果如图 10-109 所示。

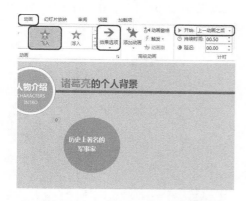

图 10-108　添加动画效果并进行设置

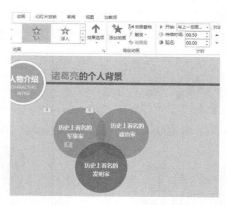

图 10-109　复制对象后的效果

step 17 选择"插入"选项卡，在"图像"组中单击"图片"按钮，在弹出的对话框中选中"004.png"素材文件，单击"插入"按钮，选择插入的图像，选择"图片工具"下的"格式"选项卡，在"大小"组中将高宽分别设置为"14.2 厘米""10.03 厘米"，在"排列"组中单击"旋转对象"按钮，在弹出的下拉列表中选择"水平翻转"选项，如图 10-110 所示。

step 18 在"调整"中选择"背景消除"选项卡，在幻灯片中调整边界框的大小，如图 10-111 所示。

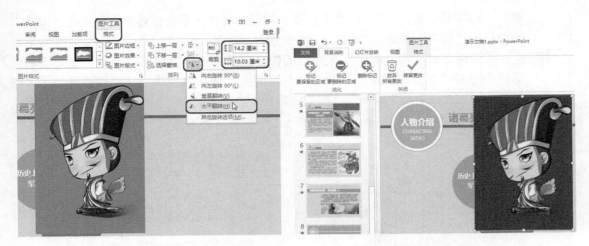

图 10-110　设置图像大小和角度　　　　　图 10-111　调整边界框的大小

 step 19 调整完成后，在"关闭"组中单击"保留更改"按钮，删除背景后，在幻灯片中调整该对象的位置，选择"动画"选项卡，在"动画"组中选择"淡出"选项，在"计时"组中将"开始"设置为"上一动画之后"，如图 10-112 所示。

step 20 选择"插入"选项卡，在"文本"组中单击"文本框"下三角按钮，在弹出的下拉列表中选择"横排文本框"选项，在幻灯片中绘制一个文本框，输入文字，选中输入的文字选择"开始"选项卡，在"字体"组中将字体设置为"微软雅黑"，将字号设置为 18，单击"加粗"按钮，设置字体颜色，效果如图 10-113 所示。

> 提示
> 将文字"诸葛孔明"的颜色的 RGB 值设置为 139、171、0，将文字"Q 版人物画像"的颜色的 RGB 值设置为 95、94、92。

图 10-112　调整对象的位置并为其添加动画　　　图 10-113　绘制文本框并输入文字

step 21 选中该文本框，选择"动画"选项卡，在"动画"组中选择"飞入"选项，在"计时"组中将"开始"设置为"上一动画之后"，如图 10-114 所示。

step 22 在幻灯片窗格中选中第 9 张幻灯片，右击，在弹出的快捷菜单中选择"复制幻灯片"命令，如图 10-115 所示。

图 10-114 添加动画效果

图 10-115 选择"复制幻灯片"命令

step 23 选中复制后的幻灯片，删除该幻灯片中不需要的内容，效果如图 10-116 所示。

step 24 选择"插入"选项卡，在"文本"组中单击"文本框"下三角按钮，在弹出的下拉列表中选择"横排文本框"选项，在幻灯片中绘制一个文本框，输入文字，选中输入的文字，在"开始"选项卡的"字体"组中将字体设置为"微软雅黑"，将字号设置为 16，如图 10-117 所示。

 提示　　将前一句文字的字体颜色的 RGB 设置为 95、94、92，将后一句文字的字体颜色的 RGB 设置为 139、171、0，并为后一句文字添加加粗效果。

图 10-116 删除内容

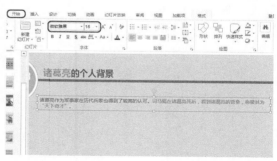

图 10-117 绘制文本框并输入文字

step 25 继续选中该文字，右击，在弹出的快捷菜单中选择"段落"命令，在弹出的对话框中选择"缩进和间距"选项卡，在"缩进"选项组中将"特殊格式"设置为"首行缩进"，将"度量值"设置为"1.27 厘米"，在"间距"选项组中将"段后"设置为"6 磅"，将"行距"设置为"多倍行距"，将"设置值"设置为 1.3，如图 10-118 所示。

注意 在此处需要选中文字，而不是选中文本框，因为只有在选中文字时才会有"段落"选项。

step 26 设置完成后，单击"确定"按钮，选中该文本框，选择"动画"选项卡，在"动画"组中单击"其他"按钮，在弹出的下拉列表中选择"更多进入效果"选项，如图 10-119 所示。

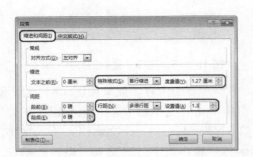

图 10-118 设置缩进和间距

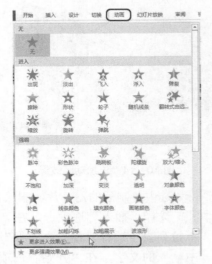

图 10-119 选择"更多进入效果"选项

step 27 在弹出的对话框中选择"华丽型"组中的"挥鞭式"动画效果，如图 10-120 所示。

step 28 单击"确定"按钮，在"计时"组中将"开始"设置为"上一动画之后"，如图 10-121 所示。

图 10-120 选择动画效果

图 10-121 设置开始选项

step 29 选择"插入"选项卡，在"插图"组中单击"形状"按钮，在弹出的下拉列表中选择"矩形"选项，在幻灯片中绘制一个矩形，选中该矩形，在"设置形状格

式"任务窗格中单击"填充样条"按钮 ，在"填充"选项组中将"颜色"设置为
白色，在"线条"选项组中将"颜色"的 RGB 值设置为 191、191、191，将"宽
度"设置为"0.75 磅"，如图 10-122 所示。

step 30 再在该任务窗格中单击"大小属性"按钮 ，在"大小"选项组中将"高度"
"宽度"分别设置为"11.2 厘米""15 厘米"，在"位置"选项组中将"水平位置"
"垂直位置"分别设置为"1.74 厘米""8.68 厘米"，如图 10-123 所示。

图 10-122 绘制矩形并设置其填充和线条

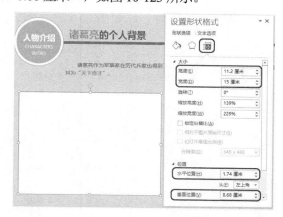

图 10-123 设置矩形的大小和位置

step 31 选择"插入"选项卡，在"图像"组中单击"图片"按钮，在弹出的对话框中
选中"005.png"素材图片，单击"插入"按钮，选择"图片工具"下的"格式"选
项卡，在"调整"组中单击"颜色"按钮，在弹出的下拉列表中选择"绿色，着色
6 浅色"选项，如图 10-124 所示。

step 32 在幻灯片中调整其位置，选择"插入"选项卡，在"文本"组中单击"文本
框"下三角按钮，在弹出的下拉列表中选择"横排文本框"选项，在幻灯片中绘制
一个文本框，输入文字，设置字体和大小及颜色，并调整其位置和角度，效果如
图 10-125 所示。

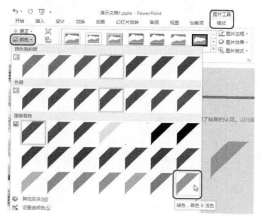

图 10-124 选择颜色选项

图 10-125 绘制文本框并输入文字

step 33　再次使用"横排文本框"工具在幻灯片中绘制一个文本框，输入文字，选中输入的文字，选择"开始"选项卡，在"字体"组中将字体设置为 Arial Black，将字号设置为 60，如图 10-126 所示。

step 34　在"设置形状格式"任务窗格中选择"文本选项"，单击"文本填充轮廓"按钮，在"文本填充"选项组中将"颜色"设置为白色，在"文本边框"选项组中选中"实线"单选按钮，将"颜色"的 RGB 值设置为 140、178、8，将"宽度"设置为"0.75 磅"，如图 10-127 所示。

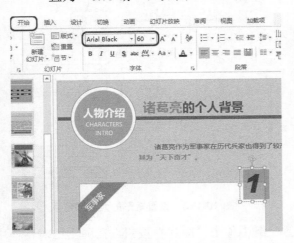

图 10-126　输入文字并进行设置

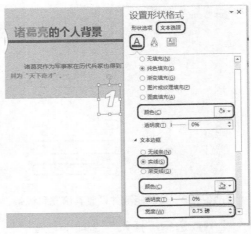

图 10-127　设置填充和边框

step 35　再在该任务窗格中单击"文本效果"按钮，在"映像"选项组中将"透明度""大小""模糊""距离"分别设置为 45%、46%、0.5 磅、0 磅，如图 10-128 所示。

step 36　使用同样的方法输入其他文字，对输入的文字进行设置，并为其添加"曲线向上"进入动画效果，将"开始"设置为"上一动画之后"，效果如图 10-129 所示。

图 10-128　设置映像参数

图 10-129　输入其他文字并添加动画效果

step 37 选择"插入"选项卡，在"图像"组中单击"图片"按钮，在弹出的对话框中选中"006.jpg"素材文件，单击"插入"按钮，在"设置图片格式"任务窗格中单击"填充线条"按钮，在"线条"组中选中"实线"单选按钮，将"颜色"设置为白色，将"宽度"设置为"3 磅"，并调整该图像的位置，效果如图 10-130 所示。

step 38 在该任务窗格中单击"效果"按钮，在"阴影"选项组中将"颜色"设置为黑色，将"透明度""大小""模糊""角度""距离"分别设置为 75%、100%、7 磅、141°、1 磅，如图 10-131 所示。

图 10-130　添加描边

图 10-131　设置阴影参数

step 39 继续选中该图片，为其添加"翻转式由远及近"动画效果，在"计时"组中将"开始"设置为"上一动画之后"，如图 10-132 所示。

step 40 使用同样的方法制作其他个人背景幻灯片，效果如图 10-133 所示。

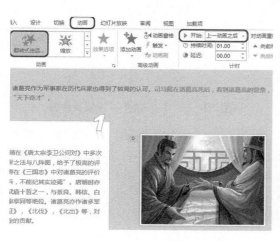

图 10-132　添加动画效果并设置开始选项

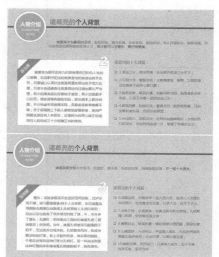

图 10-133　其他个人背景幻灯片

案例精讲 73 制作"课堂讨论"

案例文件：CDROM\场景\Cha10\教学课件.pptx

视频文件：视频教学\Cha10\制作"课堂讨论".avi

制作概述

下面将介绍如何制作"课堂讨论"教学课件。该案例主要通过绘制图形，为图形添加动画效果，然后再输入文字并为其添加动画效果，从而完成制作。

学习目标

● 掌握形状的绘制。

● 掌握为"课堂讨论"添加动画。

操作步骤

制作"课堂讨论"的具体操作步骤如下。

step 01 复制一个目录页，并调整动画效果，效果如图 10-134 所示。

step 02 新建一个空白幻灯片，将其背景颜色的 RGB 值设置为 237、220、185。选择"插入"选项卡，在"插图"组中单击"形状"按钮，在弹出的下拉列表中选择"直线"选项。在幻灯片中绘制一个与幻灯片垂直长度相同的直线，选中绘制的直线，在"设置形状格式"任务窗格中单击"填充线条"按钮 ◇，在"线条"选项组中将"颜色"的 RGB 值设置为 188、167、114，将"宽度"设置为"4.5 磅"，并调整其位置，如图 10-135 所示。

图 10-134 复制目录页并进行调整

图 10-135 绘制线条并设置其参数

step 03 选择"插入"选项卡，在"插图"组中单击"形状"按钮，在弹出的下拉列表中选择"椭圆"选项，绘制一个正圆，并调整其位置和大小。选中该图形，在"设置形状格式"任务窗格中单击"填充线条"按钮 ◇，在"填充"选项组中将"颜色"的 RGB 值设置为 237、220、185，在"线条"选项组中将"颜色"的 RGB 值设置为 188、167、114，将"宽度"设置为"4.5 磅"，并调整其位置，如图 10-136 所示。

step 04 使用同样的方法再绘制一个圆形，设置其颜色和描边，在该圆形中输入文字，并进行设置，效果如图 10-137 所示。

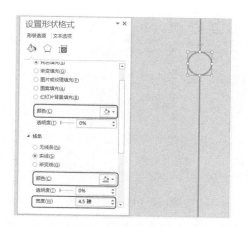

图 10-136　绘制圆形并设置其参数

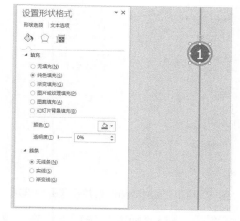

图 10-137　绘制圆形并输入文字

step 05　选择"插入"选项卡，在"插图"组中单击"形状"按钮，在弹出的下拉列表中选择"椭圆形标注"选项，在幻灯片中绘制一个圆形标注，调整该图形的控制节点，选中该图形，在"设置形状格式"任务窗格中单击"填充线条"按钮，在"填充"选项组中将"颜色"的 RGB 值设置为 159、204、62，将"透明度"设置为 90%，在"线条"选项组中将"颜色"设置为白色，将"宽度"设置为"1磅"，如图 10-138 所示。

step 06　使用同样的方法绘制其他图形，并对新绘制的图形进行成组，效果如图 10-139所示。

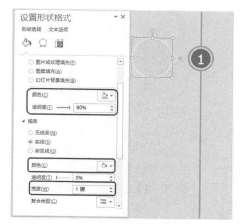

图 10-138　绘制图形并设置填充和线条

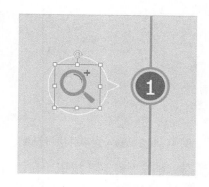

图 10-139　绘制其他图形后的效果

step 07　选中前面所绘制的椭圆形标注，选择"动画"选项卡，在"动画"组中单击"擦除"选项，将"效果选项"设置为"自右侧"，在"计时"组中将"开始"设置为"上一动画之后"，如图 10-140 所示。

step 08　选中前面成组后的对象，在"动画"组中选择"淡出"选项，在"计时"组中将"开始"设置为"上一动画之后"，如图 10-141 所示。

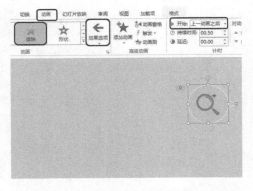

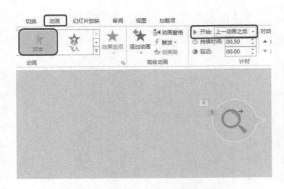

图 10-140 添加动画效果并设置开始选项　　　　　图 10-141 添加动画

step 09 选择"插入"选项卡，在"文本"组中单击"文本框"下三角按钮，在弹出的下拉列表中选择"横排文本框"选项，绘制一个文本框，输入文字，选中输入的文字，选择"开始"选项卡，在"字体"组中将字体设置为"微软雅黑"，将字号设置为 44，单击"加粗"按钮，将字体颜色的 RGB 值设置为 128、109、62，在"段落"组中单击"右对齐"按钮，效果如图 10-142 所示。

step 10 选中该文本框，选择"动画"选项卡，在"动画"组中单击"其他"按钮。在弹出的下拉列表中选择"更多进入效果"选项，在弹出的对话框中选择"下拉"动画效果，如图 10-143 所示。

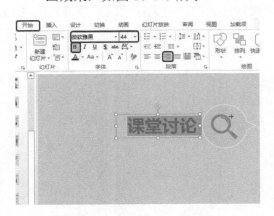

图 10-142 输入文字并进行设置　　　　　图 10-143 选择动画效果

step 11 单击"确定"按钮，在"计时"组中将"开始"设置为"上一动画之后"，如图 10-144 所示。

step 12 使用同样的方法在该幻灯片中添加其他图形和文字，并为其添加动画效果，效果如图 10-145 所示。

step 13 在幻灯片窗格中选中第 14 张幻灯片，右击，在弹出的快捷菜单中选择"复制幻灯片"命令，如图 10-146 所示。

step 14 对复制后的幻灯片进行修改，并使用同样的方法再复制一个幻灯片，然后对该幻灯片进行修改，效果如图 10-147 所示。

图 10-144　设置开始选项

图 10-145　添加其他图形和文字后的效果

图 10-146　选择"复制幻灯片"命令

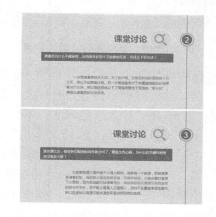

图 10-147　复制并修改幻灯片后的效果

案例精讲 74　添加"知识拓展"

> 案例文件：CDROM\场景\Cha10\教学课件.pptx
> 视频文件：视频教学\Cha10\添加"知识拓展".avi

制作概述

下面将介绍"知识拓展"教学课件的制作方法。该案例主要通过复制前面的幻灯片，然后对其进行修改，并添加其他文字和图形来制作完成的。

学习目标

● 掌握本案例中图形的绘制与设置。
● 掌握为"知识拓展"添加动画的方法。

操作步骤

制作添加"知识拓展"的具体操作步骤如下。

step 01　继续上面的操作，复制一张目录页，并进行相应的设置，效果如图 10-148 所示。

step 02 在幻灯片窗格中选中第 4 张幻灯片，右击，在弹出的快捷菜单中选择"复制幻灯片"命令，如图 10-149 所示。

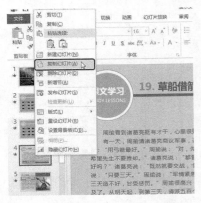

图 10-148 复制并调整后的效果

图 10-149 选择"复制幻灯片"命令

step 03 将复制后的幻灯片调整至幻灯片窗格的最下方，并删除该幻灯片中不需要的内容，然后对剩余内容进行修改，效果如图 10-150 所示。

step 04 选择"插入"选项卡，在"文本"组中单击"文本框"下三角按钮，在弹出的下拉列表中选择"横排文本框"选项，在幻灯片中绘制一个文本框，输入文字，选中输入的文字，选择"开始"选项卡，在"字体"组中将字体设置为"微软雅黑"，将字号设置为 16，将字体颜色的 RGB 值设置为 95、94、92，在"段落"组中单击"左对齐"按钮，如图 10-151 所示。

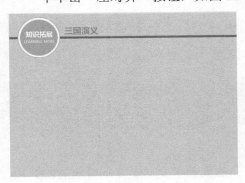

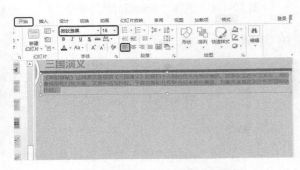

图 10-150 修改并删除幻灯片内容

图 10-151 输入文字并进行设置

step 05 继续选中该文字，右击，在弹出的快捷菜单中选择"段落"命令。在弹出的对话框中选择"缩进和间距"选项卡，在"间距"选项组中将"段后"设置为"6 磅"，将"行距"设置为"多倍行距"，将"设置值"设置为 1.3，如图 10-152 所示。

step 06 设置完成后，单击"确定"按钮，选中该文本框，选择"动画"选项卡。在"动画"组中单击"飞入"选项，将"效果选项"设置为"自顶部"，在"计时"组中将"开始"设置为"上一动画之后"，将"持续时间"设置为 01.00，如图 10-153 所示。

图 10-152　设置间距参数

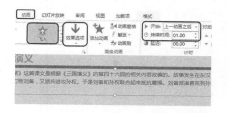

图 10-153　添加动画并进行设置

step 07 选择"插入"选项卡，在"插图"组中单击"形状"按钮，在弹出的下拉列表中选择"圆角矩形"选项，在幻灯片中绘制一个圆角矩形，调整圆角的大小。选中该圆角矩形，在"设置形状格式"任务窗格中单击"填充样条"按钮 ，在"填充"选项组中将"颜色"的 RGB 值设置为 140、178、8，在"线条"选项组中选中"无线条"单选按钮，如图 10-154 所示。

step 08 再在该任务窗格中单击"大小属性"按钮 ，在"大小"选项组中将"高度""宽度"分别设置为"10.06 厘米""30.52 厘米"，在"位置"选项组中将"水平位置""垂直位置"分别设置为"2.68 厘米""6.73 厘米"，如图 10-155 所示。

图 10-154　绘制圆角矩形并设置填充和线条

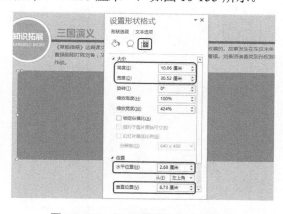

图 10-155　设置图形的大小和位置

step 09 选择"插入"选项卡，在"插图"组中单击"形状"按钮，在弹出的下拉列表中选择"矩形"选项，在幻灯片中绘制一个矩形。选中该矩形，在"设置形状格式"任务窗格中单击"填充样条"按钮 ，在"填充"选项组中将"颜色"的 RGB 值设置为 140、178、8，在"线条"选项组中选中"无线条"单选按钮，如图 10-156 所示。

step 10 再在该任务窗格中单击"大小属性"按钮 ，在"大小"选项组中将"高度""宽度"分别设置为"0.28 厘米""30.52 厘米"，在"位置"选项组中将"水平位置""垂直位置"分别设置为"2.68 厘米""18.34 厘米"，如图 10-157 所示。

图 10-156　绘制矩形并进行设置　　　　　图 10-157　设置矩形的大小和位置

step 11 选中绘制的圆角矩形和矩形，选择"动画"选项卡，在"动画"组中单击"擦除"选项，将"效果选项"设置为"自左侧"，在"计时"组中将"持续时间"设置为 01.00，如图 10-158 所示。

step 12 选中圆角矩形，在"计时"组中将"开始"设置为"上一动画之后"，根据前面所介绍的方法输入其他文字，并为其添加动画效果，效果如图 10-159 所示。

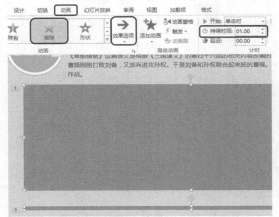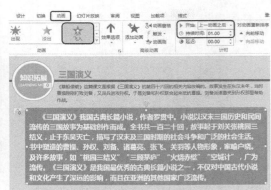

图 10-158　添加动画效果并进行设置　　　　图 10-159　输入其他文字并为其添加动画

案例精讲 75　制作"板书设计"

案例文件：CDROM\场景\Cha10\教学课件.pptx

视频文件：视频教学\Cha10\制作"板书设计".avi

制作概述

本例将介绍板书设计的制作。主要将不同类型之间的图形进行结合，配合文字及动画完成。

学习目标

- 学习如何制作"板书设计"。
- 掌握图形、文字、动画的应用。

操作步骤

制作"板书设计"的具体操作步骤如下。

step 01 复制一个目录页并对其进行调整，在幻灯片窗格中选中第 18 张幻灯片，右击，在弹出的快捷菜单中选择"复制幻灯片"命令，如图 10-160 所示。

step 02 将复制的幻灯片调整至幻灯片窗格的最下方，并修改和删除该幻灯片中的内容，效果如图 10-161 所示。

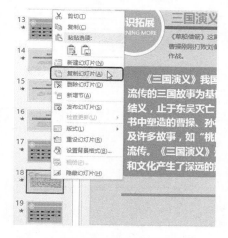

图 10-160　选择"复制幻灯片"命令

图 10-161　修改并删除幻灯片中的内容

step 03 选择"插入"选项卡，在"插图"组中单击"形状"按钮，在弹出的下拉列表中选择"矩形"选项，在幻灯片中绘制一个矩形。选中该矩形，在"设置形状格式"任务窗格中单击"填充样条"按钮，在"填充"选项组中选中"渐变填充"单选按钮，将"角度"设置为 270°，将位置 0 处的渐变光圈的 RGB 值设置为140、178、8，删除位置 74 处的渐变光圈，将位置 83 处的渐变光圈调整至位置 50处，并将其 RGB 值设置为 159、204、62，将位置 100 处的渐变光圈的 RGB 值设置为 140、178、8，如图 10-162 所示。

step 04 在"线条"选项组中选中"无线条"单选按钮，再在该任务窗格中单击"大小属性"按钮，在"大小"选项组中将"高度""宽度"分别设置为"2.6 厘米""5.4 厘米"，在"位置"选项组中将"水平位置""垂直位置"分别设置为"3.34厘米""10.13 厘米"，如图 10-163 所示。

step 05 继续选中该图形，输入文字。选中输入的文字，选择"开始"选项卡，在"字体"组中将字体设置为"微软雅黑"，将字号设置为 24，单击"加粗"按钮，在"段落"组中单击"居中"按钮，如图 10-164 所示。

step 06 选中该图形，选择"动画"选项卡，在"动画"组中选择"淡出"选项，在

"计时"组中将"开始"设置为"上一动画之后"，将"持续时间"设置为 01.00，如图 10-165 所示。

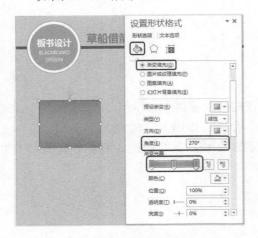

图 10-162　设置填充颜色

图 10-163　设置图形的大小和位置

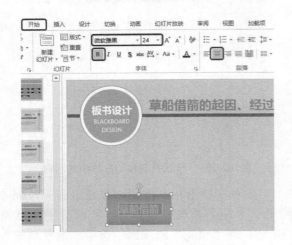

图 10-164　输入文字并进行设置

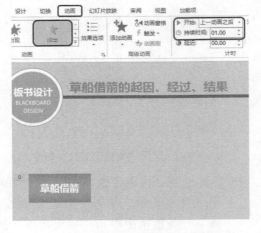

图 10-165　添加动画效果并进行设置

step 07　选择"插入"选项卡，在"插图"组中单击"形状"按钮，在弹出的下拉列表中选择"直线"选项，在幻灯片中绘制一条直线，选中该直线，在"设置形状格式"任务窗格中单击"填充样条"按钮 ，在"线条"选项组中将"颜色"的 RGB 值设置为 255、0、0，将"宽度"设置为"1.5 磅"，在幻灯片中调整其位置，效果如图 10-166 所示。

step 08　选中该直线，选择"动画"选项卡，在"动画"组中单击"其他"按钮，在弹出的下拉列表中选择"擦除"选项，将"效果选项"设置为"自左侧"，在"计时"组中将"开始"设置为"上一动画之后"，如图 10-167 所示。

step 09　将选中的直线复制两次，并对其进行调整，选中垂直的直线，在"动画"组中将"效果选项"设置为"自底部"，如图 10-168 所示。

step 10 选择前面所绘制的矩形，按 Ctrl+D 键对其进行复制。在幻灯片中调整该图形的位置，选中该图形，在"设置形状格式"任务窗格中单击"填充样条"按钮 ，在"填充"选项组中将位置 0 处的渐变光圈和位置 100 处的渐变光圈的颜色设置为黑色，将位置 50 处的渐变光圈删除，将位置 0 处的渐变光圈的"亮度"设置为 25，将位置 100 处的渐变光圈的"亮度"设置为 35%，如图 10-169 所示。

图 10-166   绘制直线并进行设置

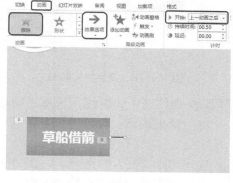

图 10-167   添加动画效果并进行设置

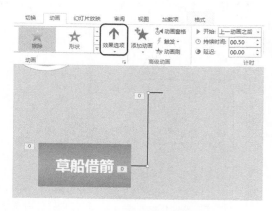

图 10-168   复制直线并进行调整

图 10-169   复制图形并设置填充颜色

step 11 修改该图形中的文字，并将字号设置为 20。继续选中该图形，选择"动画"选项卡，在"计时"选项组中将"持续时间"设置为 01.50，如图 10-170 所示。

step 12 选择"插入"选项卡，在"插图"组中单击"形状"按钮，在弹出的下拉列表中选择"直线"选项，在幻灯片中绘制一条水平的直线，并调整其位置。选中该直线，在"设置形状格式"任务窗格中单击"填充样条"按钮 ，将"颜色"的 RGB 值设置为 191、191、191，将"宽度"设置为"0.5 磅"，如图 10-171 所示。

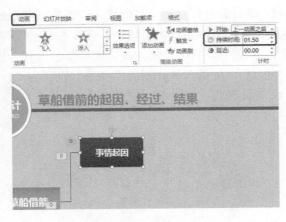

图 10-170　设置持续时间　　　　　图 10-171　绘制水平直线并进行设置

step 13　继续选中该直线，选择"动画"选项卡，在"动画"组中单击"擦除"选项，将"效果选项"设置为"自左侧"，在"计时"组中将"开始"设置为"上一动画之后"，如图 10-172 所示。

step 14　选择"插入"选项卡，在"文本"组中单击"文本框"下三角按钮，在弹出的下拉列表中选择"横排文本框"选项，在幻灯片中绘制一个文本框，输入文字。选中输入的文字，选择"开始"选项卡，在"字体"组中将字体设置为"楷体_GB2312"，将字号设置为 36，单击"加粗"按钮，将字体颜色设置为黑色，在"段落"组中单击"左对齐"按钮，效果如图 10-173 所示。

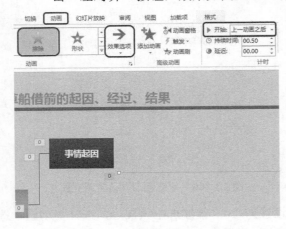
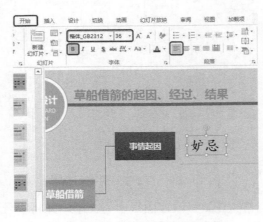

图 10-172　添加动画并进行设置　　　　图 10-173　绘制文本框并输入文字

step 15　继续选中该文字，选择"动画"选项卡，在"动画"组中单击"其他"按钮，在弹出的下拉列表中选择"缩放"，在"计时"组中将"开始"设置为"上一动画之后"，如图 10-174 所示。

step 16　使用同样的方法在该幻灯片中添加其他图形和文字，并对其进行相应的设置，效果如图 10-175 所示。

图 10-174　设置动画参数

图 10-175　添加其他对象后的效果

案例精讲 76　制作"互动问答"

案例文件：CDROM\场景\Cha10\教学课件.pptx

视频文件：视频教学\Cha10\制作"互动问答".avi

制作概述

本例将介绍"互动问答"部分的制作。本例主要通过动画和图形之间的结合，制作出互动问答的效果。

学习目标

- 学习如何制作"互动问答"部分。
- 掌握图形动画的制作。

操作步骤

制作"互动问答"的具体操作步骤如下。

step 01　复制一个目录页并对其进行相应的调整，然后再复制一个目录页，并将该幻灯片中不需要的内容删除，效果如图 10-176 所示。

step 02　选择"插入"选项卡，在"文本"组中单击"绘制横排文本框"按钮，在幻灯片中绘制文本框，然后在文本框中输入文字，并选中输入的文字。在"开始"选项卡的"字体"组中将字体设为"方正黑体简体"，将字号设为 80，将字体颜色设为白色，在"段落"组中单击"左对齐"按钮，并在幻灯片中调整文本框的位置，如图 10-177 所示。

step 03　选择"动画"选项卡，在"动画"组中选择"飞入"选项，将"效果选项"设置为"自顶部"，在"计时"组中将"开始"设置为"与上一动画同时"，将"持续时间"设置为 05.00，如图 10-178 所示。

step 04　继续输入文字，并为输入的文字添加"飞入"动画效果，并对动画效果的方向、开始方式和播放速度进行设置，效果如图 10-179 所示。

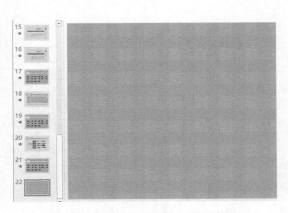

图 10-176　复制幻灯片并删除其内容

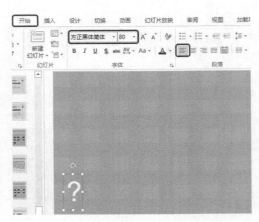

图 10-177　绘制文本框并输入文字

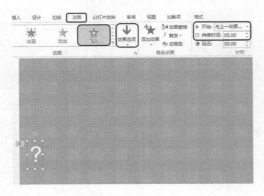

图 10-178　添加动画效果

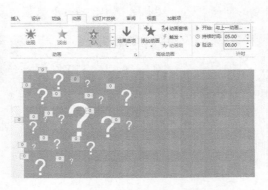

图 10-179　添加其他文字后的效果

step 05　选择"插入"选项卡，在"文本"组中单击"绘制横排文本框"按钮，在幻灯片中绘制文本框，然后在文本框中输入文字，并选中输入的文字。在"开始"选项卡的"字体"组中将字体设为"经典超圆简"，将字号设为 111，将字体颜色设为白色，在"段落"组中单击"左对齐"按钮，如图 10-180 所示。

step 06　在"字体"组中单击"字符间距"按钮，在弹出的下拉列表中选择"很松"选项，效果如图 10-181 所示。

step 07　选中文本框，选择"绘图工具"下的"格式"选项卡，在"艺术字样式"组中单击"文字效果"按钮，在弹出的下拉列表中选择"阴影"|"阴影选项"选项，如图 10-182 所示。

step 08　弹出"设置形状格式"任务窗格，在"阴影"选项组中将"透明度"设为 30%，将"模糊"设为"5 磅"，将"角度"设为 60°，将"距离"设为"0 磅"，如图 10-183 所示。

step 09　继续选中该文本框，选择"动画"选项卡，在"动画"组中单击"其他"按钮，在弹出的下拉列表中选择"更多进入效果"选项，如图 10-184 所示。

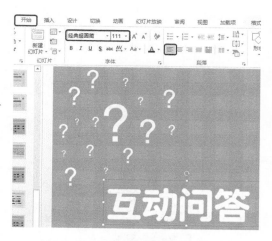

图 10-180　绘制文本框并输入文字

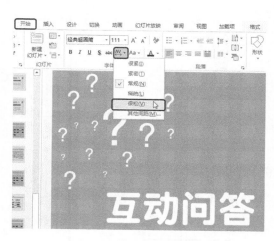

图 10-181　设置字符间距

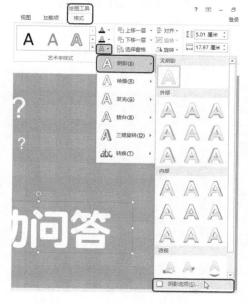

图 10-182　选择"阴影选项"选项

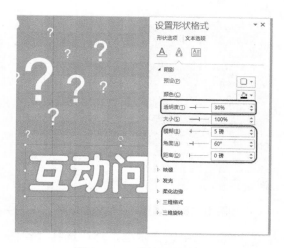

图 10-183　添加阴影效果

step 10　在弹出的对话框中选择"华丽型"选项组中的"挥鞭式"动画效果，如图 10-185 所示。

step 11　单击"确定"按钮，在"计时"组中将"开始"设置为"与上一动画同时"，将"持续时间"设置为 02.00，然后在"动画窗格"中调整该动画的排放顺序，效果如图 10-186 所示。

step 12　继续在幻灯片中绘制横排文本框，然后在文本框中输入文字，并选中输入的文字。在"开始"选项卡的"字体"组中将字体设为"汉仪超粗圆简"，将字号设为 267，将字体颜色设为红色，如图 10-187 所示。

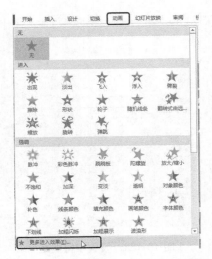

图 10-184　选择"更多进入效果"选项

图 10-185　选择动画效果

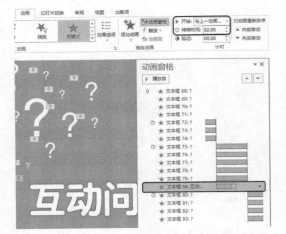

图 10-186　调整动画的排放顺序

图 10-187　输入文字并进行设置

step 13 选中该文本框，然后选择"绘图工具"下"格式"选项卡，在"排列"组中单击"旋转"按钮，在弹出的下拉列表中选择"其他旋转选项"选项，如图 10-188 所示。

step 14 弹出"设置形状格式"任务窗格，在该任务窗格中将"旋转"设为 24°，如图 10-189 所示。

step 15 设置完成后，在该任务窗格中单击"效果"按钮。在"阴影"选项组中单击"预设"右侧的"阴影"按钮 □▾，在弹出的下拉列表中选择"向左偏移"选项，如图 10-190 所示。

step 16 选中该文本框，选择"动画"选项卡，在"动画"组中单击"其他"按钮。在弹出的下拉列表中选择"旋转"选项，在"计时"组中将"开始"设置为"与上一动画同时"，将"持续时间"设置为 02.00，如图 10-191 所示。

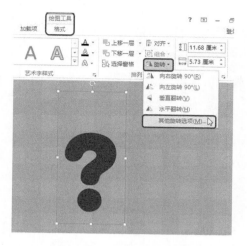

图 10-188　选择"其他旋转选项"选项

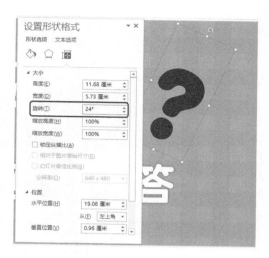

图 10-189　设置旋转参数

图 10-190　添加阴影效果

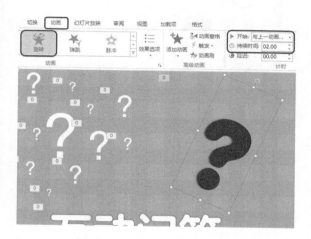

图 10-191　添加动画效果并进行设置

step 17 选择"插入"选项卡，在"插图"组中单击"形状"按钮，在弹出的下拉列表中选择"椭圆"选项，如图 10-192 所示。

step 18 在幻灯片中按住 Shift 键绘制正圆。确定绘制的正圆处于选中状态，在"设置形状格式"任务窗格中单击"填充样条"按钮 ，在"填充"选项组中将"颜色"设置为白色，在"线条"选项组中选中"无线条"单选按钮，如图 10-193 所示。

step 19 在该任务窗格中单击"效果"按钮，在"柔化边缘"选项组中将"大小"设置为"10 磅"，如图 10-194 所示。

step 20 在该任务窗格中单击"大小属性"按钮 ，在"大小"选项组中将"高度""宽度"都设置为"3.56 厘米"，在"位置"选项组中将"水平位置""垂直位置"分别设置为"1.62 厘米""17.15 厘米"，如图 10-195 所示。

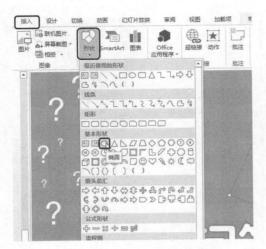

图 10-192　选择"椭圆"选项

图 10-193　设置填充和线条

图 10-194　设置柔化边缘参数

图 10-195　设置图形的大小和位置

step 21　继续选中该图形，输入文字，选中输入的文字。选择"开始"选项卡，在"字体"组中将字体设为"方正粗圆简体"，将字号设为 26.7，将字体颜色的 RGB 值设置为 159、204、62。在"段落"组中单击"居中"按钮，效果如图 10-196 所示。

step 22　选中绘制的形状，然后选择"动画"选项卡，在"动画"组中选择"飞入"动画效果，即可为选中的形状添加动画效果。在"计时"组中将"开始"设为"上一动画之后"，如图 10-197 所示。

step 23　继续选中该图形，按 Ctrl+D 键对其进行复制，调整其位置并修改图形中的内容，效果如图 10-198 所示。

step 24　选中第 22 张幻灯片，右击，在弹出的快捷菜单中选择"复制幻灯片"命令，然后修改并删除该幻灯片中的内容，效果如图 10-199 所示。

图 10-196 输入文字并进行设置

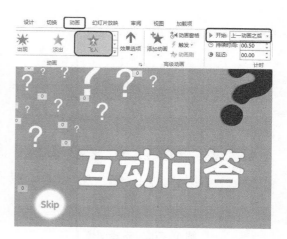

图 10-197 添加动画效果并设置开始选项

图 10-198 复制图形并进行修改

图 10-199 复制幻灯片并进行修改

step 25 选择"插入"选项卡，在"图像"组中单击"联机图片"按钮，在弹出的对话框中输入"教师"，然后单击"搜索"按钮，在搜索结果中选择要插入的图像，如图 10-200 所示。

step 26 单击"插入"按钮，选中该图像，在"设置图片格式"任务窗格中单击"大小属性"按钮 ，在"大小"选项组中将"高度""宽度"分别设置为"10.23 厘米""13.62 厘米"，将"旋转"设置为 353°；在"位置"选项组中将"水平位置""垂直位置"分别设置为"1.12 厘米""3.9 厘米"，如图 10-201 所示。

step 27 在幻灯片中绘制横排文本框，并输入文字，然后选中输入的文字。选择"开始"选项卡，在"字体"组中将字体设为"长城特圆体"，将字号设为 60，单击"加粗"按钮，并调整其位置，效果如图 10-202 所示。

step 28 继续选中该文字，选择"绘图工具"下的"格式"选项卡，在"艺术字样式"组中单击"设置文本效果格式：文本框"按钮。在弹出的任务窗格中单击"文本填充轮廓"按钮 ，在"文本填充"选项组中将"颜色"的 RGB 值设置为 68、114、196，在"文本边框"选项组中选中"实线"单选按钮，将"颜色"设置为白色，将"宽度"设置为"3 磅"，如图 10-203 所示。

图 10-200　选择图像

图 10-201　设置图片的大小和位置

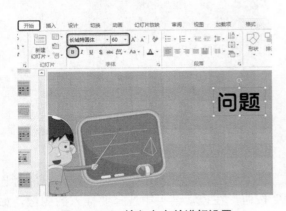

图 10-202　输入文字并进行设置

图 10-203　设置文字的填充和轮廓

step 29　在该任务窗格中单击"文本效果"按钮 🄰，在"阴影"选项组中将"颜色"的
　　　　RGB 值设置为 143、170、220，将"透明度""大小""模糊""角度""距离"
　　　　分别设置为 0%、100%、1 磅、45°、3 磅，如图 10-204 所示。

step 30　选中该文本框，选择"动画"选项卡，在"动画"组中单击"其他"按钮。在
　　　　弹出的下拉列表中选择"弹跳"选项，在"计时"组中将"开始"设置为"上一动
　　　　画之后"，如图 10-205 所示。

step 31　根据相同的方法在该幻灯片中输入其他文字，对其进行相应的设置，并为其添
　　　　加动画效果，效果如图 10-206 所示。

step 32　选择"动画"选项卡，在"动画"组中单击"动画窗格"按钮，在弹出的动画
　　　　窗格中调整动画的排放顺序，效果如图 10-207 所示。

step 33　在幻灯片窗格中选中第 23 张幻灯片，对其进行复制，并删除该幻灯片中不需要
　　　　的内容，效果如图 10-208 所示。

step 34　在幻灯片中绘制横排文本框，并输入文字，然后选中输入的文字。选择"开

始"选项卡,在"字体"组中将字体设为"方正粗圆简体",将字号设为 222,将
字体颜色设为橙色,效果如图 10-209 所示。

图 10-204 添加文字投影效果

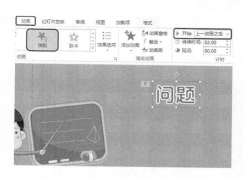

图 10-205 添加动画并进行设置

图 10-206 输入其他文字后的效果

图 10-207 调整动画的排放顺序

图 10-208 复制幻灯片并删除内容

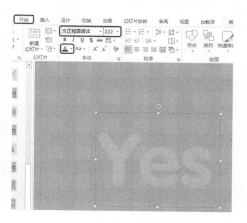

图 10-209 绘制文本框并输入文字

step 35 然后选中文本框，并选择"绘图工具"下的"格式"选项卡，在"排列"组中
单击"旋转"按钮，在弹出的下拉列表中选择"其他旋转选项"，在弹出的任务窗
格中将"旋转"设置为340°，如图10-210所示。

step 36 选择"动画"选项卡，在"动画"组中单击"其他"按钮▾，在弹出的下拉列表
中选择"更多进入效果"选项，如图10-211所示。

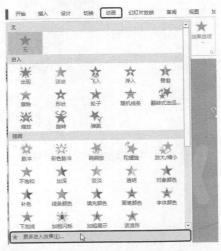

图 10-210 设置旋转参数 　　　　　　　　图 10-211 选择"更多进入效果"选项

step 37 弹出"更改进入效果"对话框，在该对话框中选择"回旋"动画效果，如图 10-212
所示。

step 38 单击"确定"按钮，在"计时"组中将"开始"设置为"上一动画之后"，在
"高级动画"组中单击"添加动画"按钮，在弹出的下拉列表中选择"直线"选
项，如图10-213所示。

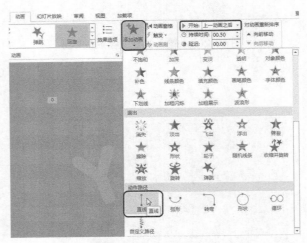

图 10-212 选择"回旋"动画效果 　　　　　图 10-213 选择"直线"选项

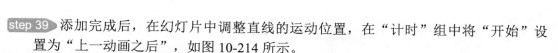

step 39 添加完成后，在幻灯片中调整直线的运动位置，在"计时"组中将"开始"设置为"上一动画之后"，如图 10-214 所示。

step 40 选中"插入"选项卡，在"图像"组中单击"图片"按钮，在弹出的对话框中选中"007.png"素材文件，单击"插入"按钮，在幻灯片中调整其位置，效果如图 10-215 所示。

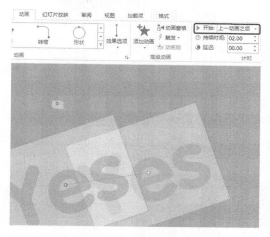

图 10-214　调整动画运动位置

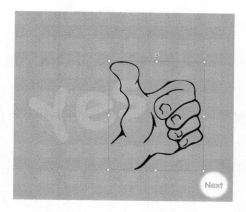

图 10-215　调整图像的位置

step 41 选择"动画"选项卡，在"动画"组中单击"飞入"按钮，在"计时"组中将"开始"设置为"上一动画之后"，打开动画窗格，将按钮的动画效果调整至动画效果的最下方，如图 10-216 所示。

step 42 根据相同的方法制作其他幻灯片，并对其进行相应的设置，效果如图 10-217 所示。

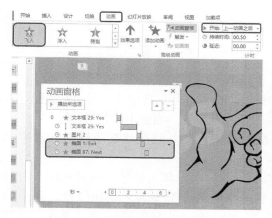

图 10-216　添加动画效果并进行设置

图 10-217　制作其他问答幻灯片后的效果

step 43 在幻灯片窗格中选中第 22 张幻灯片，选择该幻灯片中左侧的白色圆形，右击，在弹出的快捷菜单中选择"超链接"命令，如图 10-218 所示。

step 44 在弹出的对话框中选择"链接到"列表框中的"本文档中的位置"按钮，在"请选择文档中的位置"列表框中选择"21.幻灯片 21"，如图 10-219 所示。

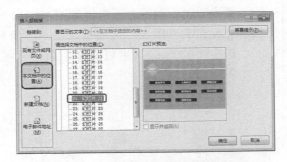

图 10-218　选择"超链接"命令　　　　　图 10-219　选择链接到的幻灯片

step 45 单击"确定"按钮，使用同样的方法对其他对象进行链接。

 　　　第 27 张和第 28 张幻灯片中的两个 Next 按钮需要在添加第 29 张幻灯片中才可以添加链接。

案例精讲 77　制作"课堂总结"

> 案例文件：CDROM\场景\Cha10\教学课件.pptx
> 视频文件：视频教学\Cha10\制作"课堂总结".avi

制作概述

本例将介绍"课堂总结"部分，和其他章节相同，也主要应用了图形和动画。

学习目标

● 学习如何制作"课堂总结"部分。

● 掌握图形和动画之间的结合应用。

操作步骤

制作"课堂总结"的具体操作步骤如下。

step 01 复制一个目录页并对其进行相应的修改，在幻灯片窗格中选中第 18 张幻灯片，右击，在弹出的快捷菜单中选择"复制幻灯片"命令，如图 10-220 所示。

step 02 将复制的幻灯片调整至幻灯片窗格的最下方，并修改和删除该幻灯片中的内容，效果如图 10-221 所示。

step 03 选择"插入"选项卡，在"插图"组中单击"形状"按钮，在弹出的下拉列表中选择"矩形"选项，在幻灯片中绘制一个矩形，调整其大小和位置。选中该矩形，在"设置形状格式"任务窗格中单击"填充样条"按钮 🖽，在"填充"选项组中将"颜色"的 RGB 值设置为 140、178、8，将"透明度"设置为 60%，在"线条"选项组中选中"无线条"单选按钮，如图 10-222 所示。

step 04 选择"插入"选项卡，在"插图"组中单击"形状"按钮，在弹出的下拉列表中选择"矩形标注"选项，在幻灯片中绘制一个矩形标注，调整调节点的位置。选中该图形，右击，在弹出的快捷菜单中选择"编辑顶点"命令，如图 10-223 所示。

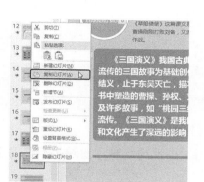

图 10-220　选择"复制幻灯片"命令

图 10-221　复制幻灯片并修改和删除其内容

图 10-222　设置填充和线条参数

图 10-223　选择"编辑顶点"命令

step 05 在幻灯片中调整该图形的形状，选中该图形，在"设置形状格式"任务窗格单击"填充样条"按钮 ，在"填充"选项组中将"颜色"的 RGB 值设置为 140、178、8，在"线条"选项组中选中"无线条"单选按钮，如图 10-224 所示。

step 06 对矩形和矩形标注进行成组。根据前面所介绍的方法为其添加文字和图形，以及动画效果，效果如图 10-225 所示。

图 10-224　调整形状并设置填充和线条

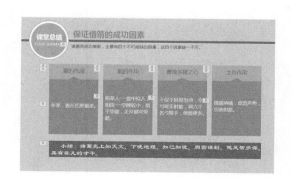

图 10-225　添加其他文字和图形后的效果

案例精讲 78 制作"课堂作业"

案例文件：CDROM\场景\Cha10\教学课件.pptx
视频文件：视频教学\Cha10\制作"课堂作业".avi

制作概述

本例将介绍如何制作"课堂作业"，其中主要应用了图形的绘制。通过本小节的学习可以对图形之间的绘制有一定的了解。

学习目标

● 学习如何制作"课堂作业"。

● 掌握图形的绘制。

操作步骤

制作"课堂作业"的具体操作步骤如下。

step 01 复制一个目录页并对其进行相应的修改。新建一个空白幻灯片，将其背景色的 RGB 值设置为 237、220、185，选择"插入"选项卡，在"插图"组中单击"形状"按钮，在弹出的下拉列表中选择"直线"选项，在幻灯片中绘制一个与幻灯片水平长度相同的直线，在"设置形状格式"任务窗格中单击"填充样条"按钮，在"线条"选项组中将"颜色"的 RGB 值设置为 188、167、114，将"宽度"设置为"4.5 磅"，并在幻灯片中调整其位置，效果如图 10-226 所示。

step 02 在"形状"下拉列表中选择"椭圆"选项，在幻灯片中按住 Shift 键绘制一个正圆，调整其位置。选中正圆，在"设置形状格式"任务窗格中单击"填充样条"按钮，在"填充"选项组中将"颜色"设置为白色，在"线条"选项组中将"颜色"的 RGB 值设置为 188、167、114，将"宽度"设置为"4.5 磅"，并在幻灯片中调整其位置，效果如图 10-227 所示。

图 10-226 绘制直线

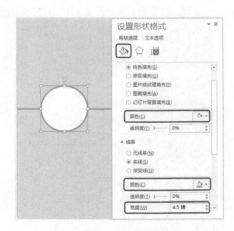

图 10-227 绘制正圆并进行设置

step 03 继续选中该图形，输入文字，选中输入的文字。选择"开始"选项卡，在"字体"组中将字体设置为"微软雅黑"，将字号设置为 32，单击"加粗"按钮，将字体颜色的 RGB 值设置为 128、109、62，在"段落"组中单击"居中"按钮，效果如图 10-228 所示。

step 04 使用相同的方法绘制其他图形，并输入文字，效果如图 10-229 所示。

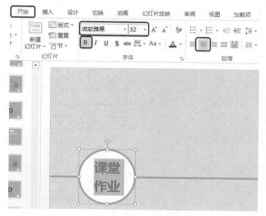

图 10-228　输入文字并进行设置

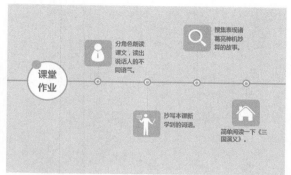

图 10-229　添加其他图形和位置后的效果

案例精讲 79　制作结束页

案例文件：CDROM\场景\Cha10\教学课件.pptx

视频文件：视频教学\Cha10\制作结束页.avi

制作概述

本例将介绍幻灯片的最后一部分结束页的制作。本例主要对文字、图形的设置进行了详细的讲解。

学习目标

● 学习如何结束页。

● 掌握结束页的制作流程。

操作步骤

制作结束页的具体操作步骤如下。

step 01 新建一个空白幻灯片，将其背景色的 RGB 值设置为 237、220、185，选择"插入"选项卡，在"文本"组中单击"文本框"下三角按钮。在弹出的下拉列表中选择"横排文本框"选项，在幻灯片中绘制一个文本框，输入文字，选中输入的文字。选择"开始"选项卡，在"字体"组中将字体设置为"微软雅黑"，将字号设置为 72，单击"加粗"按钮，将字体颜色的 RGB 值设置为 143、195、32，如图 10-230所示。

step 02 选择"插入"选项卡，在"插图"组中单击"形状"按钮。在弹出的下拉列表中选择"直线"选项，在幻灯片中绘制一个与幻灯片水平长度相同的直线，在"设置形状格式"任务窗格中单击"填充样条"按钮 ⬧，在"线条"选项组中将"颜色"的 RGB 值设置为 143、195、32，将"宽度"设置为"11 磅"，并在幻灯片中调整其位置，效果如图 10-231 所示。

图 10-230　输入文字并进行设置

图 10-231　绘制直线并设置其参数

step 03 选择"插入"选项卡，在"图像"组中单击"图片"按钮，在弹出的对话框中选中"009.jpg"素材文件，单击"插入"按钮，在幻灯片中调整其位置和大小，效果如图 10-232 所示。

step 04 在幻灯片窗格中选中第 2 张幻灯片，在该幻灯片中选中"课文学习"目录标签，右击，在弹出的快捷菜单中选择"超链接"命令，如图 10-233 所示。

图 10-232　导入素材文件并进行调整

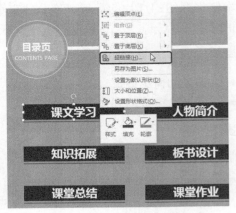

图 10-233　选择"超链接"命令

step 05 在弹出的对话框中选择"链接到"列表框中的"本文档中的位置"选项，在"请选择文档中的位置"列表框中选择"3.幻灯片 3"，如图 10-234 所示。

提示　　　一个完整的 PPT 课件中存在着大量的超链接和动作，在设置完这些链接和动画以后一定要通过播放来检查一下链接和动作的正确性，以防出现死链接或不应有的动作，这是保证一个 PPT 课件质量最重要的一个环节。在设置完链接或动作以后进行测试，往往能发现一些表面上看不出来的问题，否则一旦当 PPT 课件在正式场合使用，就会暴露出各种问题，那时再修改就来不及了。

step 06　单击"确定"按钮，使用同样的方法对其他目录标签进行链接，至此教学课件就制作完成了。对完成后的场景进行保存即可。

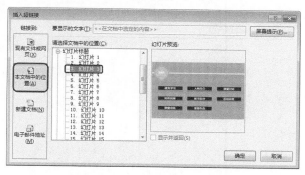

图 10-234　选择链接到的幻灯片

第 11 章

酒后驾车宣传片

本章重点

◆ 制作开始动画
◆ 制作酒驾动画

◆ 制作安全提示动画
◆ 制作结束动画

在中国，每年由于酒后驾车引发的交通事故达数万起。酒后驾车的危害触目惊心，已经成为交通事故的第一大杀手。下面就来介绍关于酒后驾车宣传片的制作，效果如图 11-1 所示。

图 11-1　酒后驾车宣传片效果图

案例精讲 80　制作开始动画

案例文件：CDROM\场景\Cha11\酒后驾驶宣传片.pptx
视频文件：视频教学\Cha11\制作开始动画.avi

制作概述

本例将介绍如何制作酒后驾车幻灯片的开始动画，首先新建幻灯片，然后插入图片及输入文字，为图片和文字添加动画。

学习目标

- 学习如何制作酒后驾车宣传片开始动画。
- 掌握幻灯片动画的制作方法。

操作步骤

制作开始动画的具体操作步骤如下。

step 01 启动 PowerPoint 2013 软件，在弹出的界面中选择"空白演示文稿"选项，如图 11-2 所示。

step 02 选择该选项即可创建一个空白的演示文稿，如图 11-3 所示。

step 03 切换至"设计"选项卡，在"自定义"组中单击"幻灯片大小"按钮，在弹出的下拉列表中选择"标准(4:3)"选项，如图 11-4 所示。

step 04 更改完成后单击"自定义"组中的"设置背景格式"按钮，打开"设置背景格式"任务窗格，如图 11-5 所示。

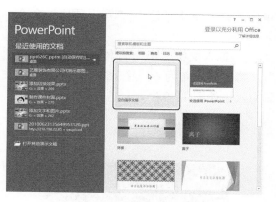

图 11-2　选择"空白演示文稿"选项

图 11-3　创建的空白演示文稿

图 11-4　选择"标准(4:3)"选项

图 11-5　"设置背景格式"任务窗格

step 05 在该窗格中选中"渐变填充"单选按钮，然后单击窗格底部的"全部应用"按钮，填充渐变后的幻灯片如图 11-6 所示。

step 06 在"插入"选项卡中单击"图像"选项组中的"图片"按钮，在弹出的对话框中选择"片头动画.jpg"素材图片，单击"插入"右侧的下三角按钮，在弹出的下拉列表中选择"插入和链接"选项，如图 11-7 所示。

图 11-6　设置渐变背景格式后的效果

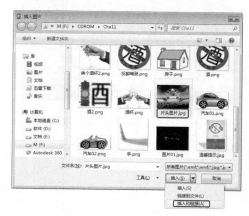

图 11-7　选择素材图片

step 07 在图片上右击，在弹出的快捷菜单中选择"置于顶层"|"置于顶层"命令，如图 11-8 所示。

step 08 将副标题文本框删除，在标题文本框中输入文字"酒驾宣传片"，选择输入的文字，将"字体"设置为"微软雅黑"，将字号设置为 60，按 Ctrl+B 组合键将文字加粗，然后调整文本框的位置，完成后的效果如图 11-9 所示。

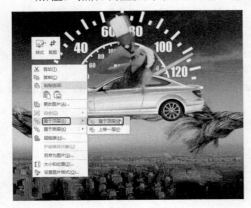

图 11-8　选择"置于顶层"命令

图 11-9　输入文字并进行调整

step 09 在"插入"选项卡中单击"图像"选项组中的"图片"按钮，在弹出的对话框中选择"酒.png"素材文件，单击"插入"右侧的下三角按钮，在弹出的下拉列表中选择"插入和链接"选项。然后调整图片的位置，完成后的效果如图 11-10 所示。

step 10 选中标题文本框，在"动画"选项卡下的"动画"选项组中选择"飞入"效果，然后单击"效果选项"按钮，在弹出的下拉列表中选择"自左侧"选项，如图 11-11 所示。

图 11-10　插入图片后的效果

图 11-11　设置效果

step 11 在"计时"选项组中将"开始"设置为"上一动画之后"，将"持续时间"设置为 00.50，如图 11-12 所示。

step 12 选中"酒.png"素材图片，在"动画"选项组中选择"淡出"效果，在"计时"选项组中将"开始"设置为"上一动画之后"，将"持续时间"设置为 00.50，如图 11-13 所示。

图 11-12　设置计时

图 11-13　为图片设置动画

step 13 单击"高级动画"选项组中的"添加动画"按钮，在弹出的下拉列表中选择"放大/缩小"动画，如图 11-14 所示。

step 14 单击"动画窗格"按钮，在弹出的窗格中选择最下方的选项，在"计时"选项组中将"开始"设置为"与上一动画同时"，将"持续时间"设置为 02.00，如图 11-15 所示。

图 11-14　添加动画

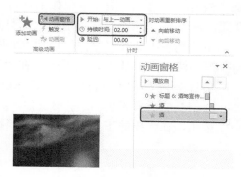

图 11-15　"动画窗格"任务窗格

step 15 选择第 1 张幻灯片，在"切换"选项卡中单击"切换到此幻灯片"选项组中的"分割"选项，如图 11-16 所示。

step 16 在"计时"选项组中取消选中"单击鼠标时"复选框，选中"设置自动换片时间"复选框，将其设置为 00:04.00，如图 11-17 所示。

图 11-16　选择切换效果

图 11-17　"计时"选项组

案例精讲 81　制作酒驾动画

📖 案例文件：CDROM\场景\Cha11\酒后驾驶宣传片.pptx

🎬 视频文件：视频教学\Cha11\酒驾动画.avi

制作概述

本例将介绍酒驾动画的制作。首先新建幻灯片，然后插入图片和文本框，并为其添加动画效果。

学习目标

● 学习如何制作酒驾动画。
● 掌握动画及幻灯片切换的制作方法。

操作步骤

制作酒驾动画的具体操作步骤如下。

`step 01` 单击"开始"选项卡下"幻灯片"选项组中的"新建幻灯片"按钮，在弹出的下拉列表中选择"空白"选项，如图 11-18 所示。

`step 02` 切换至"插入"选项卡，在"图像"组中单击"图片"按钮，在弹出的对话框中选择随书附带光盘中的 CDROM\素材\Cha11\单个酒杯 1.png、CDROM\素材\Cha11\单个酒杯 2.png 素材文件，如图 11-19 所示。单击"插入"按钮右侧的下三角按钮，在弹出的下拉列表中选择"插入和链接"选项。

图 11-18　插入幻灯片

图 11-19　选择素材图片

`step 03` 选中插入的图片，右击，在弹出的快捷菜单选择"大小和位置"，在弹出的窗格中将"缩放高度""缩放宽度"均设置为 70%，然后调整图片的位置，完成后的效果如图 11-20 所示。

`step 04` 选中左侧的图片，在"动画"选项卡中选择"动画"选项组中的"擦除"选项，单击"效果选项"按钮，在弹出的下拉列表中选择"自左侧"选项，如图 11-21 所示。

`step 05` 在"计时"选项组中将"开始"设置为"上一动画之后"，将"持续时间"设置为 01.00，如图 11-22 所示。

`step 06` 选中右侧的图片，在"动画"选项卡中选择"动画"选项组中的"擦除"选项，单击"效果选项"按钮，在弹出的下拉列表中选择"自右侧"选项，在"计时"选项组中将"开始"设置为"与上一动画同时"，将"持续时间"设置为

01.00，如图 11-23 所示。

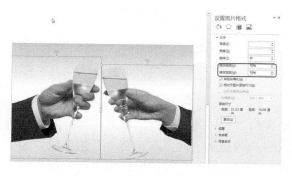

图 11-20 设置图片大小和位置

图 11-21 设置动画

图 11-22 设置计时

图 11-23 设置动画

step 07 切换至"插入"选项卡，在"文本"组中单击"文本框"按钮，在弹出的下拉列表中选择"横排文本框"选项，如图 11-24 所示。

step 08 在幻灯片上绘制文本框，在该文本框中输入文字"干杯！"。选中输入的文字，将字体设置为"微软雅黑"，将字号设置为 40，然后对文本框进行旋转，完成后的效果如图 11-25 所示。

图 11-24 选择文本框

图 11-25 在文本框内输入文字

step 09 选中插入的文本框，对文本进行复制，然后调整文本框的位置和旋转角度，完成后的效果如图 11-26 所示。

step 10 选中左上角的文本框，选择"动画"选项卡下"动画"选项组中的"飞入"选项，单击"效果选项"按钮，在弹出的下拉列表中选择"自左侧"选项，如图 11-27 所示。

图 11-26 复制完成后的效果

图 11-27 设置动画

step 11 在"计时"选项组将"开始"设置为"上一动画后",将"持续时间"设置为00.50。选中左下角的文本框,将"动画"设置为"飞入",将"开始"设置为"上一动画之后"。将"效果选项"设置为"自左侧",使用同样的方法为剩余的文本框添加动画,将其"动画"设置为"飞入",将"效果选项"设置为"自右侧",将"开始"设置为"上一动画之后",完成后的效果如图 11-28 所示。

step 12 选中该幻灯片,在"切换"选项卡中将"切换到此幻灯片"设置为分割。在"计时"选项组中取消选中"单击鼠标时"复选框,选中"设置自动换片时间"复选框,将其设置为 00:04.00,如图 11-29 所示。

图 11-28 设置动画后的效果

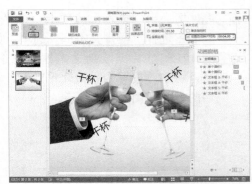

图 11-29 设置幻灯片切换

step 13 按 Enter 键新建幻灯片,单击"插入"选项卡下的"图像"选项组中的"图片"按钮,弹出"插入图片"对话框。在该对话框中选择随书附带光盘中的"CDROM\素材\Cha11\酒 2.png""汽车 01.png""汽车 02.png"素材文件,如图 11-30 所示。单击"插入"按钮右侧的下三角按钮,在弹出的下拉列表中选择"插入和链接"选项。

step 14 选中"汽车 01.png"素材,右击,在弹出的快捷菜单中选择"大小和位置"命令,在弹出的窗格中将"缩放高度""缩放宽度"设置为 30%。选中"汽车02.png"素材,将"缩放高度""缩放宽度"设置为 70%,然后调整图片的位置,如图 11-31 所示。

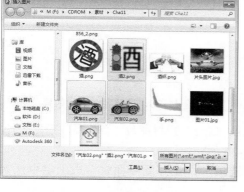

图 11-30　选择素材图片

图 11-31　　调整图片后的效果

step 15 ▶ 选中"汽车 02.png"素材图片，切换至"动画"选项卡中，将"动画"设置为"飞入"选项，单击"效果选项"按钮，在弹出的下拉列表中选择"自右侧"选项，如图 11-32 所示。

step 16 ▶ 在"计时"选项组中将"开始"设置为"上一动画之后"，选中左侧的素材图片，为其添加"飞入"动画，将"效果选项"设置为"自左侧"，将"开始"设置为"与上一动画同时"。

step 17 ▶ 在"切换"选项卡中选择"切换到此幻灯片"选项组中的"分割"选项，在"计时"选项组中取消选中"单击鼠标时"复选框，选中"设置自动换片时间"复选框，将其设置为 00:04.00，完成后的效果如图 11-33 所示。

图 11-32　设置动画

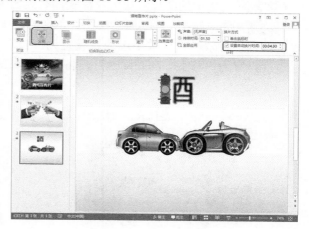

图 11-33　设置切换方式

step 18 ▶ 按 Enter 键新建幻灯片，在"插入"选项卡的"文本"选项组中单击"文本框"按钮，在弹出的下拉列表中选择"横排文本框"，如图 11-34 所示。

step 19 ▶ 在幻灯片中绘制文本框，在该文本框中输入文字。选中输入的文字，将字体设置为"黑体"，将字号设置为 36，然后调整文字的位置。完成后效果如图 11-35 所示。

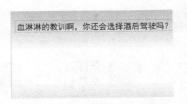

图 11-34　选择"横排文本框"　　　　　　图 11-35　设置完成后的效果

step 20 ▶ 插入图片"车祸现场 1.jpg～车祸现场 5.jpg"素材图片，然后调整图片的位置、旋转方向和大小，完成后的效果如图 11-36 所示。

step 21 ▶ 选中所有的图片，切换至"格式"选项卡，在"图片样式"选项组中选择"棱台亚光，白色"，如图 11-37 所示。

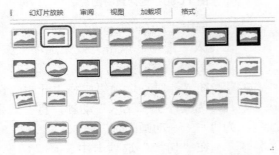

图 11-36　调整图片后的效果　　　　　　图 11-37　选择图片样式

step 22 ▶ 为选中的图片添加图片样式，效果如图 11-38 所示。

step 23 ▶ 选中如图 11-39 所示的图片，在"动画"选项卡下选择"动画"选项组中的"飞入"特效，将"效果选项"设置为"自右上部"，在"计时"选项组中将"开始"设置为"与上一动画同时"，将"持续时间"设置为 01.0，如图 11-39 所示。

图 11-38　添加图片样式后的效果　　　　图 11-39　设置图片动画

step 24 ▶ 单击"高级动画"选项组中的"添加动画"按钮，在弹出的下拉列表中选择"淡出"，在"计时"选项组中将"开始"设置为"与上一动画同时"，将"持续时间"设置为 01.00，如图 11-40 所示。

step 25 ▶ 使用同样的方法为剩余的图片设置动画，完成后效果如图 11-41 所示。

图 11-40　设置高级动画

图 11-41　为其他图片设置动画

step 26 选择横排文本框，在"动画"选项卡中选择"动画"选项组中的"浮入"选项，将"效果选项"设置为"上浮"，如图 11-42 所示。在"计时"选项组中将"开始"设置为"上一动画之后"，将"持续时间"设置为 01.00。

step 27 切换到"切换"选项卡，在"切换到此幻灯片"选项组中选择"分割"切换方式，在"计时"选项组中将"持续时间"设置为 01.50，取消选中"单击鼠标时"复选框，选中"设置自动换片时间"复选框，将其设置为 00:04.00，如图 11-43 所示。

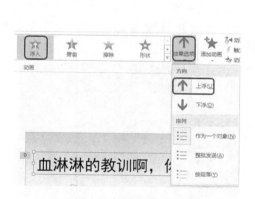

图 11-42　设置动画

图 11-43　设置切换方式

step 28 按 Enter 键新建幻灯片，在"切换"选项卡中选择"切换到此幻灯片"选项组中的"分割"选项，在"计时"选项组中将"持续时间"设置为 01.50，取消选中"单击鼠标时"复选框，选中"设置自动换片时间"复选框，将其设置为 00:04.00。

step 29 插入图片"黑色图片.jpg"素材图片。选中插入的图片，在"动画"选项卡中单击"动画"选项组中的"其他"按钮，在弹出的下拉列表中选择"更多进入效果"选项，如图 11-44 所示。

step 30 弹出"更改进入效果"对话框，在该对话框中选择"阶梯状"选项，如图 11-45 所示。

图 11-44　选择"更多进入效果"选项　　　　图 11-45　　"更改进入效果"对话框

step 31 将"效果选项"设置为"左下"，将"开始"设置为"与上一动画同时"，将"持续时间"设置为 00.50，如图 11-46 所示。

step 32 在"插入"选项卡"文本"选项组中单击"文本框"按钮，在弹出的下拉列表中选择"横排文本框"，在幻灯片中绘制两个文本框。在该文本框内输入文字，将文本框内的字体设置为"宋体(正文)"，将字号分别设置为 18、54，将字体颜色设置为白色，完成后的效果如图 11-47 所示。

图 11-46　为动画设置计时　　　　　　　图 11-47　输入文字后的效果

step 33 选中小文本框，在"动画"选项组中将"动画"设置为"飞入"，单击"效果选项"按钮，在弹出的下拉列表中选择"自左侧"选项。在"计时"选项组中将"开始"设置为"上一动画之后"，将"持续时间"设置为 00.50，如图 11-48 所示。

step 34 选中大文本框，在"动画"选项组中将"动画"设置为"飞入"，单击"效果选项"按钮，在弹出的下拉列表中选择"自左侧"选项。在"计时"选项组中将"开始"设置为"上一动画之后"，将"持续时间"设置为 00.50，如图 11-49 所示。

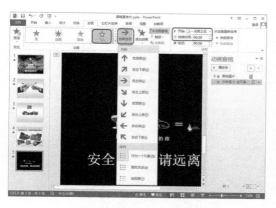

图 11-48 设置动画

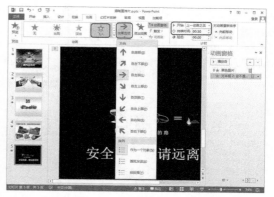

图 11-49 设置动画

案例精讲 82 制作安全提示动画

案例文件：CDROM\场景\Cha11\酒后驾驶车宣传片.pptx

视频文件：视频教学\Cha11\制作安全提示动画.avi

制作概述

本例将介绍如何制作安全提示动画。首先插入图片，然后为图片添加"弹跳"和"直线"动画即可完成。

学习目标

- 学习如何制作安全提示动画。
- 掌握直线和弹跳动画的使用方法。

操作步骤

制作安全提示动画的具体操作步骤如下。

step 01 按 Enter 键新建幻灯片，在"插入"选项卡中单击"图像"选项组中的"图片"按钮，在弹出的对话框中选择"汽车 02.png""图片 1.png"素材图片，如图 11-50 所示。

step 02 单击"插入和链接"按钮，选中汽车图片，右击，在弹出的快捷菜单中选择"置于顶层"|"置于顶层"命令，如图 11-51 所示。

step 03 选中"1.png"素材图片，在"动画"选项组中选择"弹跳"选项，将"开始"设置为"上一动画之后"。选中汽车图片，将其移动至幻灯片的右侧，如图 11-52 所示。

step 04 在"动画"选项组中单击"其他"按钮，在弹出的下拉列表中选择"动作路径"下的"直线"选项，如图 11-53 所示。

step 05 单击"效果选项"按钮，在弹出的下拉列表中选择"靠左"选项。在"幻灯片"中调整红色点的位置，调整后的效果如图 11-54 所示。在"计时"选项组中将

"开始"设置为"上一动画之后"。

图 11-50 选择素材图片

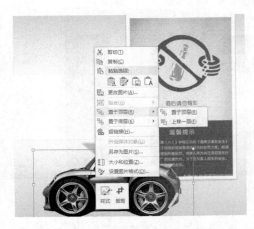

图 11-51 选择"置于顶层"命令

图 11-52 调整图片的位置

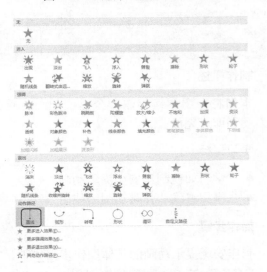

图 11-53 选择"直线"动作路径

图 11-54 调整位置

step 06 为该幻灯片设置与前一张幻灯片相同的切换方式。

案例精讲 83　制作结束动画

案例文件：CDROM\场景\Cha11\酒后驾车宣传片.pptx

视频文件：视频教学\Cha11\结束动画.avi

制作概述

本例将介绍如何制作结束动画。首先插入图片和文本框后，然后对图片和文本框进行相应的设置，最后对图片和文字添加动画。

学习目标

● 学习如何制作酒后驾车宣传片的结束动画。

● 掌握动画的制作方法。

操作步骤

制作结束动画的具体操作步骤如下。

step 01 选中第 4 张幻灯片，按 Ctrl+C 键进行复制，将其粘贴至第 6 张幻灯片的下方。选中所有对象，将动画设置为无。更改文本框内的文字，将字号设置为 54，然后调整图片的大小和位置，完成后的效果如图 11-55 所示。

step 02 选择横排文本框，在"动画"选项卡下选择"动画"选项组中的"缩放"选项，单击"效果选项"按钮，在弹出的下拉列表中选择"对象中心"。在"计时"选项组中将"开始"设置为"上一动画之后"，将"持续时间"设置为 02.00，如图 11-56 所示。

图 11-55　设置完成后的效果

图 11-56　设置动画

step 03 选中所有的图片，选择"动画"选项组中的"收缩并旋转"选项，将"开始"设置为"与上一动画同时"选项，如图 11-57 所示。

step 04 选中第 2 张幻灯片选项组中的两张图片，将其粘贴到第 7 张幻灯片中，然后将图片的动画设置为"淡出"。选中左侧的图片，在"计时"选项组中将"开始"设置为"与上一动画同时"，将"持续时间"设置为 02.00，将"延迟"设置为

00.50。选中右侧的图片，将"持续时间"设置为 02.00，将"延迟"设置为 00.50，完成后的效果如图 11-58 所示。

图 11-57　设置动画

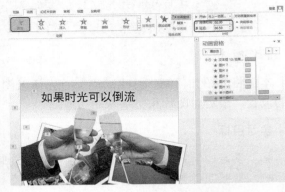

图 11-58　设置动画后的效果

step 05　继续选中右侧的图片，单击"高级动画"选项组中的"添加动画"按钮，在弹出的下拉列表中选择"擦除"选项，将"效果选项"设置为"自左侧"，将"开始"设置为"上一动画之后"。将"持续时间"设置为 01.00，如图 11-59 所示。

step 06　单击"插入"选项卡下的"图像"选项组中的"图片"按钮，在弹出的下拉列表中选择"手.png"素材文件，将其调整至幻灯片的右侧，为其添加"直线"动画，然后对直线路径进行调整。在"计时"选项组中将"开始"设置为"上一动画之后"，将"持续时间"设置为 01.25，将"延迟"设置为 00.25，如图 11-60 所示。然后为幻灯片设置与上一张幻灯片相同的切换方式。

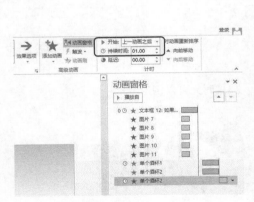

图 11-59　设置计时

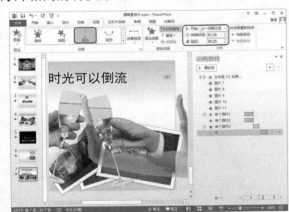

图 11-60　设置动画

step 07　按 Enter 键插入幻灯片，在幻灯片中插入横排文本框，在文本框内输入文字，将字体设置为"黑体"，将字号设置为 48。在"动画"选项组中选择"缩放"动画，将"效果选项"设置为"对象中心"，将"开始"设置为"与上一动画同时"，将"持续时间"设置为 00.50，如图 11-61 所示。

step 08 插入"汽车.png"素材图片,调整图片的大小,将图片调整至幻灯片的左下方。然后在"动画"选项组中选择"飞入"动画,单击"效果选项"按钮,在弹出的下拉列表中选择"自右上部",将"开始"设置为"上一动画之后",将"持续时间"设置为02.00,如图11-62所示。

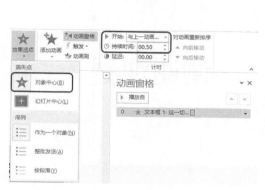

图 11-61　设置动画

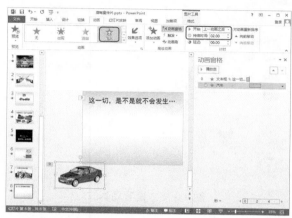

图 11-62　设置动画

step 09 按 Enter 键新建幻灯片,插入"房子.png""小孩.png""警察.png"素材图片,然后选中第 8 张幻灯片中的汽车,将其复制至第 9 张幻灯片中,然后调整图片的位置,如图 11-63 所示。

step 10 选中"警察"图片,为其添加随机线条动画,将"开始"设置为"上一动画之后",将"持续时间"设置为01.00,将"延迟"设置为00.25,如图11-64所示。

图 11-63　插入图片并进行调整

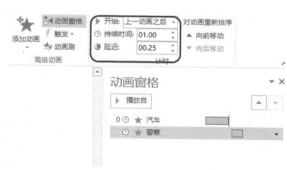

图 11-64　设置动画

step 11 在幻灯片中绘制横排文本框。在该文本框中输入文字,将字体设置为"黑体",将字号设置为 32,在"动画"选项组中选择"随机线条"动画,将"开始"设置为"上一动画之后",将"持续时间"设置为00.50,如图 11-65 所示。为此幻灯片设置与上一张幻灯片相同的切换方式。

step 12 新建"仅标题"幻灯片，在文本框内输入文字，将字体设置为"微软雅黑"，将字号设置为 88，如图 11-66 所示。然后为此幻灯片设置与上一张幻灯片相同的切换方式。

图 11-65　设置动画

图 11-66　输入文字

第 12 章
保险行业演示文稿

本章重点

- ◆ 制作首尾幻灯片
- ◆ 制作保险现状分析幻灯片
- ◆ 制作动员幻灯片
- ◆ 制作业绩成功分析幻灯片
- ◆ 制作总结幻灯片
- ◆ 设置幻灯片的切换效果
- ◆ 打包成 CD

本章通过以某保险公司内部的演示文稿为例，讲解保险行业类演示文稿的制作方法，使读者对制作此类演示文稿有一定了解，引导读者深入学习演示文稿的制作。完成后的效果，如图 12-1 所示。

图 12-1

案例精讲 84　制作首尾幻灯片

> 📝 案例文件：CDROM\场景\Cha12\保险行业演示文稿.pptx
>
> 💿 视频文件：视频教学\Cha12\制作首尾幻灯片.avi

制作概述

本例将介绍如何制作首尾幻灯片。首先设置幻灯片的尺寸，然后插入素材图片，输入文字并设置文字样式，使用相同的方法制作结尾幻灯片，最后设置动画效果。

学习目标

- 学习如何插入图片。
- 学习如何设置文字效果。
- 学习如何设置动画效果。

操作步骤

制作首尾幻灯片的具体操作步骤如下。

step 01 启动 PowerPoint 2013 软件，新建一个空白演示文稿。将多余的文本框删除，然后切换至"设计"选项卡，在"自定义"组中，单击"幻灯片大小"按钮，在弹出的列表中选择"标准(4:3)"选项，如图 12-2 所示。

step 02 在弹出的对话框中，单击"确保适合"按钮，如图 12-3 所示。

step 03 切换至"插入"选项卡，单击"图像"组中的"图片"按钮，如图 12-4 所示。

step 04 在弹出的"插入图片"对话框中，选择随书附带光盘中的"CDROM\素材\Cha12\图片 1.png"素材图片，然后单击"插入"按钮，如图 12-5 所示。

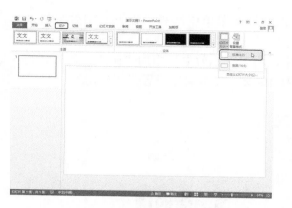

图 12-2　选择"标准(4:3)"选项

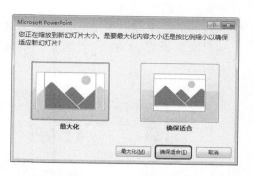

图 12-3　单击"确保适合"按钮

图 12-4　单击"图片"按钮

图 12-5　选择素材图片

step 05 切换至"插入"选项卡，在"文本"组中，选择"文本框"|"横排文本框"，如图 12-6 所示。

step 06 输入文字，然后切换至"开始"选项卡，将字体设置为"汉仪综艺体简"，将字号设置为 88，单击"加粗"按钮 B 和"文字阴影"按钮 S，如图 12-7 所示。

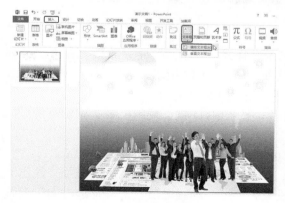

图 12-6　选择"横排文本框"

图 12-7　输入并设置文字

step 07　选中输入的文字，右击，在弹出的快捷菜单中选择"设置文字效果格式"命令，如图 12-8 所示。

step 08　在"设置形状格式"任务窗格中，将"文本效果"中的"阴影"展开，将"透明度"设置为 0%，"大小"设置为 100%，"模糊"设置为"1 磅"，如图 12-9 所示。

图 12-8　选择"设置文字效果格式"命令　　　　　　图 12-9　设置"阴影"

step 09　设置"阴影"中的"颜色"，如图 12-10 所示。

step 10　切换至"文本填充轮廓"，将"文本边框"展开，选中"实线"单选按钮，将"颜色"设置为白色，"宽度"设置为"0.75 磅"，如图 12-11 所示。

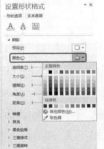

图 12-10　设置"颜色"　　　　　　　　　　图 12-11　设置"实线"

step 11　切换至"格式"选项卡，单击"艺术字样式"中的"文字效果"，在弹出的列表中选择"转换"|"弯曲"|"停止"选项，如图 12-12 所示。

step 12　文字设置完成后，调整文本框的位置，如图 12-13 所示。

step 13　在幻灯片窗格中，选中第 1 张幻灯片，按 Ctrl+D 键，复制出第 2 张幻灯片，如图 12-14 所示。

step 14　更改文本框中的文字，并调整文字位置，如图 12-15 所示。

step 15　选中第 1 张幻灯片中的素材图片，切换至"动画"选项卡，为其添加"淡出"动画，在"计时"组中，将"开始"设置为"上一动画之后"，"持续时间"设置为 00.50，如图 12-16 所示。

step 16 选择文字，在"动画"组中，单击下三角按钮，在弹出的下拉列表中选择"更多进入效果"选项，如图 12-17 所示。

step 17 在弹出的"更改进入效果"对话框中，选择"温和型"中的"基本缩放"，然后单击"确定"按钮，如图 12-18 所示。

图 12-12　设置"文字效果"

图 12-13　调整文本框的位置

图 12-14　复制幻灯片

图 12-15　更改文字

图 12-16　设置"淡出"动画

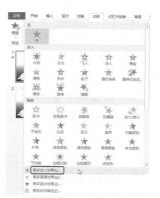

图 12-17　选择"更多进入效果"选项

图 12-18　选择"基本缩放"

step 18 在"计时"组中，将"开始"设置为"上一动画之后"，如图 12-19 所示。

step 19 选中第 2 张幻灯片的文本框，为其设置"淡出"动画，在"计时"组中，将

"开始"设置为"上一动画之后","持续时间"设置为 01.00,如图 12-20 所示。

图 12-19 设置"开始"　　　　　　　　　图 12-20 设置"淡出"动画

案例精讲 85　制作保险现状分析幻灯片

案例文件：CDROM\场景\Cha12\保险行业演示文稿.pptx

视频文件：视频教学\Cha12\保险现状分析幻灯片.avi

制作概述

本例将介绍如何制作保险现状分析幻灯片。首先制作幻灯片的背景,然后制作每个幻灯片的文字、图片和动画效果。

学习目标

学习如何设置图片的动画效果。

操作步骤

制作保险现状分析幻灯片的具体操作步骤如下。

step 01　选中第 1 张幻灯片,在"开始"选项卡中,单击"新建幻灯片"按钮,在弹出的列表中选择"空白"选项,如图 12-21 所示。

step 02　在新建的空白幻灯片上右击,在弹出的快捷菜单中选择"设置背景格式"命令。在"设置背景格式"任务窗格中,将"填充"设置为"渐变填充","类型"设置为"射线",然后设置"渐变光圈",最后单击"全部应用"按钮,如图 12-22 所示。

step 03　在幻灯片中输入文字,将字体设置为"方正大黑简体",将字号设置为 72,然后设置文字的颜色,如图 12-23 所示。

step 04　继续输入文字,将字体设置为"微软雅黑",将字号设置为 36,单击"加粗"按钮 B,如图 12-24 所示。

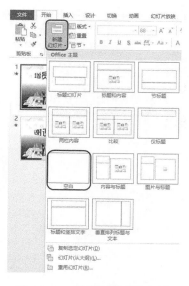

图 12-21 选择"空白"选项

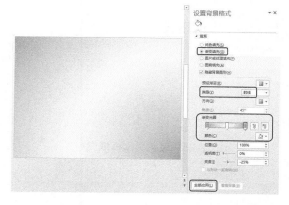

图 12-22 设置"渐变填充"

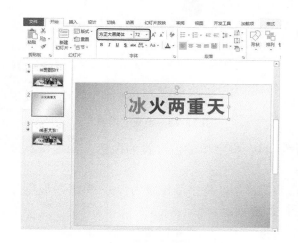

图 12-23 输入文字

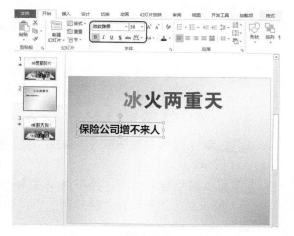

图 12-24 输入文字

step 05 在"设置形状格式"任务窗格中,将"填充"设置为"纯色填充",将"颜色"设置为黑色,将"透明度"设置为 68%,然后将字体颜色设置为白色,如图 12-25 所示。

step 06 切换至"插入"选项卡,在"插图"组中,单击"形状"按钮,在弹出的列表中选择"基本形状"中的"椭圆",如图 12-26 所示。

step 07 在适当位置绘制一个正圆,在"设置形状格式"任务窗格中,将"大小"中的"高度"设置为"3 厘米","宽度"设置为"3 厘米",如图 12-27 所示。

step 08 切换至"填充线条",设置"填充"中的"颜色",然后将"线条"设置为"无线条",如图 12-28 所示。

图 12-25　设置文本框填充　　　　　　　　　　图 12-26　选择椭圆

图 12-27　设置"大小"　　　　　　　　　　图 12-28　设置"填充"

step 09　在圆形中输入文字，将字号设置为 44，将字体颜色设置为白色，如图 12-29 所示。

step 10　继续输入文字，将字体设置为"微软雅黑"，将字号设置为 36，单击"加粗"按钮 B，然后设置"字体颜色"，如图 12-30 所示。

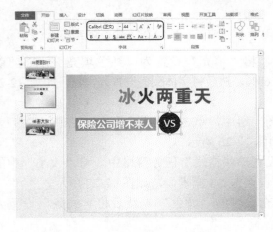

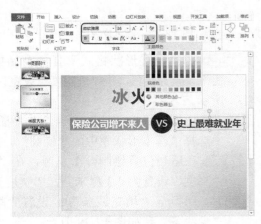

图 12-29　输入文字　　　　　　　　　　图 12-30　输入文字

step 11 切换至"插入"选项卡，单击"图像"组中的"图片"按钮。在弹出的"插入图片"对话框中，选择随书附带光盘中的"CDROM\素材\Cha12\图片 2.png"素材图片，然后单击"插入"按钮，如图 12-31 所示。

step 12 插入素材图片，调整图片和文字的位置，如图 12-32 所示。

图 12-31　选择素材图片

图 12-32　插入素材图片

step 13 选中插入的图片，切换至"动画"选项卡，为其添加"浮入"动画，如图 12-33 所示。

step 14 插入随书附带光盘中的"CDROM\素材\Cha12\图片 3.png"素材图片，为其添加"浮入"动画，在"计时"组中，将"开始"设置为"与上一动画同时"，"持续时间"设置为 01.00，如图 12-34 所示。

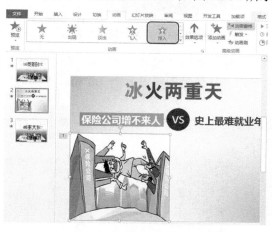

图 12-33　添加"浮入"动画

图 12-34　设置"浮入"动画

step 15 参照前面的操作步骤，创建一个与素材图片大小相同的矩形，在"设置形状格式"任务窗格中，设置"填充"中的"颜色"为黑色，将"透明度"设置为 19%，然后将"线条"设置为"无线条"，如图 12-35 所示。

step 16 切换至"动画"选项卡，为其添加"浮入"动画，在"计时"组中，将"开始"设置为"与上一动画同时"，如图 12-36 所示。

图 12-35　创建矩形

图 12-36　设置"浮入"动画

step 17　复制矩形，将其移动到另一个图片上，如图 12-37 所示。

step 18　选中左侧的矩形，在"动画"选项卡中，单击"高级动画"组中的"添加动画"按钮，在弹出的列表中选择"退出"中的"淡出"特效，如图 12-38 所示。

图 12-37　复制矩形

图 12-38　添加"淡出"动画

step 19　选中"保险公司增不来人"文本框，为其添加"淡出"动画，在"计时"组中，将"开始"中的"与上一动画同时"，"持续时间"设置为 00.50，"延迟"设置为 00.20，如图 12-39 所示。

step 20　选中右侧的矩形，单击"动画"组中的下三角按钮，在弹出的列表中选择"动作路径"中的"直线"，如图 12-40 所示。

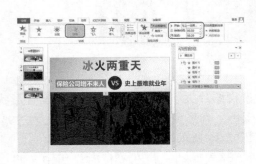

图 12-39　设置"淡出"动画

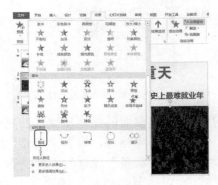

图 12-40　选择"直线"

step 21 调整"直线"动作路径的结束位置，如图 12-41 所示。

step 22 在"计时"组中，将"持续时间"设置为 00.60，如图 12-42 所示。

图 12-41　调整结束位置　　　　　　　　　图 12-42　设置"持续时间"

step 23 为矩形添加"退出"中的"淡出"动画，将"开始"设置为"与上一动画同时"，如图 12-43 所示。

step 24 选中"史上最难就业年"文本框，为其添加"切入"动画，将"开始"设置为"上一动画之后"，如图 12-44 所示。

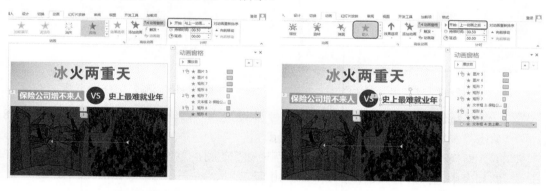

图 12-43　添加"淡出"动画　　　　　　　　图 12-44　设置"切入"动画

step 25 选中圆形，为其添加"基本缩放"动画，然后单击"效果选项"按钮，在弹出的列表中选择"缩小"，如图 12-45 所示。

step 26 选中第 1 个文本框，为其添加"淡出"动画，将"持续时间"设置为 01.00，如图 12-46 所示。

step 27 单击在"动画"组中的右下侧 按钮，在弹出的"淡出"对话框中，将"动画文本"设置为"按字母"，将"字母之间延迟百分比"设置为 10，然后单击"确定"，如图 12-47 所示。

step 28 在"开始"选项卡中，单击"新建幻灯片"按钮，在弹出的列表中选择"空白"选项，如图 12-48 所示。

图 12-45　设置"基本缩放"动画

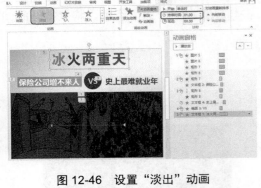

图 12-46　设置"淡出"动画

图 12-47　"淡出"对话框

图 12-48　选择"空白"选项

step 29　在新建的幻灯片中输入文字，将字体设置为"微软雅黑"，将字号设置为 48，单击"加粗"按钮 B，如图 12-49 所示。

step 30　切换至"动画"选项卡，添加"飞入"动画，单击"效果选项"按钮，在弹出的列表中选择"自顶部"，如图 12-50 所示。

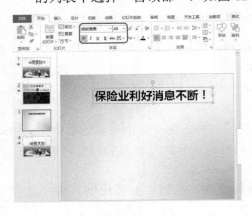

图 12-49　输入文字

图 12-50　设置"飞入"动画

step 31　继续输入文字，将字体设置为"微软雅黑"，将字号设置为 28，然后设置"字体颜色"，如图 12-51 所示。

step 32 切换至"动画"选项卡，添加"飞入"动画，单击"效果选项"按钮，在弹出
的列表中选择"按段落"，如图 12-52 所示。

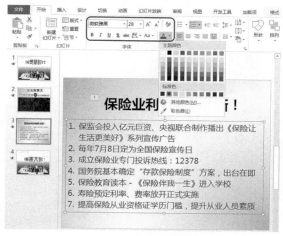

图 12-51 输入文字

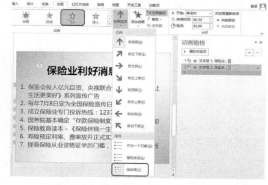

图 12-52 设置"飞入"动画

step 33 新建空白幻灯片，绘制一个矩形，在"设置形状格式"任务窗格中，将"大
小"中的"高度"设置为"4.65 厘米"，将"宽度"设置为"8.2 厘米"，将"旋
转"设置为 356°，如图 12-53 所示。

step 34 切换至"填充线条"，设置"填充"中的"颜色"，如图 12-54 所示。

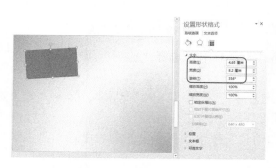

图 12-53 设置"大小"

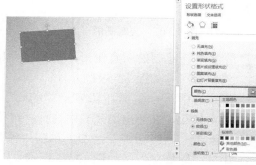

图 12-54 设置"颜色"

step 35 在矩形中输入文字，将字体设置为"微软雅黑"，将字号设置为 44，单击"加
粗"按钮 B，然后将字体颜色设置为白色，如图 12-55 所示。

step 36 参照前面的操作步骤，在适当位置绘制一个圆形，将填充颜色设置为白色，然
后将"大小"中的"高度"设置为"0.3 厘米"，"宽度"设置为"0.3 厘米"，如
图 12-56 所示。

step 37 复制圆形，然后将其调整到适当位置，如图 12-57 所示。

step 38 绘制两条直线，在"设置形状格式"任务窗格中，将"线条"中的"宽度"设
置为"1.5 磅"，如图 12-58 所示。

图 12-55　输入文字

图 12-56　绘制圆形

图 12-57　复制圆形

图 12-58　绘制直线

step 39　选择绘制的所有图形，切换至"格式"选项卡，选择"排列"组中的"组合"|"组合"，如图 12-59 所示。

step 40　选中组合图形，切换至"动画"选项卡，添加"飞入"动画，单击"效果选项"按钮，在弹出的列表中选择"自顶部"，如图 12-60 所示。

step 41　在"高级动画"组中，单击"添加动画"按钮，在弹出的列表中选择"强调"中的"陀螺旋"，如图 12-61 所示。

step 42　单击在"动画"组中的右下侧 按钮，在弹出的"陀螺旋"对话框中，选中"自动翻转"复选框，然后单击"数量"右侧的下拉箭头，在弹出的列表中，将"自定义"设置为 20°，如图 12-62 所示。

step 43　切换至"计时"选项卡，将"开始"设置为"上一动画之后"，将"期间"设置为"快速(1 秒)"，将"重复"设置为"直到幻灯片末尾"，然后单击"确定"按钮，如图 12-63 所示。

step 44　插入随书附带光盘中的"CDROM\素材\Cha12\图片 4.png"素材图片，如图 12-64 所示。

图 12-59　组合图形

图 12-60　设置"飞入"动画

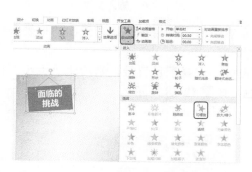

图 12-61　添加"陀螺旋"动画

图 12-62　"陀螺旋"对话框

图 12-63　设置"计时"

图 12-64　插入素材图片

step 45　选中插入的素材图片，为其设置"淡出"动画，将"开始"设置为"与上一动画同时"，如图 12-65 所示。

step 46　在适当位置输入文字，将字体设置为"微软雅黑"，将字号设置为 24，如图 12-66 所示。

图 12-65　设置"淡出"动画

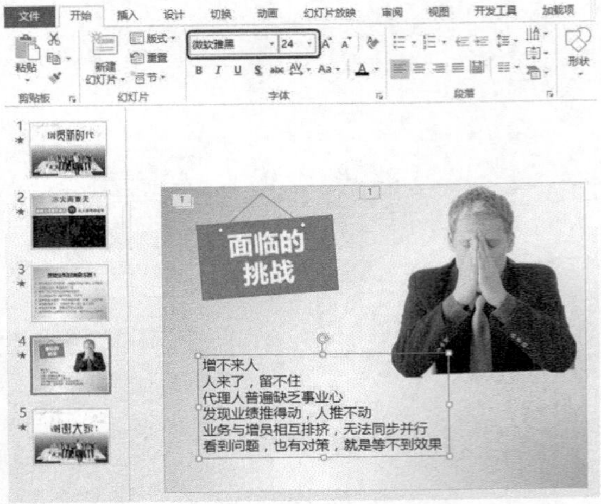

图 12-66　输入文字

step 47　在"段落"组中，单击"项目符号"右侧的下三角按钮，在弹出的列表中选择"项目符号和编号"，如图 12-67 所示。

step 48　在弹出的"项目符号和编号"对话框中，选择项目符号，然后将"大小"设置为"90%字高"，将"颜色"设置为蓝色，如图 12-68 所示。

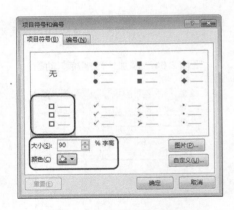

图 12-67　选择"项目符号和编号"

图 12-68　设置项目符号

step 49　单击"确定"按钮，查看项目符号的效果，如图 12-69 所示。

step 50　在"段落"组中，单击"行距"右侧的下三角按钮，在弹出的列表中选择 1.5，然后调整文字的位置，如图 12-70 所示。

step 51　切换至"动画"选项卡，添加"淡出"动画，单击"效果选项"按钮，在弹出的列表中选择"按段落"，如图 12-71 所示。

图 12-69　查看项目符号的效果

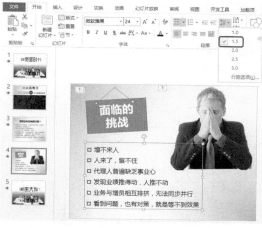

图 12-70　设置"行距"

图 12-71　设置"淡出"动画

案例精讲86　制作动员幻灯片

案例文件：CDROM\场景\Cha12\保险行业演示文稿.pptx

视频文件：视频教学\Cha12\动员幻灯片.avi

制作概述

本例将介绍如何制作动员幻灯片。本例将分别制作幻灯片的文字样式，并设置图片的动画效果。

学习目标

- 学习如何设置文字动画效果。
- 学习如何设置图片的动画效果。

操作步骤

制作动员幻灯片的具体操作步骤如下。

step 01 新建一个空白幻灯片。在新建的幻灯片中输入文字，将字体设置为"微软雅黑"，将字号设置为 60，单击"加粗"按钮 B，如图 12-72 所示。

step 02 选中"核心"两个字，将字号设置为 72，将字体颜色设置为红色，如图 12-73 所示。

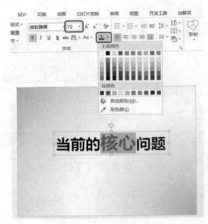

图 12-72 输入文字　　　　　　　　　　　图 12-73 设置文字

step 03 选中文本框，切换至"动画"选项卡，为其添加"淡出"动画，如图 12-74 所示。

step 04 单击"添加动画"按钮，在弹出的下拉列表中选择"直线"动作路径，单击"效果选项"按钮，在弹出的列表中选择"上"，如图 12-75 所示。

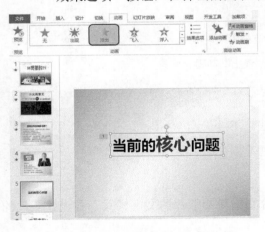

图 12-74 添加"淡出"动画　　　　　　　图 12-75 设置"直线"动作路径

step 05 在"计时"组中，将"开始"设置为"上一动画之后"，"持续时间"设置为 01.00，如图 12-76 所示。

step 06 为文本框添加"放大/缩小"动画，在"计时"组中，将"开始"设置为"与上一动画同时"，"持续时间"设置为 00.50，如图 12-77 所示。

step 07 单击在"动画"组中的右下侧 ▫ 按钮，在弹出的"放大/缩小"对话框中，将

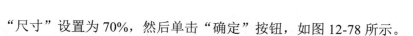

"尺寸"设置为 70%，然后单击"确定"按钮，如图 12-78 所示。

step 08　插入随书附带光盘中的"CDROM\素材\Cha12\图片 5.png"素材图片，如图 12-79 所示。

step 09　选中插入的素材图片，切换至"动画"选项卡，为其添加"淡出"动画，如图 12-80 所示。

step 10　为图片添加"直线"动作路径，单击"效果选项"按钮，在弹出的列表中选择"上"，如图 12-81 所示。

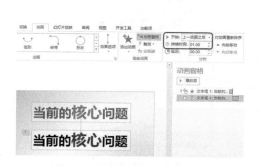

图 12-76　设置"计时"

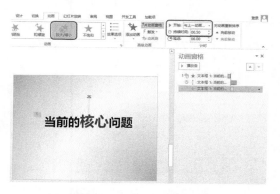

图 12-77　设置"放大/缩小"动画

图 12-78　"放大/缩小"对话框

图 12-79　选择素材图片

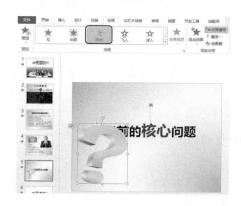

图 12-80　添加"淡出"动画

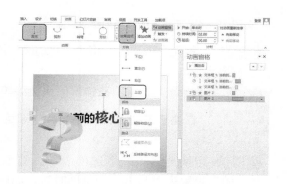

图 12-81　添加"直线"动作路径

step 11　单击"动画"组中的右下侧 按钮，在弹出的"向上"对话框中，将"平滑开始"设置为"0.48 秒"，将"平滑结束"设置为"0.48 秒"，选中"自动翻转"复选框，如图 12-82 所示。

step 12　切换至"计时"选项卡，将"开始"设置为"与上一动画同时"，将"期间"设置为"快速(1 秒)"，将"重复"设置为"直到幻灯片末尾"，然后单击"确定"按钮，如图 12-83 所示。

图 12-82　"向上"对话框

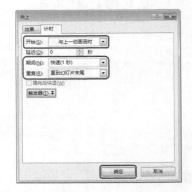
图 12-83　设置"计时"选项卡

step 13　调整直线路径的结束位置，如图 12-84 所示。

step 14　在幻灯片中绘制一个椭圆，在"设置形状格式"任务窗格中，设置"填充"中的"颜色"，然后将"线条"设置为"无线条"，如图 12-85 所示。

图 12-84　调整直线路径的结束位置

图 12-85　设置"填充"和"线条"

step 15　切换至"效果"，将"柔化边缘"展开，将"大小"设置为"10 磅"，如图 12-86 所示。

step 16　在矩形上右击，在弹出的快捷菜单中选择"置于底层"命令，如图 12-87 所示。

提示　　　在设置完"柔化边缘"后，可适当调整椭圆的大小及其位置。

step 17　切换至"动画"选项卡，为其添加"淡出"动画，在"计时"组中，将"开始"设置为"与上一动画同时"，如图 12-88 所示。

step 18　插入随书附带光盘中的"CDROM\素材\Cha12\图片 6.png"素材图片。选中素材图片，切换至"动画"选项卡，为其添加"淡出"动画，在"计时"组中，将"开始"设置为"与上一动画同时"，如图 12-89 所示。

图 12-86　设置"柔化边缘"　　　　　　　　图 12-87　选择"置于底层"命令

图 12-88　设置"淡出"动画　　　　　　　　图 12-89　设置"淡出"动画

step 19　在适当位置绘制一个椭圆，如图 12-90 所示。

step 20　选中绘制的椭圆，切换至"格式"选项卡，将"形状填充"设置为白色，然后单击"形状轮廓"按钮，在弹出的列表中选择"粗细"|"3 磅"，如图 12-91 所示。

图 12-90　绘制椭圆　　　　　　　　　图 12-91　设置椭圆样式

step 21　切换至"动画"选项卡，为其添加"淡出"动画，在"计时"组中，将"开始"设置为"与上一动画同时",将"持续时间"设置为 00.80,"延迟"设置为 00.50,如图 12-92 所示。

step 22 ▶ 为椭圆添加"直线"动作路径,单击"效果选项"按钮,在弹出的列表中选择 "上",如图 12-93 所示。

图 12-92 设置"淡出"动画

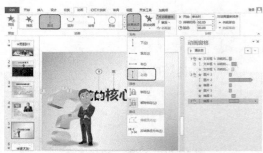

图 12-93 添加"直线"动作路径

step 23 ▶ 单击"动画"组中的右下侧 ![icon] 按钮,在弹出的"向上"对话框中,切换至"计时"选项卡,将"开始"设置为"与上一动画同时","延迟"设置为"0.5 秒",将"期间"设置为"4.5 秒",将"重复"设置为"直到幻灯片末尾",如图 12-94 所示。

step 24 ▶ 切换至"效果"选项卡,将"平滑开始"设置为"2.25 秒",将"平滑结束"设置为"2.25 秒",选中"自动翻转"复选框,然后单击"确定"按钮,如图 12-95 所示。

图 12-94 设置"计时"

图 12-95 设置"效果"

step 25 ▶ 调整直线路径的结束位置,如图 12-96 所示。

step 26 ▶ 将椭圆进行复制,然后调整复制得到的椭圆的大小及位置,如图 12-97 所示。

step 27 ▶ 选中中间的椭圆,在"动画"选项卡中,将"计时"组中的"延迟"设置为 01.00,如图 12-98 所示。

step 28 ▶ 选中最大的椭圆,在"动画"选项卡中,将"计时"组中的"延迟"设置为 01.50,如图 12-99 所示。

图 12-96　调整直线路径的结束位置

图 12-97　复制椭圆

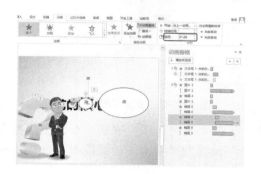

图 12-98　设置"延迟"

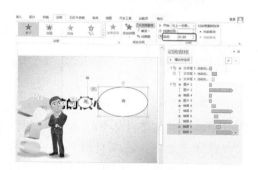

图 12-99　设置"延迟"

step 29　在最大的椭圆中输入文字，将字体设置为"微软雅黑"，将字号设置为 36，单击"加粗"按钮 B，并将"积极性"3 个字的颜色设置为深红色，如图 12-100 所示。

step 30　新建空白幻灯片插入随书附带光盘中的"CDROM\素材\Cha12\图片 7.png"素材图片。选中素材图片，切换至"动画"选项卡，为其添加"淡出"动画，在"计时"组中，将"开始"设置为"与上一动画同时"，如图 12-101 所示。

图 12-100　输入文字

图 12-101　设置"淡出"动画

step 31 单击"高级动画"组中的"添加动画"按钮,在弹出的列表中选择"退出"中的"擦除",如图 12-102 所示。

step 32 插入随书附带光盘中的"CDROM\素材\Cha12\梦想.png"素材图片。选中素材图片,切换至"动画"选项卡,为其添加"旋转"动画,在"计时"组中,将"开始"设置为"与上一动画同时",将"持续时间"设置为 00.50,在"动画窗格"任务窗格中,单击 ▲ 按钮,调整动画顺序,如图 12-103 所示。

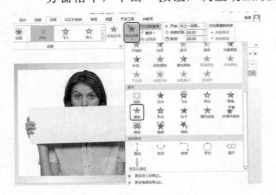

图 12-102 添加"擦除"动画

图 12-103 设置"旋转"动画

step 33 为素材图片添加"直线"动作路径,单击"效果选项"按钮,在弹出的列表中选择"上",在"计时"组中,将"开始"设置为"与上一动画同时",将"持续时间"设置为 01.00,如图 12-104 所示。

step 34 调整路径的结束位置,如图 12-105 所示。

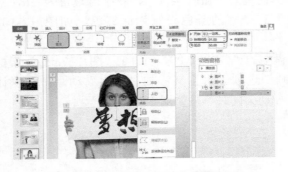

图 12-104 设置"直线"动作路径

图 12-105 调整结束位置

step 35 插入随书附带光盘中的"CDROM\素材\Cha12\图片 8.png"素材图片,如图 12-106 所示。

step 36 选中"梦想.png"图片,单击"高级动画"中的"动画刷"按钮,然后选择"图片 8.png"素材图片,为其设置动画效果,如图 12-107 所示。

step 37 在"动画窗格"任务窗格中,选中"图片 8.png"素材图片的"旋转"动画,单击两次 ▲ 按钮,调整其动画顺序,如图 12-108 所示。

step 38 使用"横排文本框"输入文字,将字体设置为"微软雅黑",将字号设置为

28，单击"加粗"按钮 B，如图 12-109 所示。

图 12-106　插入素材图片

图 12-107　使用"动画刷"

图 12-108　调整动画顺序

图 12-109　输入文字

step 39 参照前面的操作步骤，为文字设置项目符号，如图 12-110 所示。

step 40 调整文本框的位置，然后切换至"动画"选项卡，添加"淡出"动画，单击"效果选项"按钮，在弹出的列表中选择"按段落"，如图 12-111 所示。

图 12-110　为文字设置项目符号

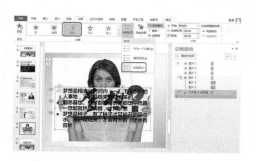

图 12-111　设置"淡出"动画

step 41 新建一个空白幻灯片。在新建的幻灯片中输入文字，将字体设置为"微软雅黑"，将字号设置为 48，单击"加粗"按钮 B ，然后设置字体颜色为深红，如图 12-112 所示。

step 42 切换至"动画"选项卡，为其添加"擦除"动画中，单击"效果选项"按钮，在弹出的列表中，选择"自左侧"，然后将"计时"组中的"开始"设置为"上一动画之后"，如图 12-113 所示。

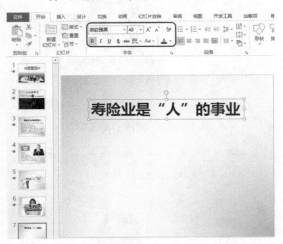

图 12-112　输入文字　　　　　　　图 12-113　设置"擦除"动画

step 43 插入随书附带光盘中的"CDROM\素材\Cha12\图片 9.png"素材图片。选中素材图片，切换至"动画"选项卡，为其添加"淡出"动画，在"计时"组中，将"开始"设置为"上一动画之后"，如图 12-114 所示。

step 44 插入随书附带光盘中的"CDROM\素材\Cha12\图片 10.png"素材图片。选中素材图片，切换至"动画"选项卡，为其添加"淡出"动画，如图 12-115 所示。

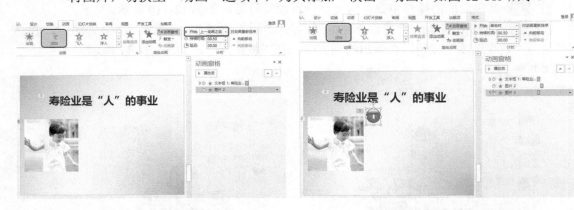

图 12-114　设置"淡出"动画　　　　图 12-115　设置"淡出"动画

step 45 绘制一个矩形，然后在"设置形状格式"任务窗格的"大小属性"中，将"大小"中的"高度"设置为"1.76 厘米"，"宽度"设置为"12 厘米"，如图 12-116 所示。

step 46 切换至"填充线条",将"填充"设置为"渐变填充",然后设置渐变参数,将"线条"设置为"无线条",如图 12-117 所示。

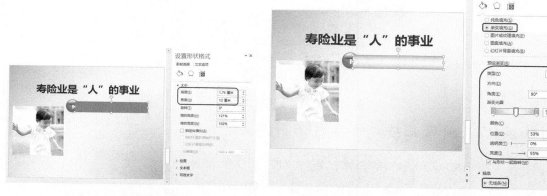

图 12-116　设置"大小"　　　　　图 12-117　设置"填充线条"

step 47 将矩形置于底层,然后调整其位置。在矩形中输入文字,将字体设置为"微软雅黑",将字号设置为 24,单击"加粗"按钮 B,如图 12-118 所示。

step 48 选中矩形,切换至"动画"选项卡,为其添加"擦除"动画,单击"效果选项"按钮。在弹出的列表中,选择"自左侧",然后将"计时"组中的"开始"设置为"上一动画之后",如图 12-119 所示。

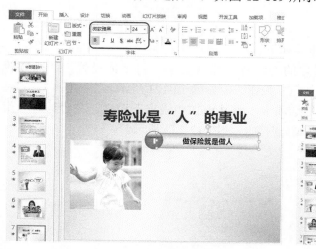

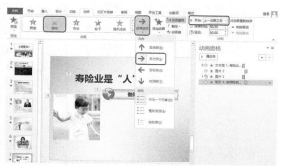

图 12-118　输入文字　　　　　图 12-119　设置"擦除"动画

step 49 对图片和矩形进行多次复制,然后调整复制得到的对象位置,然后更改矩形中的文字,如图 12-120 所示。

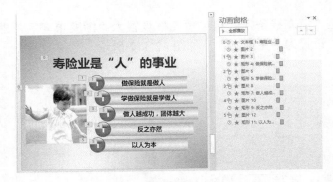

图 12-120　复制图片和矩形

案例精讲 87　制作业绩成功分析幻灯片

案例文件：CDROM\场景\Cha12\保险行业演示文稿.pptx

视频文件：视频教学\Cha12\业绩成功分析幻灯片.avi

制作概述

本例将介绍如何制作业绩成功分析幻灯片。本例将参照前面案例的操作方法制作幻灯片，完善幻灯片的内容。

学习目标

学习设置文字和图片的动画效果。

操作步骤

制作业绩成功分析幻灯片的具体操作步骤如下。

step 01　新建一个空白幻灯片。在新建的幻灯片中输入文字，将字体设置为"微软雅黑"，将字号设置为28，单击"加粗"按钮 B ，如图 12-121 所示。

step 02　选中文本框，切换至"动画"选项卡，为其添加"淡出"动画，在"计时"组中，将"开始"设置为"与上一动画同时"，如图 12-122 所示。

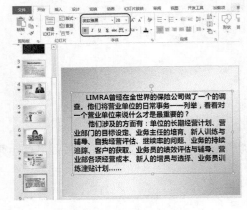

图 12-121　输入文字

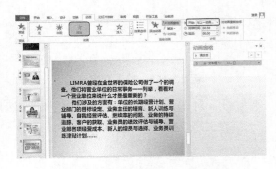

图 12-122　设置"淡出"动画

step 03 单击在"动画"组中的右下侧 按钮，在弹出"淡出"对话框中，将"动画文本"设置为"按字/词"，将"字/词之间延迟百分比"设置为 10，然后单击"确定"按钮，如图 12-123 所示。

step 04 参照前面的操作方法，制作第 9～16 张幻灯片，在幻灯片中输入文字并设置动画效果，如图 12-124 所示。

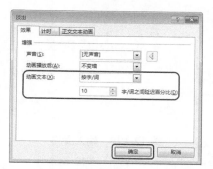

图 12-123 "淡出"对话框

图 12-124 制作文字幻灯片

step 05 在第 16 张幻灯片中插入随书附带光盘中的"CDROM\素材\Cha12\图片 11.png"素材图片。选中素材图片，切换至"动画"选项卡，为其添加"随机线条"动画，在"计时"组中，将"开始"设置为"上一动画之后"，然后在"动画窗格"任务窗格中，单击 按钮，调整动画顺序，如图 12-125 所示。

step 06 在适当位置输入文字，将字体设置为"微软雅黑"，将字号设置为 32，单击"加粗"按钮 B ，将"字体颜色"设置为暗红，如图 12-126 所示。

图 12-125 设置"随机线条"动画

图 12-126 输入文字

step 07 选中文本框，切换至"动画"选项卡，为其添加"随机线条"动画，在"计时"组中，将"开始"设置为"与上一动画同时"，然后在"动画窗格"中，单击 按钮，调整动画顺序，如图 12-127 所示。

step 08 新建一个空白幻灯片。在新建的幻灯片中将文字分别输入，将字体设置为"微软雅黑"，将字号设置为 54，单击"加粗"按钮 B ，然后调整文字的位置，如图 12-128 所示。

图 12-127　设置"随机线条"动画　　　　　　图 12-128　输入文字

step 09　选中输入的所有文字，切换至"动画"选项卡，为其添加"飞入"动画，在"计时"组中，将"开始"设置为"上一动画之后"，如图 12-129 所示。

step 10　为"心"字添加"直线"动作路径，在"效果选项"中，将"方向"设置为"靠左"，然后将"持续时间"设置为 01.00，如图 12-130 所示。

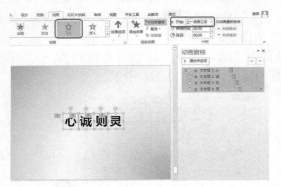

图 12-129　设置"飞入"动画　　　　　　图 12-130　添加"直线"动作路径

step 11　使用相同的方法为"灵"字添加"直线"动作路径，在"效果选项"中，将"方向"设置为"右"，如图 12-131 所示。

step 12　在适当位置输入文字，将字体设置为"微软雅黑"，将字号设置为 72，单击"加粗"按钮 B，将字体颜色设置为暗红，如图 12-132 所示。

step 13　选中"不"字文本框，切换至"动画"选项卡，为其添加"淡出"动画，在"计时"组中，将"开始"设置为"上一动画之后"，然后调整动画顺序，如图 12-133 所示。

step 14　然后复制"不"字，将其调整到适当位置，如图 12-134 所示。

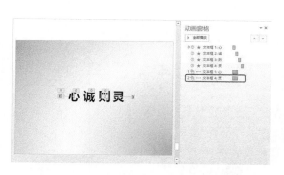

图 12-131 添加"直线"动作路径

图 12-132 输入文字

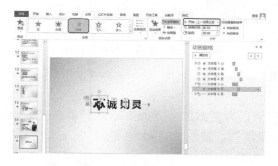

图 12-133 设置"淡出"动画

图 12-134 复制文字

step 15 选中所有文字，为其添加"直线"动作路径，在"效果选项"中，将"方向"
设置为"上"，如图 12-135 所示。

step 16 然后分别调整"心"和"灵"最后一个"直线"动作路径的起始位置，如图 12-136
所示。

图 12-135 添加"直线"动作路径

图 12-136 调整起始位置

step 17 插入随书附带光盘中的"CDROM\素材\Cha12\图片 12.png"素材图片。选中素
材图片，切换至"格式"选项卡，在"图片样式"组中，为其设置图片样式，如
图 12-137 所示。

step 18 切换至"动画"选项卡，为其设置"形状"动画，在"计时"组中，将"持续时间"设置为 01.00，如图 12-138 所示。

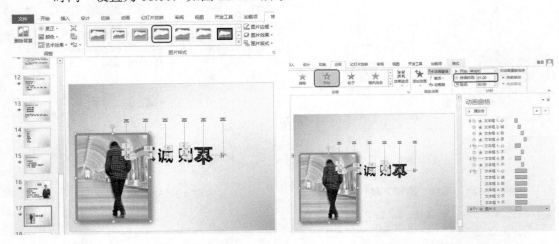

图 12-137　设置图片样式　　　　　　　　　图 12-138　设置"形状"动画

step 19 输入文字，将字体设置为"微软雅黑"，将字号设置为 28，单击"加粗"按钮 B，如图 12-139 所示。

step 20 选中文本框，切换至"动画"选项卡，为其添加"飞入"动画，单击"效果选项"按钮，在弹出的列表中，选择"按段落"，如图 12-140 所示。

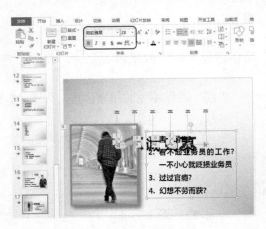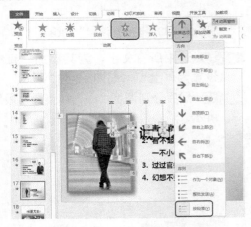

图 12-139　输入文字　　　　　　　　　　图 12-140　设置"飞入"动画

step 21 新建空白幻灯片，插入随书附带光盘中的"CDROM\素材\Cha12\图片 13.png"素材图片。选中素材图片，切换至"动画"选项卡，为其设置"淡出"动画，在"计时"组中，将"开始"设置为"与上一动画同时"，"持续时间"设置为01.00，如图 12-141 所示。

step 22 在适当位置输入文字，将字体设置为"微软雅黑"，将字号设置为 36，单击"加粗"按钮 B，将字体颜色设置为暗红，如图 12-142 所示。

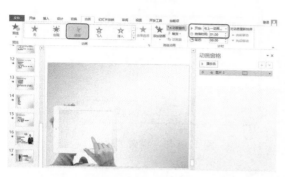

图 12-141　设置"淡出"动画

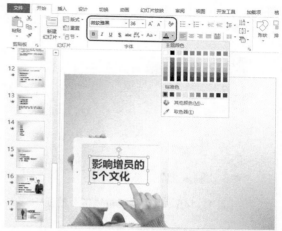

图 12-142　输入文字

step 23 选中文本框，切换至"动画"选项卡，为其添加"飞入"动画，单击"效果选项"按钮。在弹出的列表中，选择"自左侧"，将"开始"设置为"上一动画之后"，如图 12-143 所示。

step 24 继续输入文字，将字体设置为"微软雅黑"，将字号设置为 32，然后参照前面的操作步骤，为文字设置项目符号，如图 12-144 所示。

图 12-143　设置"飞入"动画

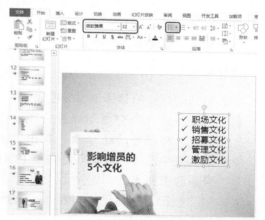

图 12-144　输入文字

step 25 选中文本框，切换至"动画"选项卡，为其添加"随机线条"动画，单击"效果选项"按钮，在弹出的列表中，选择"垂直"和"按段落"，如图 12-145 所示。

step 26 单击在"动画"组中的右下侧 按钮，在弹出的对话框中，将"声音"设置为"风铃"，然后单击"确定"按钮，如图 12-146 所示。

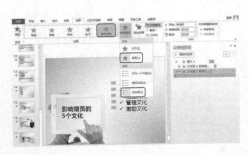

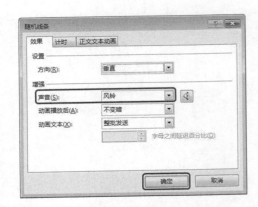

图 12-145　设置"随机线条"动画　　　　图 12-146　设置"声音"

案例精讲 88　制作总结幻灯片

📇 案例文件：CDROM\场景\Cha12\保险行业演示文稿.pptx

💿 视频文件：视频教学\Cha12\总结幻灯片.avi

制作概述

本例将介绍如何制作总结幻灯片。

学习目标

学习如何设置文字的动画效果。

操作步骤

制作总结幻灯片的具体操作步骤如下。

step 01　新建一个空白幻灯片。在新建的幻灯片中输入文字，将字体设置为"微软雅黑"，将字号设置为 48，单击"加粗"按钮 B，单击"字符间距"按钮 ，在弹出的列表中选择"很松"，如图 12-147 所示。

step 02　选中文本框，切换至"动画"选项卡，为其添加"劈裂"动画，单击"效果选项"按钮，在弹出的列表中，选择"中央向左右展开"，在"计时"组中，将"开始"设置为"与上一动画同时"，将"持续时间"设置为 01.00，如图 12-148 所示。

step 03　继续输入文字，将字体设置为"微软雅黑"，将字号设置为 24，设置部分字体颜色为红色，将文字居中对齐，将行距设置为 1.5，如图 12-149 所示。

step 04　选中文本框，切换至"动画"选项卡，为其添加"浮入"动画，单击"效果选项"按钮，在弹出的列表中，选择"按段落"，如图 12-150 所示。

step 05　参照前面的操作方法，制作新的幻灯片，并为其设置文字动画，如图 12-151 所示。

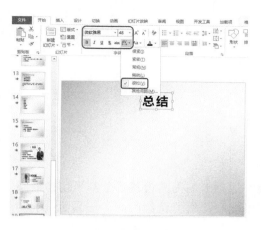

图 12-147　输入文字

图 12-148　设置"劈裂"动画

图 12-149　输入文字

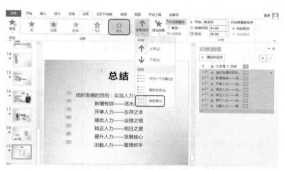

图 12-150　设置"浮入"动画

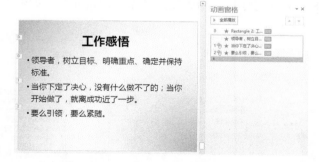

图 12-151　制作新的幻灯片

案例精讲89　设置幻灯片的切换效果

案例文件：CDROM\场景\Cha12\保险行业演示文稿.pptx

视频文件：视频教学\Cha12\设置幻灯片的切换.avi

制作概述

本例将介绍如何设置幻灯片的切换效果。

学习目标

学习如何设置幻灯片的切换效果。

操作步骤

设置幻灯片的切换效果的具体操作步骤如下。

`step 01` 选中第 1 张幻灯片，切换至"切换"选项卡，为其设置"分割"切换效果。在"计时"组中，将"声音"设置为"照相机"，将"持续时间"设置为 01.00，如图 12-152 所示。

`step 02` 选中第 2～4 张幻灯片，为其设置"立方体"切换效果，如图 12-153 所示。

图 12-152 设置 "切换"动画

图 12-153 设置"立方体"切换效果

`step 03` 选中第 5～7 张幻灯片，为其设置"切换"切换效果，如图 12-154 所示。

`step 04` 选中第 8～18 张幻灯片，为其设置"库"切换效果，如图 12-155 所示。

图 12-154 设置"切换"切换效果

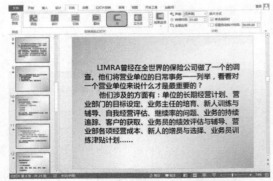

图 12-155 设置"库"切换效果

`step 05` 选中第 19 张和第 20 张幻灯片，为其设置"棋盘"切换效果，如图 12-156 所示。

step 06 选中最后一张幻灯片，为其设置"飞机"切换效果，如图 12-157 所示。

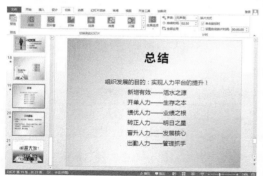

图 12-156 设置"棋盘"切换效果

图 12-157 设置"飞机"切换效果

案例精讲 90 打包成 CD

案例文件：CDROM\场景\Cha12\保险行业演示文稿.pptx

视频文件：视频教学\Cha12\打包成 CD.avi

制作概述

本例将介绍如何将演示文稿文件打包成 CD。

学习目标

学习如何将文件打包成 CD。

操作步骤

打包成 CD 的具体操作步骤如下。

step 01 切换至"文件"选项卡，选择"导出"|"将演示文稿打包成 CD"|"打包成 CD"，如图 12-158 所示。

step 02 在弹出的"打包成 CD"对话框中，单击"复制到文件夹"按钮，如图 12-159 所示。

图 12-158 选择"打包成 CD"

图 12-159 单击"复制到文件夹"按钮

step 03 在弹出的"复制到文件夹"对话框中，设置"文件夹名称"和"位置"，然后单击"确定"按钮，如图 12-160 所示。

step 04 在弹出的对话框中单击"是"按钮，如图 12-161 所示。

图 12-160 "复制到文件夹"对话框　　　　图 12-161 单击"是"按钮